数据建模方法与案例

潘克家　凌巍炜　任政勇　郑洲顺　著

科学出版社

北京

内 容 简 介

　　大数据时代,各行各业积累的数据不断增多,海量数据经过清洗、整理以后,基于分析与挖掘工作,才能获取到有用的数据信息,挖掘到数据背后的价值,掌握大数据的规律.而数据分析与挖掘的核心工作即是数据建模.数据建模,通俗地说,就是通过建立数据科学模型的手段解决现实问题的过程.

　　本书共分为五章,内容包括数据建模概述、数据建模常用数据计算软件 MATLAB 和 SPSS 入门介绍、数据建模方法、实战案例分析等.本书注重理论与实践相结合,不仅有详细的数据建模理论方法,还有赛题案例,以及非常详细的程序代码,让读者既能具备数据建模理论的基础,又能掌握解决数据建模问题的技巧与方法,还能轻松应对大数据问题的编程计算.

　　本书可以作为数学建模课程的教材或参考资料,适用于数据竞赛中的参赛学生读者,也可以作为从事数据挖掘工作和应用的开发人员、数据分析人员以及计算机编程爱好者的参考读物.

图书在版编目（CIP）数据

数据建模方法与案例/潘克家等著. —北京: 科学出版社, 2022.11
ISBN 978-7-03-073416-7

I. ①数⋯ II. ①潘⋯ III. ①数据模型–建立模型 IV. ①TP311.13

中国版本图书馆 CIP 数据核字（2022）第 188317 号

责任编辑: 胡庆家　贾晓瑞 / 责任校对: 杨聪敏
责任印制: 吴兆东 / 封面设计: 无极书装

科 学 出 版 社 出版
北京东黄城根北街 16 号
邮政编码: 100717
http://www.sciencep.com
三河市骏杰印刷有限公司印刷
科学出版社发行　各地新华书店经销
*
2022 年 11 月第　一　版　开本: 720×1000　B5
2024 年 8 月第三次印刷　印张: 22
字数: 443 000
定价: **138.00 元**
（如有印装质量问题, 我社负责调换）

前　　言

　　随着当今社会的迅猛发展、信息的高速流通，人们之间的交流越来越密切，各行各业面临的数据量也越来越大，"大数据"便在这高科技时代应运而生．最早提出"大数据"时代到来的是全球知名咨询公司麦肯锡，麦肯锡称："数据，已经渗透到当今每一个行业和业务职能领域，成为重要的生产因素．人们对于海量数据的挖掘和运用，预示着新一波生产率增长和消费者盈余浪潮的到来．""大数据"是互联网发展到一定阶段的必然产物，随着更多的社会资源进行网络化和数字化改造，"大数据"所能承载的价值也必将不断提高．

　　数据真正的价值和意义是：计划、指标、动机、行为的结果，也就是说数据背后隐藏着需求、目的、规律和问题，所以能为决策提供依据．数据挖掘，就是利用各种分析工具在海量数据中发现模型和数据之间关系的过程．这些模型和关系可以被用来解析、决策、控制与预测．数据挖掘的目的就是从数据中"淘金"，它是从数据中获取价值的过程，"机器学习"是数据挖掘的基石，"数据建模"是数据挖掘过程中最关键的一个环节．

　　数据建模，通俗地说，就是通过建立数据科学模型的手段解决现实问题的过程．数据建模也可以称为数据科学项目的过程，并且这个过程是周期性循环的．数据建模结合了统计学、可视化图形学、数学建模等理论知识用于解决"大数据"问题．学习数据建模不仅能够了解"大数据"的本质，具备"大数据"思维，同时能够掌握数据处理与挖掘的技术和方法，提升数学建模能力等．但国内系统、规范介绍数据建模的教材与专著不多，因此，基于我们多年的数据建模经验，系统梳理数据建模的知识体系与理论方法，并提供数据建模问题的解决范例，是本书撰写的初衷．

　　本书涵盖了数据建模需要掌握的大部分核心知识点，又从实践出发将丰富的数据建模理论方法与软件实现过程相结合，将近年来的一些数据建模问题以案例论文的形式进行展示．结构上按照数据建模概述、数据处理软件入门介绍、建模理论讲解、赛题案例分析等四个部分进行层次化设计，符合读者学习过程．这样由浅入深、循序渐进的结构使读者了解数据建模的基本原理，领悟数据建模的基本理论，快速掌握数据处理软件的应用和数据处理的技术方法，学会运用建模理论进行实战分析，具有较强的实用性和指导性．

　　数据建模概述部分，对数据建模概念、基本任务、建模过程进行阐述，同时也介绍数据处理的方法和数据挖掘算法. 数据处理软件部分介绍了 MATLAB 和 SPSS 两款常用软件, 这两款软件有着高效的数据运算、强大的数据处理能力且易操作能快速入门等特点. 数据建模理论部分是以数据建模流程为主线, 由浅入深地对建模任务、建模理论方法详细讲解. 本书最后一部分是赛题案例分析, 以近年来全国大学生数学建模竞赛中大数据赛题为例, 将丰富的建模理论与赛题相结合, 展现 "原汁原味" 的实战处理数据建模过程, 让读者真正掌握数据建模的方法与技巧.

本书可作为理工科高年级本专科生相关课程的教材或参考书, 也可作为从事数据挖掘工作和应用的开发人员、数据分析人员以及计算机编程爱好者的参考读物.

本书撰写过程中, 学生郭兴隆、赖钰玮、曾平等在程序验算、案例撰写、书稿校对等方面做了大量的工作. 本书的出版得到了国家自然科学基金、湖南省杰出青年基金、中南大学数学 "双一流" 学科的资助, 在此一并致谢!

本书正文涉及的所有图和源程序及数据都可以扫封底二维码查看.

由于作者水平和能力有限, 编写时间仓促, 不妥之处在所难免, 恳请读者批评指正.

诚望各位专家及广大读者提供宝贵意见.

潘克家　凌巍炜　任政勇　郑洲顺

2022 年 3 月

目　　录

第 1 章　关于数据建模

1.1　数据建模概述

随着信息化时代的发展, 社会信息高速流通, 人们之间的交流越来越密切, 特别是各行各业业务操作流程的自动化, 各行各业面临的数据量越来越大, 大数据便在这高科技时代应运而生. 大数据在统计学、生物学、环境生态学等领域以及军事、金融、通信等行业存在已有时日, 却因为近年来互联网和信息行业的发展而引起人们的关注. 因此, 近年来, 在全国大学生数学建模竞赛中, 大数据问题也开始出现在竞赛题目中, 供参赛者选择, 这些问题绝大部分来源于科学与工程技术、人文与社会科学、经济管理等领域, 经过适当简化加工的实际问题. 大数据类型的主题将不再局限于一个领域. 针对大数据问题, 参赛者需要使用数学软件或大数据平台对数据进行处理, 通过挖掘数据之间的关系, 从而建立数学模型来表示实际问题, 这就是所谓的数据建模.

1.2　数据建模基本任务

数据挖掘功能可以是目标性的, 也可以是描述性的, 其差异取决于指导数据挖掘实践的目标. 目标性数据挖掘的首要任务是创建一个可以预测指定标记, 以及估计数值的预测模型, 从而可以自动实现决策过程.

通常目标性挖掘的结果可以直接应用在行动中, 例如, 依照预测模型的结果, 可决定是否给某个申请贷款客户发放贷款. 在这种情况下, 模型好坏与否主要在于其判断的准确性. 但多数情况下, 数据挖掘是描述性的. 所谓 "描述" 的任务是通过各种直观或有效的方式对数据更深入的理解, 进而了解数据所反映的领域背景情况. 当然描述性的数据挖掘也产生了一些挖掘结果, 但这些结果并非由模型自动生成. 此时, 模型的好坏并不取决于预测的准确与否, 而在于通过模型所得到的对数据的认知.

数据挖掘的基本任务主要是聚类分析、关联分析、时间序列分析、偏差分析和回归分析等.

1. 聚类分析 (clustering)

聚类是把数据按照相似性归纳成若干类别, 同一类中的数据彼此相似, 不同类中的数据相异. 聚类分析可发现数据的分布模式, 以及数据属性之间可能存在的相互关系. 根据数据自身的距离或相似度进行划分. 划分原则是保持最大的组内相似性和最小的组间相似性, 使不同聚类中的数据尽可能地不同, 而同一聚类中的数据尽可能地相似, 主要的聚类分析算法如表 1-1 所示.

表 1-1　　主要的聚类分析算法

类别	主要算法
划分 (分裂) 方法	K-means(K-均值) K-MEDOIDS(K-中心点) CLARANS(基于选择的算法)
层次方法	BIRCH(平衡迭代归约和聚类) CURE(代表点聚类) CHAMELEON(动态模型)
基于密度的方法	DBSCAN(基于高密度连接区域) DENCLUE(密度分布函数) OPTICS(对象排序识别)
基于网络的方法	STING(统计信息网络) CLIOUE(聚类高维空间) WAVE-CLUSTER(小波变换)
基于模型的方法	统计学方法 神经网络方法

2. 关联分析 (association analysis)

关联规则挖掘是一种基于规则的机器学习算法, 该算法可以在大数据库中发现感兴趣的关系. 数据关联是数据中存在的一类重要的、可被发现的知识. 关联分为简单关联、时序关联和因果关联. 关联分析的目的是找出数据库中隐藏的关联网. 一般用支持度和可信度两个阈值来度量关联规则的相关性, 通过不断引入兴趣度、相关性等参数, 使得所挖掘的规则更符合需求. 揭示数据之间的相互关系, 在原始数据中, 这种关系没有被直接表示出来.

关联分析的任务是发现事物间的关联规则或相关程度.

相信大家都听说过 "尿布与啤酒" 的故事. 在某超市有一个有趣的现象: 尿布和啤酒赫然摆在一起出售. 但是这个奇怪的举措却使尿布和啤酒的销量双双增加了. 这不是一个笑话, 而是发生在美国沃尔玛连锁超市的真实案例, 并一直为商家所津津乐道. 沃尔玛拥有世界上最大的数据仓库系统, 为了能够准确了解顾客在其门店的购买习惯, 沃尔玛对其顾客的购物行为进行购物篮分析, 想知道顾客经常一起购买的商品有哪些. 沃尔玛数据仓库里集中了其各门店的详细原始交易数据. 在这些原始交易数据的基础上, 沃尔玛利用数据挖掘方法对这些数据进行分析和挖掘. 一个意外的发现是: 跟尿布一起购买最多的商品竟是啤酒! 经过大量实际调查和分析, 揭示了一个隐藏在 "尿布与啤酒" 背后的美国人的一种行为模式: 在美国, 一些年轻的父亲经常要到超市去买婴儿尿布, 而他们中有 30%~40% 的人同时也为自己买一些啤酒.

产生这一现象的原因是: 美国的太太们常叮嘱她们的丈夫为小孩买尿布, 而丈夫们在买尿布后又随手带回了他们喜欢的啤酒, 常用的关联规则算法如表 1-2 所示.

表 1-2 关联规则算法

算法名称	算法描述
Apriori	一种最有影响的挖掘布尔关联规则频繁项集的算法. 其核心是基于两阶段频集思想的递推算法
FP-Tree	针对 Apriori 算法的固有缺陷, J. Han 等提出了不产生候选挖掘频繁项集的方法: FP-频集算法
灰色关联法	以分析和确定各因素之间的影响程度或若干个子因素 (子序列) 对主因素 (母序列) 的贡献程度而进行的一种分析方法
HotSpot	挖掘得到通过树状结构显示的感兴趣的目标最大化/最小化的一套规则, 最大化/最小化的利益目标变量/值

3. 时间序列分析 (time-series analysis)

在时间序列分析中, 数据的属性值是随着时间不断变化的, 通过时间序列可以使用距离度量来确定不同时间序列的相似性, 也可通过检验时间序列图中的曲线关系来确定时间序列的行为, 利用历史时间序列预测未来数值.

用已有的数据序列预测未来. 在时间序列分析中, 数据的属性值是随着时间不断变化的. 回归不强调数据间的先后顺序, 而时间序列要考虑时间特性, 尤其要考虑时间周期的层次, 如天、周、月、年等, 有时还要考虑日历的影响, 如节假日等. 用于确定数据之间与时间相关的序列模式. 其主要目的: 进行预测, 根据已有的时间序列数据预测未来的变化.

例如可通过时间序列分析饮料等一些季节性商品, 随着时间周期变化而出现的规律性特征, 通过分析并预测出数据未来的变化趋势, 进而掌握其内部规律. 时间序列预测关键: 确定已有时间序列的变化模式, 并假定这种模式会延续到未来. 基本特点: 假设事物发展趋势会延伸到未来, 预测所依据的数据具有无规律性, 不考虑事物发展之间的因果关系, 常用的时间序列分析算法见表 1-3.

4. 偏差分析 (deviation)

在偏差中包含很多有用的知识, 数据库中的数据存在很多异常情况, 发现数据库中数据存在的异常情况是非常重要的. 偏差检验的基本方法就是寻找观察结果与参照之间的差别. 偏差是对差异和极端特例的表述, 如分类中的反常实例、聚类外的离群值、不满足规则的特例等.

表 1-3   时间序列分析算法

方法	时间范围	适用情况
一元线性回归预测法	短、中期	自变量与因变量之间存在线性关系
多元线性回归预测法	短、中期	因变量与两个或两个以上自变量之间存在线性关系
非线性回归预测法	短、中期	因变量与一个自变量或多个其他自变量之间存在某种非线性关系
趋势外推法	中、长期	被预测项目的有关变量用时间表示时, 用非线性回归
移动平均法	短期	不带季节变动的反复预测
指数平滑法	短期	具有或不具有季节变动的反复预测
平稳时间序列预测法	短期	适用于任何序列的发展形态的一种高级预测方法
灰色预测法	短、中期	适用于时间序列的发展呈指数型趋势

5. 回归分析

回归分析是通过建立模型来研究变量之间相互关系的密切程度. 回归首先假设一些已知类型的函数 (例如线性函数、非线性函数、Logistic 函数等) 可以拟合目标数据, 利用某种误差分析确定一个与目标数据拟合程度最好的函数, 主要的回归函数模型及描述如表 1-4 所示.

表 1-4   主要的回归函数模型

回归类别	模型名称	适宜条件	模型描述
线性回归	一元线性回归 多元线性回归	因变量与单个自变量线性关系 因变量与多个自变量线性关系	对一个或者多个自变量和因变量之间关系进行建模, 使用最小二乘法求解系数
非线性回归	一元非线性回归 多元非线性回归	因变量与单个自变量非线性关系 因变量与多个自变量非线性关系	对一个或者多个自变量和因变量之间关系进行建模, 可转化为线性函数使用最小二乘法求解系数
Logistic 回归	Logistic 回归	一般是因变量的有 1 和 0 两种取值	是广义线性回归特例, 利用 Logistic 函数将因变量的取值范围控制在 0 和 1 之间, 表示取值 1 的概率
逐步回归	逐步回归	当自变量较多时, 我们需要选择对因变量有显著影响的变量, 而舍去对因变量无显著影响的变量	逐步回归筛选并剔除引起多重共线性的变量, 使得最后保留在模型中的解释变量是重要的

1.3   数据建模过程

数据挖掘是从大量数据中挖掘出隐含的、未知的、对决策有潜在价值的信息、模型和趋势. 数据挖掘建模过程是对一堆杂乱无章的数据进行分析并挖掘出有价值的知识的过程. 首先明确挖掘数据的目标, 然后对数据进行探索、预处理, 最后根据数据建模的目标、归属问题类型, 使用建模挖掘出有价值的知识, 数据建模流程如图 1-1 所示.

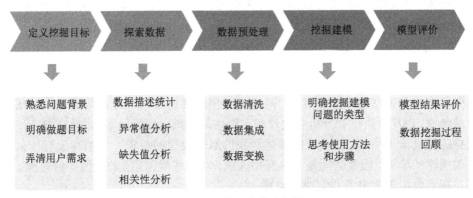

图 1-1   数据建模流程图

1.3.1   定义挖掘目标

针对数据挖掘问题, 首先要了解问题相关领域, 包括在实际应用中的各种知识和应用目标、熟悉问题背景知识、明确用户需求. 思考问题和数据信息之间的联系, 从给出的数据能够得到哪些问题所需要的价值信息, 站在需求者即数据来源的角度思考. 建模的过程要围绕着什么进行? 给定的数据信息能够挖掘出哪些有价值, 且是需求者所需要的信息? 本次的挖掘目标是什么? 系统完成后能达到什么样的效果? 数据挖掘需要解决的问题是什么? 要想充分发挥数据挖掘的价值, 必须对目标有一个清晰明确的定义, 即决定到底想干什么.

公共自行车服务系统的运行: 近些年来随着共享经济的兴起, 公共自行车作为一种绿色环保的出行方式已经迅速普及. 该问题首先要明确目标, 分析自行车借还数据目的是掌握自行车实时的借还动态, 了解数据特征, 有利于运营商对各个站点及时间段自行车的投放和回收进行优化, 更好地满足用户对公共自行车的运营, 如此以便于公共自行车服务系统能够产生更大的效益.

大型百货商场会员画像描述: 该问题始终围绕着会员, 从给定的各会员卡号消费记录信息可以挖掘各会员年龄、性别、消费偏好以及会员价值等信息. 该问题的目标是刻画出会员消费 "画像", 挖掘出会员的消费特征, 以及会员对商场的价值特征. 对于商场而言这些有价值的 "信息" 可以更清楚了解会员的偏好, 然后通过折扣促销、连带消费等一系列营销方法 "激活" 会员, 使大型百货商场能够长久获利运营.

"薄利多销" 问题: 该问题研究的是商品的利润与销售数量的关系, 是通过降低商品的利润来增加销售数量, 从而使商家获得更多盈利的销售方式. 所给定的数据是商场的销售流水记录, 根据所给定的数据可挖掘出商场每天的营业额、利润以及利润率、打折率等有价值的信息, 从而可以挖掘出隐含的对需求者有潜在价值的关系和趋势. 商场可以根据消费情况了解各商品大类利润和消费情况, 从而改变销售方式使商场获利更多.

1.3.2 探索数据

探索数据是对数据进行初步探索研究, 以便更好地了解数据的特征, 为建模的变量选择和方法选取提供依据, 是挖掘建模的铺垫过程. 探索数据是数据预处理的前提, 也是数据挖掘分析有效性和准确性的基础. 当我们拿到一份数据后, 对数据的特征一无所知, 它是否能够达到我们原来设想的要求? 其中有没有什么明显的规律和趋势? 因素之间是否具有相关性? 对一些异常值、缺失值如何处理? 这都是探索数据需要思考并解决的问题.

对样本数据进行探索、审核和必要的加工处理, 是保证预测质量所必需的. 数据探索和预处理的目的是保证样本数据的质量, 进而为保证预测质量打下基础.

下面从几个方面了解探索数据的方法.

(1) 描述统计.

描述统计包括均值、频率、众数、百分位数、中位数、极差、方差和标准差等, 描述统计均可以用来探索数据结构, 用于探索数据的不同属性. 均值是所有数据的平均值; 中位数是将一组数据从大到小的顺序排列位于中间的那个数据; 众数是指数据中出现最频繁的值. 均值和中位数是对个体集中趋势的度量.

极差是一份数据中最大值减去最小值的差值; 标准差是离均差平方的算术平均值. 极差、标准差是对数据离中趋势度量.

(2) 异常值分析.

异常值分析是检验数据是否有错误或者不合理的数据. 异常值数据是样本中的个别值, 其数值明显偏离其余数值. 数据的异常是十分危险的存在, 异常值数据对计算过程和挖掘建模造成影响, 从而导致结果出现误差. 通常可以通过简单的统计量分析、箱线图分析检测出异常值数据.

(3) 缺失值分析.

数据的缺失值分析使用简单的统计方法分析, 可以得到含有缺失值的属性个数, 以及每个属性的缺失数和缺失率. 数据的缺失主要包括记录缺失、记录中某个字段信息缺失等. 造成数据缺失的原因有很多, 例如, 记录的遗漏、数据的无法获取等. 对于缺失的数值, 我们需要对其进行分析, 重要的数值需要通过各种方法进行补充, 对结果毫无影响的数值则可以忽略.

(4) 相关性分析.

相关性分析是指对两个或两个以上具备相关性变量元素进行分析, 从而衡量两个变量因素的相关密切程度, 并且采用适当的统计指标展示出来. 通常可以通过直接绘制散点图、绘制散点图矩阵、计算相关系数等方法, 探索出变量之间的相互联系与潜在的趋势.

1.3.3 数据预处理

在挖掘建模过程中原始数据往往是含有噪声、不完整、不一致的, 无法直接进行数据挖掘, 严重影响着后续建模的过程, 导致挖掘结果不尽人意. 数据质量决定了数据挖掘任务的成与败, 数据处理有多种方法: 数据清理、数据集成、数据变换、数据归约等. 这些数据处理技术在数据挖掘之前使用, 大大提高了数据挖掘模式的质量, 降低实际挖掘所需要的时间.

数据处理可采用填写缺失的值、光滑噪声数据、识别或删除离群点、一致性等处理方法. 目的是达到如下目标: 格式标准化、异常数据清除、错误纠正、重复数据的清除.

缺失值数据常用的处理方法是: 删除记录、插补数据. 如果通过简单删除小部分数据记录能达到所预期的目标, 且对挖掘建模过程和结果没有造成较大的影响, 则删除记录往往是种有效的方法. 插补缺失值的方法有均值插补法、中位数插补法、众数插补法、最临近插补法、插值法、回归法等, 根据缺失值的属性以及具体问题使用不同插补的方法.

在数据预处理时, 异常值是否剔除, 需视具体情况而定, 因为有些异常值可能蕴含着有用的信息.

处理的方法有: 删除含有异常值的记录、视为缺失值、平均值修正和不处理. 将含有异常值的记录直接删除这种方法简单易行, 但在观测值很少的情况下, 删除会造成样本量不足, 可能会改变变量的原有分布, 从而造成分析结果的不准确. 在很多情况下, 要先分析异常值出现的原因, 再判断异常值是否应该舍弃, 如果是正确的数据, 可以直接在具有异常值的数据集上进行挖掘建模.

数据平滑处理　在数据分析时, 由于数据的噪声太多, 需要对数据进行数据平滑处理. 处理方法通常包含降噪、拟合等操作. 降噪的功能在于去除额外的影响因素. 拟合的目的在于数学模型化, 可以通过更多的数学方法识别曲线特征.

数据集成　将多个数据源中的数据结合起来并统一存储, 建立数据仓库的过程实际上就是数据集成. 来自多个数据源中的多份数据表达形式是不一样的, 有可能不匹配, 要考虑实体识别问题和属性冗余问题, 从而将源数据在最底层加以转换、提炼和集成.

数据变换　对数据进行规范化处理, 将数据转换成 "适当的" 形式, 以适用于挖掘建模的需求, 常用的方法有数据简单函数变换、规范化处理等方法. 通过简单函数变换可以更好地发现变量之间的内在关系和规律, 数据标准化处理是数据挖掘的一项基础工作, 不同评价指标往往具有不同的量纲, 数值间的差别可能很大, 不进行处理可能会影响到数据分析的结果. 为了消除指标之间的量纲和取值范围差异的影响, 需要进行处理.

1.3.4　挖掘建模

在定义挖掘目标和对数据预处理后进行数据挖掘建模, 判断出建模问题属于数据挖掘中的哪类问题, 即回归、分类、聚类、关联等, 它们不仅在挖掘的目标和内容上不同, 所处理的方法与得到的结果也不同. 这一步是挖掘建模工作的核心环节, 反映的是采样数据内部结构的一般特征. 首先根据定义的挖掘目标设定变量和参数, 然后根据具体问题具体分析再建模, 最后进行模型描述.

回归　分析现象之间相关的具体形式, 确定其因果关系, 并用数学模型来表现其具体关系, 确定两种或两种以上变量间相互定量关系的一种统计分析的方法. 根据回归方法中因变量的个数和回归函数的类型, 可将回归方法分为: 一元线性回归、一元非线性回归、多元回归、多元线性回归. 另外在回归过程中可以调整变量数的回归方法称为逐步回归, 以指数结构函数作为回归模型的回归方法为 Logistic 回归.

分类　对未知样本进行类别判断, 经典分类方法有: 决策树方法、神经网络方法、贝叶斯分类、K-近邻算法、判别分析等.

聚类分析　对样品分类的一种多元统计分析的方法. 它的对象是大量的样品, 要求能合理地按各自的特性来进行合理的分类, 没有任何模式可供参考或依循. 常用的方法有: K-均值聚类、层次聚类、神经网络聚类、高斯聚类等.

判别分析　又称 "分辨法", 是在分类确定的条件下, 根据某一研究对象的各种特征值判别其类型归属问题的一种多变量统计分析方法. 其基本原理是按照一定的判别准则, 建立一个或多个判别函数, 用研究对象的大量资料确定判别函数中的待定系数, 并计算判别指标, 据此即可确定某一样本属于何类. 已知某种事物有几种类型, 现在从各种类型中各取一个样本, 由这些样本设计出一套标准, 使得从这种事物中任取一个样本, 可以按这套标准判别它的类型. 有极大似然法、距离判别、Fisher 判别、贝叶斯判别等方法.

主成分分析　一种统计方法. 通过正交变换将一组可能存在相关性的变量转换为一组线性不相关的变量, 转换后的这组变量叫主成分. 在用统计分析方法研究多变量的课题时, 变量个数太多就会增加课题的复杂性. 人们自然希望变量个数较少而得到的信息较多. 在很多情形, 变量之间是有一定的相关关系的, 当两个变量之间有一定相关关系时, 可以解释为这两个变量反映此课题的信息有一定的重叠. 主成分分析是对于原先提出的所有变量, 将重复的变量删去, 建立尽可能少的新变量, 使得这些新变量是两两不相关的, 而且这些新变量在反映课题的信息方面尽可能保持原有的信息.

1.3.5 模型评价

模型评价首先要明确评估的目的是什么？如何评价预测模型的效果？可以通过什么评价指标来衡量？

评估是将模型的输出结果与现实生活中发生的结果进行比较, 建立评估指标, 进一步评估模型. 模型评估的目的之一就是从这些模型中自动找出一个最好的模型, 另外就是要对模型进行针对业务的解释和应用.

模型评价的方法

直接使用原来建立模型的样本数据进行检验. 如果这一环节无法通过, 所建立的决策支持信息价值就不太大了. 通常来说, 在这一步应得到较好的评价, 说明建立的模型确实从该批数据样本中挖掘出了符合实际的规律性.

也可以通过指标来衡量, 若建立回归模型可使用的评估指标, 建立聚类模型可使用指标和轮廓系数, 关联模型则可将支持度、置信度等作为评估指标. 评估结束后, 需要对整个数据挖掘过程进行回顾, 查找及分析预测误差的大小及原因, 以决定后续数据挖掘步骤并做出相应的调整.

从挖掘建模过程中得到一系列的结果和有价值的信息, 判断挖掘结果是否符合实际.

1.4 数据可视化

数据可视化是运用计算机图形学和图像处理技术, 将大型数据集中的数据转换为图形或图像显示, 并进行交互处理的理论、方法和技术. 狭义上的数字可视化指的是将数据用统计图表方式呈现, 广义上数据可视化是信息可视化其中一类, 因为信息是包含了: 数字和非数字的.

当你能够充分理解数据, 并能够轻易向他人解释数据时, 数据才有所价值. 因此, 数据可视化至关重要. 如果数据表达失误或者无法高效表达数据, 那么读者便无法理解数据的含义, 其信息可以用多种方法来进行可视化, 每种可视化的方法都有着不同的着重点. 当你打算处理数据时, 首先要明确并理解的一点是: 你打算通过数据讲述怎样的故事, 数据背后又在表达着什么？了解这一点之后, 你便能选择合理的数据可视化方法, 高效传达数据. 在分析数据时, 可以先参考已经验证的设计模式, 或者数据观察案例, 然后你便能找出数据背后的故事了.

柱状图　反映数据随时间的变化, 对不同数据进行比较, 体现部分和整体的关系. 柱状图中包含堆积柱状图、堆积百分比柱状图等子类别, 各类型柱状图见图 1-2.

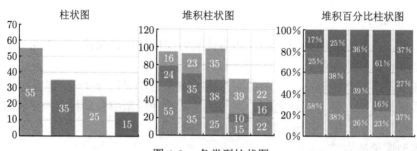

图 1-2 各类型柱状图

堆积柱状图 当需要比较部分和整体的关系时, 可以采用这种方法. 当每个分组总值不甚重要, 只考虑其中部分-整体关系时, 可使用堆积百分比.

条形图 更加适合多个类别数值大小的比较, 条形图显示各个项目之间的比较情况, 包括普通条形图、堆积条形图、堆积百分比条形图等, 各类型横状条形图见图 1-3.

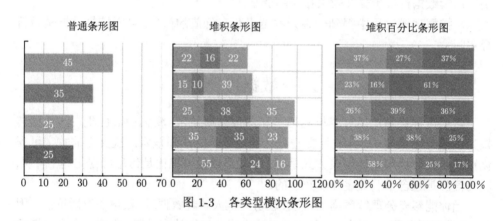

图 1-3 各类型横状条形图

折线图 可以显示随时间而变化的连续数据, 因此非常适用于显示在相等时间间隔下数据的趋势.

面积图 是由折线图衍生而来的, 面积图描述的是一个时间序列关系. 但与折线图不同的是, 面积图中带有颜色的面积也可以进行量的表达. 在面积图里, 数据通过两条数轴表示, 在图中用线把一个个数据点连接起来, 数轴和这条线之间的区域通常用颜色或阴影来增加易读性, 更侧重于表现整体变化的幅度大小. 包含面积图、堆积面积图、堆积百分比面积图, 常见的面积图与折线图如图 1-4 所示.

折线图用来展示时间序列关系, 可用来展示持续性数据, 可以很好地展示趋势、累积、减少以及变化. 面积图表用于展示或者比较数据随时间的变化, 堆积面积图表用来可视化展示部分和整体之间的关系、展示部分量对于总量的贡献. 堆积百分比面积图用来展示部分和整体关系, 当整体量的具体数值不是那么重要时, 可采用此法.

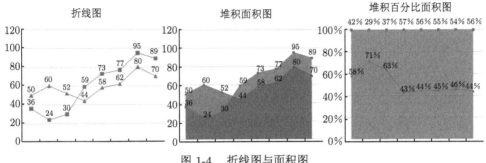

图 1-4　折线图与面积图

饼图　能够方便表达数据的部分和整体关系, 适用于离散性数据和持续性数据. 当数据量很小时, 这种方法最能吸引人, 也最容易理解. 有环形、扇形、玫瑰形以及多个圆环嵌套等形式, 常见各样式饼图如图 1-5 所示.

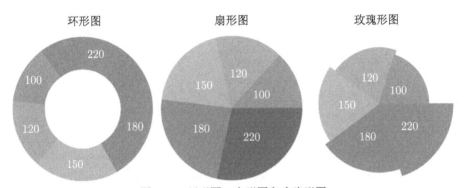

图 1-5　环形图、扇形图和玫瑰形图

散点图　用于表现两组数据之间的相关性, 一组数据作为横坐标, 另一组作为纵坐标, 从而形成坐标系上的位置, 可以发现两者之间是否存在关联. 在回归分析中, 数据点在直角坐标系平面上的, 散点图表示因变量随自变量而变化的大致趋势, 据此可以选择合适的函数对数据点进行拟合, 散点图与气泡图如图 1-6 所示.

气泡图　可用于展示三个变量之间的关系. 它与散点图类似, 绘制时将一个变量放在横轴, 另一个变量放在纵轴, 而第三个变量则用气泡的大小来表示. 气泡图与散点图相似, 不同之处在于: 气泡图允许在图表中额外加入一个表示大小的变量进行对比. 散点图展示了两组变量之间的关系, 在数据量较大时, 可展示关联性.

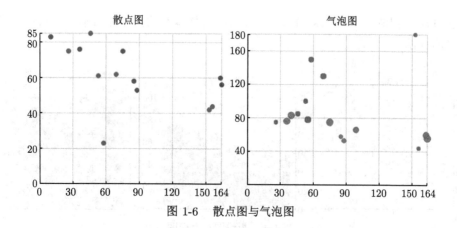

图 1-6   散点图与气泡图

第 2 章　MATLAB 快速入门

2.1　MATLAB 概述

1. MATLAB 简介

MATLAB 是美国 MathWorks 公司出品的商业数学软件, 用于数据分析、无线通信、深度学习、图像处理与计算机视觉、信号处理、量化金融与风险管理、机器人、控制系统等领域. MATLAB 是 matrix laboratory 两个词的组合, 意为矩阵实验室, 该软件主要面对科学计算、可视化以及交互式程序设计的高科技计算环境. 它将数值分析、矩阵计算、科学数据可视化以及非线性动态系统的建模和仿真等诸多强大功能集成在一个易于使用的视窗环境中, 为科学研究、工程设计以及必须进行有效数值计算的众多科学领域提供了一种全面的解决方案.

MATLAB 经过了近 40 年的专门打造、30 多年的千锤百炼, 以高性能的矩阵运算为基础, 不仅实现了大多数数学算法的高效运行函数和数据可视化, 而且提供了非常高效的计算机高级编程语言, 在用户可参与的情况下, 各种专业领域的工具箱不断开发和完善. MATLAB 取得了巨大的成功, 已广泛应用于科学研究、工程设计及必须进行有效数值计算的众多科学领域.

MATLAB 有着高效的数值计算及符号计算功能, 能够快速有效处理数据; 具有强大的图形处理功能, 能够把结果精美地展示出来, 直观地描绘出数据特征; 友好的用户界面及接近数学表达式的自然化语言, 使学者易于学习和掌握. MATLAB 包含许多内置函数, 在数据建模过程中能够快速高效地编写程序; 强大的数值计算和图形处理功能能够快速处理数据, 挖掘出高价值数据信息, 并通过数据可视化功能完美展现出来.

2. MATLAB 界面介绍

MATLAB 的工作界面形式简洁, 主要由标题栏、功能区、工具栏、当前目录窗口, 即当前文件夹窗口、命令行窗口、工作区窗口和命令历史记录窗口等组成, MATLAB 界面见图 2-1.

3. MATLAB 功能区介绍

(1) MATLAB 功能区的形式显示各种常用的功能命令. 它将所有的功能命令分为 "主页""绘图""APP" 三个选项卡.

(2) "主页" 选项卡中较为常用有文件功能组和变量功能组, 文件功能组是对脚本和实时脚本以及文件进行管理, 变量功能组则是对程序运行过程中的变量进行管理, 图 2-2 为 "主页" 选项卡界面.

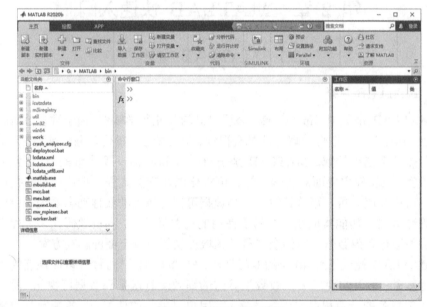

图 2-1　　MATLAB 界面

图 2-2　　"主页" 选项卡

(3) "绘图" 选项卡显示关于绘图的类型选择和图形绘制的编辑命令, 用于数据建模中图形可视化操作, "绘图" 选项卡如图 2-3 所示.

图 2-3　　"绘图" 选项卡

(4) "APP"(应用程序) 选项卡, 显示多种应用程序命令, "APP" 选项卡界面如图 2-4 所示.

图 2-4 "APP"(应用程序) 选项卡

4. MATLAB 窗口区介绍

(1) **目录窗口** 在当前目录窗口中, 可显示或改变当前目录, 查看当前目录下的文件, 在当前目录下新建文件或文件夹, 也可以指定新建文件的类型、生成文件分析报告、查找文件、显示/隐藏文件信息、将当前目录按某种指定方式排序和分组等.

(2) **编辑器窗口** 该窗口是对 ".m" 文件进行编辑调试.

(3) **工作区窗口** 显示了目前内存中所有的 MATLAB 变量名、数据结构、字节数与类型. 不同的变量类型有不同的变量名图标.

(4) **命令行窗口** 命令行窗口在该窗口中可以进行各种计算操作, 也可以使用命令打开各种 MATLAB 工具, 还可以查看各种命令的帮助说明等.

2.2 MATLAB 的帮助系统

MATLAB 的帮助系统非常完善, 这与其他科学计算软件相比是一个突出的特点, 要熟练掌握 MATLAB, 就必须熟练掌握 MATLAB 帮助系统的应用. 所以, 用户在学习 MATLAB 的过程中, 理解、掌握和熟练地应用 MATLAB 帮助系统是非常重要的. 对于任何一位 MATLAB 的使用者, 都必须学会使用 MATLAB 的帮助系统, 因为 MATLAB 和相应的工具箱中包含了上万个不同的指令, 每个指令函数都对应着一种不同的操作或者算法, 没有哪个人能够将这些指令都清楚地记忆在脑海中, 而且 MATLAB 帮助系统是针对 MATLAB 应用得最好的教科书, 讲解清晰、透彻, 所以需要养成良好的使用 MATLAB 帮助系统的习惯.

联机帮助系统

选择 "主页" 选项卡 → 单击 "帮助" 下拉菜单有文档、示例、支持网站三个选项, 选择文档选项则是进入 MATLBA 帮助文档界面, 也可以使用快捷键 F1 进入帮助文档界面. 在 MATLAB 帮助文档界面可以搜索所查找的函数用法以及所需要的函数和 MATLAB 的应用, MATLAB 帮助界面如图 2-5 所示.

若选择示例选项进入的是 MATLAB 示例界面, 该界面是 MATLAB 各个功能的演示部分包含有实时脚本和案例, 对 MATLAB 各个功能有详细的案例分析与介绍, MATLAB 示例界面如图 2-6 所示.

图 2-5　MATLAB 帮助界面

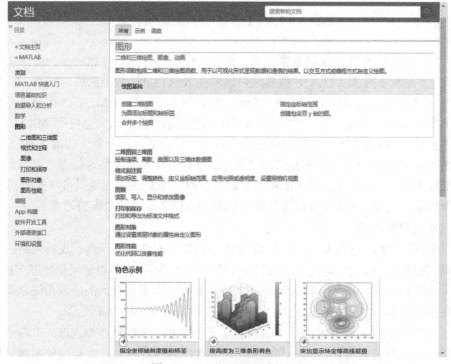

图 2-6　MATLAB 示例界面

若选择支持网站选项进入的是 MathWorks 官网界面, 在官网界面可以对 MathWorks 公司和 MATLAB 进行一定的了解, 也可以查询函数用法.

帮助命令 为了使用户更快捷地获得帮助, MATLAB 提供了一些帮助命令, 包括 help 系列、lookfor 命令和其他常用的帮助命令. help 命令是最常用的帮助命令, 在命令行窗口中直接输入 help 命令将会显示当前的帮助系统中所包含的所有项目, 也就是搜索路径中所有的目录名称, helpwin、helpdesk 是用来调用 MATLAB 联机帮助窗口的.

help ＋函数 (类) 名 假如准确知道所要求助的主题词, 或指令名称, 那么使用 help 是获得在线帮助最简单有效的途径. 在平时的使用中, 这个命令是最有用的, 能最快、最好地解决用户在使用的过程中碰到的问题, 具体演示如程序清单 2-1 所示.

程序清单 2-1 帮助命令的使用

程序文件 code2_1.m

```
>> help plot
plot - 二维线图
```
此 MATLAB 函数创建 Y 中数据对 X 中对应值的二维线图. 如果 X 和 Y 都是向量, 则它们的长度必须相同. plot 函数绘制 Y 对 X 的图.

如果 X 和 Y 均为矩阵, 则它们的大小必须相同. plot 函数绘制 Y 的列对 X 的列的图. 如果 X 或 Y 中的一个是向量而另一个是矩阵, 则矩阵的各维中必须有一维与向量的长度相等. 如果矩阵的行数等于向量长度, 则 plot 函数绘制矩阵中的每一列对向量的图. 如果矩阵的列数等于向量长度, 则该函数绘制矩阵中的每一行对向量的图. 如果矩阵为方阵, 则该函数绘制每一列对向量的图. 如果 X 或 Y 之一为标量, 而另一个为标量或向量, 则 plot 函数会绘制离散点. 但是, 要查看这些点, 你必须指定标记符号, 例如 plot(X,Y, 'o').

```
    plot(X,Y)
    plot(X,Y,LineSpec)
    plot(X1,Y1,···,Xn,Yn)
    plot(X1,Y1,LineSpec1,···,Xn,Yn,LineSpecn)
    plot(Y)
    plot(Y,LineSpec)
    plot(___,Name,Value)
    plot(ax,___)
    h = plot(___)
```
另请参阅 gca, hold, legend, loglog, plot3, title, xlabel, xlim, ylabel, ylim, yyaxis, Line 属性
```
    plot 的文档
名为 plot 的其他函数
```

2.3　MATLAB 的常用技巧

1. 符合功能介绍

除了必需的符号外, MATLAB 为了解决命令输入过于繁琐、复杂的问题采取了分号、续行符及插入变量等方法, 常见标点见表 2-1.

表 2-1　标点表

标点	定义	标点	定义
:	冒号: 具有多种功能	.	小数点: 小数点及域访问符
;	分号: 区分行及取消运行显示等	…	续行符
,	逗号: 区分列及函数参数分隔符等	%	百分号: 注释标记
()	圆括号: 指定运算过程中的优先顺序	!	叹号: 调用操作系统运算
[]	方括号: 矩阵定义的标志	=	等号: 赋值标记
{}	大括号: 用于构成单元数组	' '	单引号: 字符串标记符

续行符: 由于命令太长, 或出于某种需要, 输入指令行必须多行书写时, 需要使用特殊符号 "…" 来处理.

2. 常用函数命令介绍

MATLAB 具有特定的窗口命令, 具体如表 2-2 所示.

表 2-2　常用窗口命令

函数	功能介绍	函数	功能介绍
help	启动联机帮助文件显示	which	找出函数与文件所在的目录名
what	列出当前目录下有关文件	path	设置或查询 MATLAB 的路径
who	简要列出工作空间变量名	clear	删除内存中的变量与函数
whos	详细列出工作空间变量名	size	查询矩阵的维数
load	从文件中读入变量	disp	显示矩阵和文本
save	列出工作空间中变量存盘	length	查询向量的维数

程序清单 2-2 给出 whos 的示例, 如在下列语句在工作区中创建变量 A 和 B.

程序清单 2-2　创建变量

程序文件 `code2_2.m`

```
A = magic(4);
B = rand(3,5,2);
whos
```

```
>> code2_2
  Name    Size          Bytes Class    Attributes

  A       4x4            128 double
  B       3x5x2          240 double
```

MATLAB 也具有一些窗口控制函数, 具体如表 2-3 所示.

表 2-3 窗口控制函数的常用命令

函数	功能介绍	函数	功能介绍
cedit	设置命令行编辑与回调的参数	format	设置输出格式
clc	清除命令行窗口中的显示	echo	显示文件中的 MATLAB 命令
home	将光标移动到左上角位置	more	控制命令行窗口的输出界面

注意 format 仅影响数字显示, 而不影响 MATLAB 对数字的计算或保存方式.

MATLAB 提供了一些预定义的变量, 具体如表 2-4 所示.

表 2-4 常用常数的值

函数	功能介绍	函数	功能介绍
pi	π(3.1415926)	i	虚数单位
realmin	最小正浮点数	j	虚数单位
realmax	最大正浮点数	Inf	无限值
eps	浮点相对精度	NaN	空值

2.4 MATLAB 的矩阵和数组

MATLAB 是 "matrix laboratory" 的缩写形式. MATLAB 主要用于处理整个的矩阵和数组, 而其他编程语言大多逐个处理数值. 在 MATLAB 中的变量不管是什么数据类型, 都以数组或矩阵的形式保存. 矩阵是指通常用来进行线性代数运算的二维数组.

1. 数组创建

在 MATLAB 中构造数组时用空格键或逗号来间隔数组元素, 并且需要用方括号括起来, 若需要创建一个二维矩阵, 用方括号将数值都括起来, 并用逗号或空格隔开每个元素; 如果需要开始新的一行, 则需要用分号终止当前行. 此外还有内置特定的函数, 可构造特殊的矩阵, 数组创建范例见程序清单 2-3.

程序清单 2-3   数组创建

程序文件 code2_3.m

```
a = [1 2 3 4];b = [1 2 3; 4 5 6; 7 8 10]
z = zeros(5,1)
```

MATLAB 中其他特殊矩阵的函数, 具体见表 2-5.

表 2-5   特殊矩阵构造函数

函数	功能
ones	构建一个所有元素为 1 的矩阵
zeros	构建一个所有元素为 0 的矩阵
rand	构建一个服从均匀分布的随机矩阵
diag	根据向量创建对角矩阵

2. 矩阵和数组的运算

MATLAB 允许使用单一的算术运算符或函数来处理矩阵中的所有值. 即 MATLAB 也拥有计算机的功能. 例如进行运算符运算和三角函数的计算等.

在 MATLAB 中, 除了拥有计算机算术运算符和函数功能运算功能外, 矩阵的运算功能也是十分强大. 例如常用的矩阵的加减法运算、矩阵的乘除法运算、幂运算、矩阵逆运算等, 矩阵运算见程序清单 2-4.

程序清单 2-4   矩阵运算

程序文件 code2_4.m

```
%%MATLAB 数值计算功能
1 + 10
sin(pi/2)
%%MATLAB 矩阵运算功能
A=[1 2 3;4 5 6;7 8 9];
B=ones(3,3);
C=A+B%加法运算
D=A-B%减法运算
E=3*A%矩阵数乘运算
F=A*A%矩阵乘运算
G=A.*A%矩阵点乘运算
H=A.^2%矩阵幂运算
```

3. 矩阵元素运算

矩阵元素运算在数据挖掘建模中常常使用到, 较为常用的有矩阵元素修改索引、矩阵的变维等操作. MATLAB 中的每个变量都是一个可包含许多数字的数组.

如果要访问数组的选定元素, 可以通过索引来获取, 矩阵元素运算如程序清单 2-5 所示.

程序清单 2-5 矩阵元素运算

程序文件 code2_5.m

```
%%矩阵元素的修改
A=[1 2 3;4 5 6;7 8 9];
m=2;n=3;
B=A;B(m,:)=[]%删除矩阵的第 m 行
C=A;C(:,m)=[]%删除矩阵的第 m 列
D=A;D(m,n)=100%对矩阵 m 行 n 列进行数值修改
E=A;E(m,:)=100%对矩阵第 m 行进行数值修改
F=A;F(:,n)=100%对矩阵第 n 列进行数值修改
%%矩阵元素的变维
G=reshape(A,9,1) %变维可用 reshape(A,a,b) 将已知矩阵 A 变为 a 行 b 列的矩阵
```

4. 字符数组中的数据

数据建模会存在对文本字符处理问题, MATLAB 有较多对字符串处理的函数, 能够快捷有效对数据中文本字符进行所需的处理. 其函数功能能够对字符串进行创建串联、查找替换、比较等, 常用字符串函数如表 2-6 所示.

表 2-6 字符串函数

函数	功能
string	创建字符串数组
join	合并字符串
cellstr	转换为字符向量元胞数组
strcat	水平串联字符串
append	合并字符串
strlength	字符串长度
contains	确定字符串中是否有模式
matches	确定模式是否与字符串匹配
strfind	在其他字符串中查找字符串
replace	查找并替换一个或多个子字符串
strrep	查找并替换子字符串
split	在分隔符处拆分字符串
strtok	所选的字符串部分
strcmp	比较字符串的前 n 个字符 (区分大小写)
strcmpi	比较字符串的前 n 个字符 (不区分大小写)

2.5   MATLAB 的程序语句

1. 逻辑语句

MATALB 中的逻辑运算包括：&(与)、|(或)、~(非).

逻辑运算符的运算法则：

(1) 在逻辑运算中, 确认非零元素为真 (1), 零元素为假 (0);

(2) 当两个维数相等的矩阵进行比较时, 其相应位置的元素按标量关系进行比较, 并给出结果, 形成一个维数与原来相同的 0、1 矩阵;

(3) 当一个标量与一个矩阵比较时, 该标量与矩阵的各元素进行比较, 结果形成一个与矩阵维数相等的 0、1 矩阵;

(4) 算术运算优先级最高, 逻辑运算优先级最低.

运算符号优先级, 如表 2-7 所示.

表 2-7   运算符号优先级

优先级	运算符
1	圆括号 ( )
2	矩阵转置和乘方：转置 (.')、共轭转置 (')、乘方 (.^)、矩阵乘方 (^)
3	一元加法 (+)、一元减法 (-)、取反 (~)
4	乘法 (.*)、矩阵乘法 (*)、右除 (./)、左除 (.\)、矩阵右除 (/)、矩阵左除 (\)
5	加法 (+)、减法 (-)、逻辑非 (~)
6	冒号运算符 (:)
7	小于 (<)、小于等于 (<=)、大于 (>)、大于等于 (>=)、等于 (==)、不等于 (~=)
8	逐元素逻辑与 (&)
9	逐元素逻辑或 (|)
10	避绕式逻辑与, 或者捷径逻辑与 (&&)
11	避绕式逻辑或, 或者捷径逻辑或 (||)

2. 条件语句

条件语句可用于在运行时选择要执行的代码块. 最简单的条件语句为 if 语句; 通过使用可选关键字 elseif 或 else, if 语句可以包含备用选项; 当针对一组已知值测试相等性时, 请使用 switch 语句. 程序清单 2-6 为条件语句演示案例.

程序清单 2-6   条件语句

程序文件 code2_6.m

```
%%%条件语句
%生成随机数
a = randi(100, 1);
%如果是偶数, 除以 2
if rem(a, 2) == 0
disp('a 是偶数')
```

```
  b = a/2;
end
%%elseif else 条件语句
a = randi(100, 1);
if a < 30
disp('小')
elseif a < 80
disp('中等')
else
disp('大')
end
%%switch 条件语句
[dayNum, dayString] = weekday(date, 'long', 'en_US');
switch dayString
  case '星期一'
disp('一周工作的开始')
  case '星期二'
disp('第二天')
  case '星期三'
disp('第三天')
  case '星期四'
disp('第四天')
  case '星期五'
disp('一周工作的最后一天')
  otherwise
disp('周末！')
end
```

对于 if 和 switch, MATLAB 行与第一个 true 条件相对应的代码, 然后退出该代码块. 每个条件语句都需要 end 关键字.

3. 条件语句中的数组比较

了解如何将关系运算符和 if 语句用于矩阵非常重要. 如果你希望检查两个变量之间的相等性, 你可以使用 if A == B,····.

这是有效的 MATLAB 代码, 并且当 A 和 B 为标量时, 此代码会如期运行. 但是, 当 A 和 B 为矩阵时, 用 A == B 不会测试二者是否相等, 而会测试二者相等的位置; 结果会生成另一个由 0 和 1 构成的矩阵, 并显示元素与元素的相等性.

检查两个变量之间的相等性的正确方法是使用 isequal 函数. isequal 返回 1 (表示 true) 或 0 (表示 false) 的标量逻辑值, 而不会返回矩阵, 因此能被用于 if

函数计算表达式. isequal 返回 1 (表示 true) 或 0 (表示 false) 的标量逻辑值, 而不会返回矩阵, 因此能被用于 if 函数计算表达式.

　　如果 A 和 B 为标量, 下面的程序永远不会出现 "意外状态". 但是对于大多数矩阵包括交换列的幻方矩阵, 所有元素均不满足任何矩阵条件 A > B, A < B 或 A == B, 因此将执行 else 子句, 条件语句案例如程序清单 2-7 所示.

程序清单 2-7　条件语句中的数组比较

程序文件 code2_7.m

```
%%%条件语句中的数组比较
A = magic(4);%生成幻方矩阵
B = A;      %复制生成的矩阵
B(1,1) = 0; %对 B 矩阵第一行第一列修改数值
A == B      %比较 A 矩阵和 B 矩阵
%%%isequal 函数检查两个变量之间的相等性
isequal(A,B)
%%%标量比较
if A > B
  '更大'
elseif A < B
  '更小'
elseif A == B
  '相等'
else
  error('意外情况')
end
```

　　4. 顺序结构

　　顺序结构是指按照程序中语句的排列顺序依次执行, 直到程序的最后一个语句. 从键盘输入数据, 则可以使用 input 函数来进行, 命令行窗口输出函数主要有 disp 函数. 例如求解一元二次方程 $ax^2 + bx + c = 0$ 的根, 演示案例如程序清单 2-8 所示.

程序清单 2-8　求解一元二次方程 $ax^2 + bx + c = 0$ 根

程序文件 code2_8.m

```
%%%顺序结构
a = input('a=?'); b = input('b=?');
c = input('c=?');
d = b*b-4*a*c;
x = [(-b+sqrt(d))/(2*a),(-b-sqrt(d))/(2*a)];
disp(['x1=',num2str(x(1)),',x2=',num2str(x(2))]);
```

5. 循环语句

面对一些具有规律性的重复操作, 使用循环语句能够大大加快工作效率. 循环是指按照给定的条件, 重复执行指定的语句, MATLAB 提供了两种实现循环结构的语句: for 语句和 while 语句. for 语句的格式为: for 循环变量 = 初值: 步长: 终值, end 用于界定语句结尾; while 语句其执行过程中, 条件成立, 则执行循环体语句, 执行后再判断条件是否成立, 如果不成立则跳出循环, end 用于界定语句结尾, 循环语句求平方和程序如程序清单 2-9 所示.

程序清单 2-9 循环语句求平方和

程序文件 code2_9.m

```
%%for 语句
%求 1 到 n 数的平方相加
y = 0;n = 100;
for i=1:n
  y = y+i^2
end
%%while 语句
sum=0;a=1;
while a<=100
  sum=sum+a.^2
  a=a+1
end
```

continue 将控制权传递到 for 或 while 循环的下一迭代. 它跳过当前迭代的循环体中剩余的任何语句. 程序继续从下一迭代执行. continue 仅在调用它的循环的主体中起作用. 在嵌套循环中, continue 仅跳过循环所发生的循环体内的剩余语句.

break 终止执行 for 或 while 循环. 不执行循环中在 break 语句之后显示的语句. 在嵌套循环中, break 仅从它所发生的循环中退出. 控制传递给该循环的 end 之后的语句.

2.6 MATLAB 数据可视化

对数据进行分析处理过程中为了能够直观展示数据特征, 挖掘出数据有价值的信息通常会进行数据可视化. MATLAB 具有强大的数值计算记录和卓越的数据可视化能力, 为数据建模提取数据提供了良好的基础.

1. 二维线图

在比较数据集或跟踪数据随时间变化方面, 二维线图是一个非常有用的方法.

可以绘制特定区间上绘制表达式或函数, 刻度对应数据线图和含误差条的线图以及面积图等, 演示案例见程序清单 2-10.

程序清单 2-10   线图程序
程序文件 code2_10.m

```
%%plot 函数
x = 0:pi/10:2*pi;
y = sin(x);
figure(1)
plot(x,y,'LineWidth',2.5)
grid on
%%errorbar 含误差条的线图
err=0.15*ones(size(y))
figure(2)
errorbar(x,y,err,'LineWidth',2)
grid on
%%area 填充区二维绘图
figure(3)
y1 = [1 3 5; 3 2 7; 3 4 2];
figure(3)
area(y1,'FaceColor','flat')
%%fplot 绘制表达式或函数
xt = @(t) cos(t);
yt = @(t) sin(t);%圆参数方程形式
figure(4)
fplot(xt,yt,'LineWidth',2)
grid on
%%fimplicit 绘制隐函数
f = @(x,y) x.^2 + y.^2 - 3;%圆的隐函数方程
figure(5)
fimplicit(f,[-3 3 -3 3],'LineWidth',2)
grid on
```

通过以上程序运行得到正弦函数图形、含误差条的正弦函数图形、面积图等, 见图 2-7.

2. 数据分布图

使用直方图、饼图或词云图等将数据分布可视化分析, 能够充分展示数据之美. 使用恰当合理的图表能够帮助数据更加容易被别人接受. 直方图可展示多个分类的数据变化和同类别各变量之间的比较情况; 箱线图主要用于反映原始数据

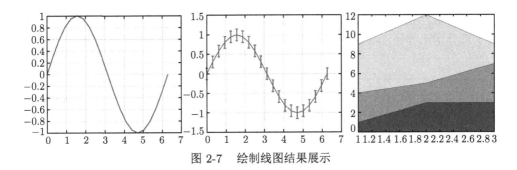

图 2-7 绘制线图结果展示

分布的特征, 还可以进行多组数据分布特征的比较查找出异常值点; 散点图用于发现各变量之间的关系; 饼图用来展示各类别占比; 词云图展现文本信息, 对出现频率较高的 "关键词" 予以视觉上的突出等, 数据分析图程序见程序清单 2-11.

程序清单 2-11 数据分析图程序

程序文件 code2_11.m

```
%%histogram 直方图
x = randn(100,1);
figure(6)
h = histogram(x,10)
grid on
%%boxchart 创建箱线图
y=rand(10,10)%生成随机矩阵
figure(7)
boxchart(y)
%%scatter 散点图
x=linspace(0,3*pi,200);
y1=cos(x) + rand(1,200);
figure(8)
scatter(x,y1,'LineWidth',2)
grid on
%%pie 创建饼图
X = categorical({'南昌','九江','赣州','上饶','吉安','赣州','赣州','南昌'···
  '南昌','九江','赣州','吉安',});
explode = {'赣州','南昌'};
figure(9)
pie(X,explode)
%%wordcloud 使用文本数据创建文字云图
figure(10)
wordcloud(X);
```

通过运行程序清单 2-11 程序能够得到箱线图、散点图、饼图、词云图等图，展示部分图形如图 2-8 所示.

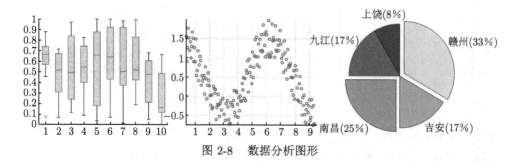

图 2-8　　数据分析图形

MATLAB 有着出色的图形绘制功能且含有许多绘图内置函数, 选择合适的图形展示数据的特征挖掘出数据价值. 数据可视化中常用的一些函数如表 2-8 所示.

表 2-8　　数据可视化常用函数

函数	功能介绍	函数	功能介绍
plot	创建二维线图	scatter	创建散点图
plot3	创建三维点或线图	scatter3	创建三维散点图
errorbar	创建含误差条的线图	scatterhistogram	创建带直方图的散点图
stackedplot	具有公共 x 轴的几个变量的堆叠图	plotmatrix	创建散点图矩阵
fplot	创建表达式或函数	pie	创建饼图
fimplicit	创建隐函数	pie3	创建三维饼图
fplot3	创建三维参数化曲线绘图函数	heatmap	创建热图
histogram	创建直方图	wordcloud	使用文本数据创建词云图
histogram2	创建二元直方图	barh	创建水平条形图
boxchart	创建箱线图	pareto	创建帕累托图

第 3 章　SPSS 快速入门

3.1　SPSS 概述

SPSS 是世界上应用最广泛的专业统计软件之一, 在全球拥有众多用户. SPSS 涉及通信、医疗、银行、证券、保险、制造、商业、市场研究、科研教育等多个领域和行业, 在全球 500 强企业中约有 80% 的公司使用, 在市场研究和市场调查领域则有超过 80% 的市场占有率, 同 SAS 并称为当今比较权威的两大统计软件.

3.2　SPSS 的基本特点

SPSS 受到用户的广泛欢迎并长盛不衰的原因在于其拥有强大的统计分析与数据准备、便捷的图表展示功能, 以及良好的兼容性和界面的友好性, 满足了广大用户的需求, 特别是得到了广大应用统计分析人员的喜爱.

(1) 功能强大.

SPSS 囊括了各种成熟的统计方法与模型, 为用户提供了全方位的统计方法, 如方差分析、回归分析、多元统计分析方法、生存分析方法等, 方法体系覆盖全面. 在数据准备方面, SPSS 提供了各种数据准备与数据整理技术. 例如, 利用值标签来快捷地录入数据、对连续型变量进行离散型转换、将几个小类别合并为一个大类别、重复记录的发现、异常数据的发现等. 这些强大的数据整理技术可使数据更易于分析使用.

在结果报告方面, SPSS 提供了自由灵活的表格功能, 使得制表变得更加简单、直接. 同时, SPSS 可绘制各种常用的统计图形, 如条形图、线图、饼图、直方图、散点图等多种图形, 以对数据进行全面直观的展示.

(2) 兼容性好.

在数据方面, 不仅可在 SPSS 中直接进行数据录入工作, 还可将日常工作中常用的 Excel 表格数据、文本格式数据导入 SPSS 进行分析, 从而节省了一定的工作量, 并且避免了因复制粘贴可能引起的错误.

在结果方面, SPSS 的表格、图形结果可直接导出为 Word、文本、网页、Excel 等格式, 而且目前已彻底解决了中文兼容问题, 用户不需要进行任何附加设置就可自由使用中文, 并将中文结果输出到 Word 等软件中直接使用.

(3) 易用性强.

SPSS 之所以有广大的用户群, 不仅因为它是一种权威的统计学工具, 也因为它是一种非常简单易用的软件. 人机界面友好、操作简单, 使得统计分析人员对它"情有独钟", 事实上, 不断地增强其易用性, 而不是盲目追求方法的高精尖几乎是近十几年来 SPSS 的核心改进方向. 另外, SPSS 也向高级用户提供了编程功能, 使分析工作变得更加节省时间和精力.

(4) 扩展性高.

SPSS 长期以来一直为竞争对手所诟病的问题主要是它对新方法、新功能的纳入速度很慢. 这虽然与其市场定位有关, 但毕竟是一个缺陷. 对此, SPSS 提供了一个巧妙的解决办法, 就是直接和 R 进行对接, 通过调用 R 的各种统计模块来实现对最新统计方法的调用, 从而彻底解决了这一问题.

3.3　SPSS 的操作界面

介绍一下 SPSS 软件的几个窗口. SPSS 是多窗口软件, 运行时使用的窗口最多有 4 种: 数据窗口、结果窗口、语法窗口和脚本窗口, 其中数据窗口和结果窗口是最常用的两个.

1. 数据窗口 (SPSS data editor)

数据窗口也称为数据编辑器, 此窗口类似于 Excel 窗口, SPSS 处理数据的主要工作全在此窗口进行. 它又分为两个视图: 数据视图用于显示具体的数据, 一行代表一个观测个体 (SPSS 中称为 Case), 一列代表一个数据特征 (SPSS 中称为 Variable); 变量视图则专门显示有关变量的信息, 如变量名称、类型、格式等.

注意　从 SPSS 14 版本起, SPSS 已经可以同时打开多个数据文件, 每个数据文件独占一个数据窗口, 系统会对这些数据窗口自动按照 "数据集 0" "数据集 1" 这样的工作名称来加以区分, 数据窗口见图 3-1.

2. 结果窗口 (SPSS output viewer)

结果窗口也称为结果查看器, 此窗口用于输出分析结果. 类似于 Windows 的资源管理器, 鼠标在窗口中的操作也类似于资源管理器. 整个窗口分两个区: 左边为目录区, 是 SPSS 分析结果的一个目录; 右边是内容区, 是与目录对应的内容, 结果窗口如图 3-2 所示.

3. 语法窗口 (SPSS syntax editor)

语法窗口也称语法编辑器, SPSS 最大的优势在于其简单易用性, 即菜单对话框式的操作. 但同时 SPSS 还提供了语法方式, 或程序方式进行分析. 该方法既

图 3-1   数据窗口

是对菜单功能的一个补充, 也可以使繁琐的工作得到简化, 尤其适用于高级分析人员.

图 3-2   结果窗口

新建语法窗口的步骤：首先单击 "文件" 选项卡, 接着在下拉菜单中选择 "新建" 选项卡, 最后在功能组中选择 "语法" 功能, 新建语法窗口见图 3-3.

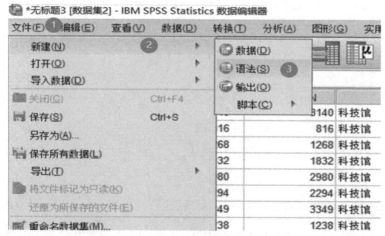

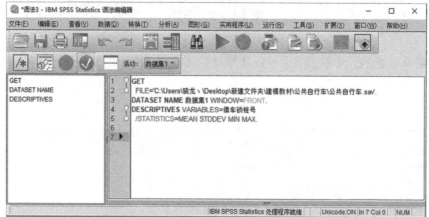

图 3-3   语法窗口

4. 脚本窗口 (SPSS script editor)

SPSS 脚本是用 Basic 或者 Python 编写的程序, 应用脚本可以像 SPSS 宏一样构建和运行 SPSS 命令, 而且可以在命令中利用当前数据文件的变量信息, 对结果进行编辑, 或者构建一些新的自定义对话框. 目前, SPSS 系列产品正处于从 Basic 脚本逐步向 Python 脚本过渡的阶段, 因此建议初学者不要考虑学习 Basic 脚本的有关知识.

新建脚本文件的方式步骤如图 3-4 所示: 首先单击 "文件" 选项卡, 然后在下拉菜单中选择 "新建", 最后在功能组中单击 "脚本".

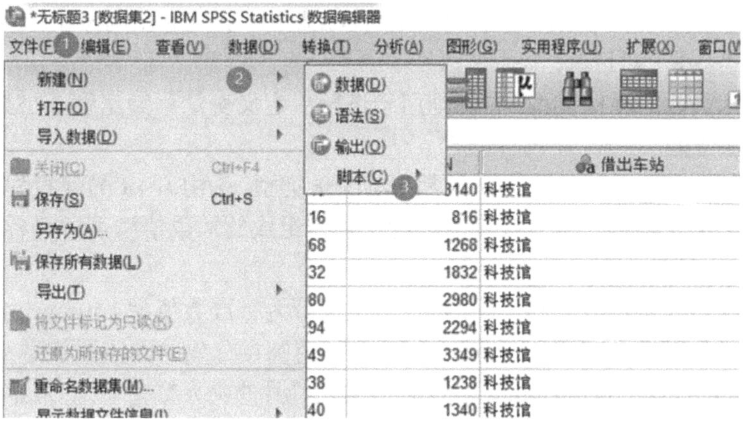

图 3-4　新建脚本文件的方式步骤

3.4　SPSS 数据格式概述

在 SPSS 中读取数据文件类型可以直接读入许多常用格式的数据文件, 依次选择 "文件"→"打开"→"数据" 菜单项, 或直接单击快捷工具栏上的快捷按钮, 系统就会弹出 "打开数据" 对话框, 在 "文件类型" 列表框中是可以直接打开数据文件格式, SPSS 在这方面的兼容性非常好, 和所有常见的数据格式都有直接读取的接口, SSPS 能够读取的数据类型见表 3-1.

表 3-1　SPSS 数据类型

数据标识	数据类型
SPSS Statistics(*.sav)	SPSS 各版本的数据文件
SPSS/PC+(*.sys)	SPSS/PC+ 版本的数据文件
Systat(*.syd, *.sys)	Systat 数据文件
便携 (*.por)	SPSS 便携格式的数据文件
Excel(*.xls, *.xlsx, *.xlsm)	Excel 各版本的数据文件
Lotus(*.w*)	Lotus 各版本的数据文件
SYLK(*.slk)	SYLK(符号链接) 格式保存的数据文件
dBase(*.dbf)	dBase 系列数据文件 (从 dBasell~IV)
SAS(*.sas7bdat, *.sd7, ···)	SAS 各版本的数据文件
Stata(*.Dat)	Stata 各版本的数据文件
文本格式 (*.txt, *.dat)	纯文本格式的数据文件

1. 变量的存储类型

存储类型指的是数据以何种方式进行存储. SPSS 中的变量有 3 种基本类型: 数值型、字符型和日期型. 但数值型又会进一步被细分, 所以 SPSS 中的变量类型共有 8 种. 在变量视图中选择 "类型" 单元格时, 右侧会出现按钮, 单击按钮会弹出 "变量类型" 对话框.

左侧为具体的存储类型, 右侧则用于进一步定义变量存储宽度、小数位数等.

➢ 数值型

数值型 (numeric) 是 SPSS 最常用的变量类型, 是由 0~9 的阿拉伯数字和其他一些诸如美元符号、逗号或圆点等特殊符号组成的. 数值型可进行各类四则运算, 使用起来较为方便.

根据内容和显示方式的不同, 数值型又可分为标准数值型 (numeric)、每 3 位用逗号分隔的逗号数值型 (comma)、每 3 位用圆点分隔的圆点数值型 (dot)、科学计数型 (scientific notation)、显示时带美元符号的美元数值型 (dollar)、用户自定义型 (custom currency) 这 6 种不同的类型.

实际上, 上述方式中标准数值型最为常用, 如对其余几种方式有兴趣的读者可直接查阅软件帮助, 这里不再赘述.

➢ 字符型

字符型 (string) 数据以字符串方式存储, 不能做四则运算, 但可进行拆分、合并、检索等操作. 字符型数据的默认显示宽度为 8 个字符位. 字符型数据在 SPSS 的数据处理过程 (如在计算生成新变量时) 中需要用一对引号引起来, 但在输入数据时不应输入引号, 否则双引号将会被作为字符型数据的一部分.

➢ 日期型

日期型 (date) 数据用来存储日期或时间. 日期型数据的显示格式有很多, SPSS 在对话框右侧会用列表框给出各种显示格式以供用户选择.

2. 变量的测量尺度

➢ 名义尺度

名义尺度 (nominal measurement) 是按照事物的某种属性对其进行分类或分组, 其变量取值仅代表类别差异, 不能比较各类之间的大小, 如变量 S0 "城市" 就是一个名义尺度变量. 这种变量只能计算频数和频率, 如在所有个案中, 北京有多少人、占总人数的百分率是多少等. 对于 S2 "性别" 这种两分类变量, 一般人们仍然将其归为名义尺度变量. 但是两分类变量较为特殊, 即使将其归为其他类型, 一般也不会影响后续分析.

➢ 有序尺度

有序尺度 (ordinal measurement) 是对事物之间等级或顺序差别的一种测度, 可以比较优劣或排序. 有序变量比名义变量的信息量多一些, 不仅包含类别的信息, 还包含次序的信息; 但是由于有序变量只是测度类别之间的顺序, 无法测出类别之间的准确差值, 所以其计量结果只能排序, 不能进行算术运算. CCSS 数据中的变量 S4"学历" 就是一个典型的有序变量.

> **定距尺度**

定距尺度 (interval measurement) 是对事物类别或次序之间间距的测度. 其数值不仅能进行排序, 而且可以准确指出类别之间的差距是多少. 定距变量通常以自然或物理单位为计量尺度, 生活中最典型的定距尺度变量就是温度.

> **定比尺度**

定比尺度 (scale measurement) 是能够测算两个测度值之间比值的一种计量尺度, 它的测量结果同定距变量一样也表现为数值, 如职工月收入、企业销售额等. 定比变量与定距变量的差别在于有一个固定的绝对 "零点", 而定距变量则没有. 比如温度, 0°C 只是一个普通的温度 (水的冰点), 并非没有温度, 因此它只是定距变量, 而重量则是真正的定比变量, 0kg 就意味着没有重量可言.

定比变量是测量尺度的最高水平, 它除了具有其他 3 种测量尺度的全部特点外, 还具有可计算两个测度值之间比值的特点, 因此它可进行加、减、乘、除运算, 而定距变量严格来说只可进行加减运算.

由于定距和定比尺度在绝大多数统计模型中没有区别, 因此 SPSS 将其合并为一类, 统称为 "标度", 另两类则分别用 "有序" 和 "名义" 来表示, 具体在 "测量"(measure) 属性框中加以定义. 这 3 种尺度在许多统计书籍中会有更为通俗的称呼: 无序分类变量、有序分类变量和连续型变量. 从实用的角度出发, 本书将同时采用这两种命名体系.

3.5 SPSS 的功能使用介绍

SPSS 的基本功能包括数据管理、统计分析、图表分析、输出管理等等. SPSS 统计分析过程包括描述性统计、均值比较、一般线性模型、相关分析、回归分析、对数线性模型、聚类分析、数据简化、生存分析、时间序列分析、多重响应等几大类, 每类中又分好几个统计过程, 比如回归分析中又分线性回归分析、曲线估计、Logistic 回归、Probit 回归、加权估计、两阶段最小二乘法、非线性回归等多个统计过程, 而且每个过程中又允许用户选择不同的方法及参数. SPSS 也有专门的绘图系统, 可以根据数据绘制各种图形.

SPSS 菜单栏见图 3-5, 上面有 11 个选项功能, 分别是文件、编辑、查看、数据、转换、分析、图形、实用程序、扩展、窗口、帮助. 比较常用的功能选项有文件、数据、转换、分析、图形这一些功能, 对应选项卡界面图如图 3-6 所示.

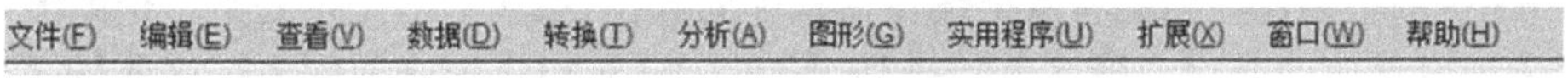

文件(F) 编辑(E) 查看(V) 数据(D) 转换(T) 分析(A) 图形(G) 实用程序(U) 扩展(X) 窗口(W) 帮助(H)

图 3-5 SPSS 菜单栏

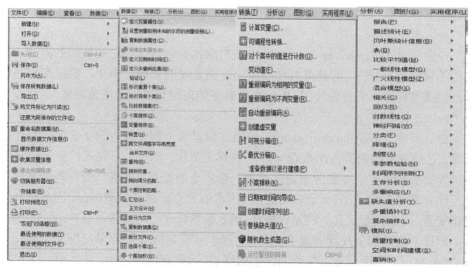

图 3-6   SPSS 选项卡界面图

文件菜单用于新建 SPSS 各种类型文件, 打开一个已存在的文件, 从文本文件或其他数据源读入数据. 除了常见的 "新建""打开""保存""打印" 菜单项外, 比较特殊的菜单项有以下几个.

(1) 将文件标记为只读: 用于锁定当前数据文件为只读状态, 如果之后保存文件则只能重命名并另存.

(2) 重新命名数据集: 对当前文件的工作名称进行更改, 读者一定注意修改的是工作名称而不是工作名.

(3) 显示数据文件信息: 在输出窗口中以表格的形式列出当前文件或指定外部数据文件的信息, 包括变量列表信息, 以及变量值标签信息等. 对于较复杂的数据文件, 该功能可以用来查错.

(4) 停止处理程序: 用于停止执行当前 SPSS 命令. 如果正在对一个大型的数据执行非常复杂的分析时, 中途发现选项设定有误, 则可以用此命令让系统停止运算. 但并非所有命令的执行都可以中断.

"数据" 菜单中是对 SPSS 数据文件进行全局变化, 例如定义变量、合并文件、转置变量和记录, 或产生分析的观测值子集等. 在数据菜单栏中比较常用的功能有个案排序、选择个案、拆分文件、分类汇总和识别重复个案和合并文件等.

"个案排序" 数据编辑窗口中的记录次序默认是由录入时的先后顺序决定的. SPSS 中的个案排序就是将数据编辑窗口中的数据, 按照用户指定的某一个或多个变量的变量值的升序或降序重新排列, 这里用户所指定的变量称为排序变量. 当对所有记录进行排序时, 可按照排序变量取值的大小次序对记录数据重新整理后显示. 对于单变量排序, SPSS 提供了一种简易操作方法, 就是在数据视图的变量名处右击, 弹出的右键菜单其最后两项就是 "升序排列" 和 "降序排列".

"拆分文件"(split file) 对话框界面如图 3-7 所示, 这里介绍一下各个元素的用途.

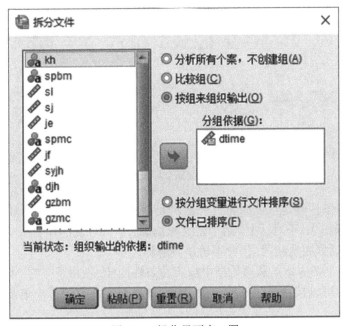

图 3-7　操作界面窗口图

(1) 右上部单选框组.

用于设定如何拆分文件, 默认为不拆分文件; 第 2 项为按所选变量拆分文件, 各组的分析结果会尽量放在一起输出, 以便于相互比较; 第 3 种方式则为按所选变量拆分文件后, 各组分析结果单独放置.

(2) 右中部 "分组依据" 列表框.

用于选入进行数据拆分的变量, 可以选入多个.

(3) 右下部单选框组.

设定文件的排序操作. 默认为要求拆分时将数据按所用的拆分变量排序. 但如果数据集很大, 而所用的拆分变量已经排过序了, 可使用该单选框组以节省运行时间, 但该功能较少用到.

"选择个案" 对话框界面如图 3-8 所示, 其主要部分由 "选择" 框组和 "输出" 框组构成, 首先来看其右上侧的 "选择" 单选框组, 它用于确定个案的筛选方式. 除默认的不做筛选 (使用全部个案) 外, 还可以只分析满足条件的记录、从原数据中按某种条件抽样、基于时间或记录序号来选择记录, 或者使用筛选指示变量来选择记录.

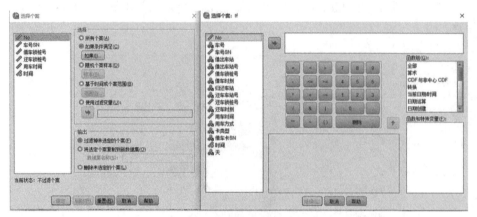

图 3-8　选择个案操作界面

(1) 如果条件满足: 此时将只分析满足所指定条件的记录, 单击下方的 "如果" 按钮会弹出 If 子对话框, 用于定义筛选条件, 该对话框几乎和变量赋值过程的 "If" 子对话框完全相同, 因此不再重复解释.

(2) 随机个案样本: 从原数据中按某种条件抽样, 使用下方的 "样本" 按钮进行具体设定, 可以按百分比抽取记录, 或者精确设定从前若干个记录中抽取多少条记录.

(3) 基于时间或个案范围: 基于时间或记录序号来选择记录, 使用下方的 "范围" 按钮设定记录序号范围.

(4) 使用过滤变量: 此时需要在下面选入一个筛选指示变量, 该变量取值为非 0 的记录将被选中, 进入以后的分析.

对话框下方的输出框组则用于选择对没有选中的记录的处理方式, 可以选择以下可选项之一来处理未选定个案:

(1) 过滤掉未选定的个案: 未选定的个案不包括在分析中, 但保留在数据集中, 使用该选项则会在数据文件中生成名为 filter_$ 的变量, 对选定个案该变量的值为 1, 对未选定个案该变量的值为 0. 而相应的未被选中的个案 ID 号处也会以反斜杠加以标记.

(2) 将选定个案复制到新数据集: 选定的个案复制到新数据集, 原始数据集将不会受到影响. 未选中个案不包括在新数据集中, 而在初始数据集中保持其初始状态.

(3) 删除未选定的个案: 直接从数据集删除未选定个案. 此时如果保存对数据文件的更改, 则会永久删除个案. 因此该选项一般不要轻易使用.

当对数据集做出筛选后, 可以看到状态栏右侧会出现 "过滤开启" 的提示, 表明所做的筛选正在生效. 和拆分文件操作相类似, 筛选功能将在以后的分析中一直有效, 而且会被存储在数据集中, 直到再次改变选择条件为止.

"分类汇总" 就是按指定的分类变量对个案进行分组, 并按分组对变量计算指定的描述统计量, 结果可以存入新数据文件, 也可以添加入当前文件. 对数据文件进行分类汇总是实际工作中经常遇到的需求, 分类汇总界面如图 3-9 所示.

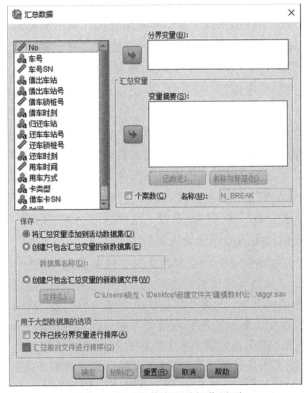

图 3-9　SPSS 分类汇总操作界面

(1) "分界变量" 列表框: 用于选择分组变量, 可以有多个.

(2) "变量摘要" 列表框: 用于选择被汇总的变量, 可以有多个, 包括对同一个变量的多种不同汇总方式.

(3) "汇总函数" 子对话框: 用于定义汇总函数, 此处共提供了 4 组函数, 分别为摘要统计、特定值、个案数、百分比、分数和计数. 以最常用的第 1 组为例, 可选的函数有平均值、中位数、总和、标准差 4 种. SPSS 默认对各类分别计算汇总变量的均值.

(4) "名称与标签" 子对话框: 用于定义新产生的汇总变量的名称和标签.

(5) "个案数" 复选框：用于定义一个新变量以存储同组的个案数, 右侧的 "名称" 文本框则用于定义相应的变量名.

(6) "保存" 框组：设定汇总结果的具体输出方式, 可以是将汇总后结果直接加入当前数据文件, 也可以定义一个新工作文件以存储汇总的结果, 或者直接存储为外部数据文件.

"重复个案", 同一份案例数据可能会被不同的数据录入员重复录入, 虽然数据核查模块可以帮助用户发现案例标识变量重复的情况, 但比较复杂, 而在 SPSS 中还可以使用更为简单的标识重复个案过程来迅速地发现重复记录.

(1) "定义匹配个案的依据" 列表框：用于确认重复个案的变量列表. 如果有个案的所有这些变量值均相同, 则将其视为重复个案.

(2) "匹配组内的排序依据" 列表框：对于发现的重复个案, 按照指定的变量值排序.

(3) "主个案指示符" 复选框：对于重复个案, 可以指定其中一个为主个案, 其余为多余的 "重复" 个案. 可以将第一个或者最后一个个案设定为主个案, 主个案标识变量取值为 1, 该变量对重复个案组中其余的非主要重复个案则取值为 0.

(4) "每个组中的匹配个案的连续计数" 复选框：在每一匹配组中为个案创建序列值为 1 到 n 的变量. 该序列基于每一组中当前个案的顺序, 可以是原文件顺序, 也可以是由任何指定的排序变量决定的顺序.

"异常个案" 往往是统计分析中非常令人头痛的问题, 这些个案的出现有可能是录入错误所致, 这种情况还比较好处理, 找到并更正即可; 但更麻烦的情形是数据无误, 但变量值的确异常, 此类个案往往就会成为分析者, 特别是统计初学者的一大难题, 因为最常用、最正统的分析模型可能会因其存在而无法使用, 必须换用更合适的分析方法. 但无论怎样, 异常个案的提前识别显然会大大方便相应的数据管理和统计分析工作. 有鉴于此, SPSS 提供了标识异常个案过程的功能, 该过程采用较为复杂的统计算法, 可以在探索性数据分析步骤中, 快速检测到需要进行数据审核的异常个案, 从而协助用户提前对其进行处理, 标识重复个案与标识异常个案的界面图如图 3-10 所示.

(1) "变量" 选项卡：选入希望进行异常个案分析的变量, 下方可以选入一个 ID 变量, 该变量用于识别个案, 不会进入具体的分析计算.

(2) "输出" 选项卡：默认会输出异常个案及其异常原因的列表. 此选项具体包括 3 个表：异常个案指标列表、对等组列表以及异常原因列表. 此外, 在摘要框中还可选择更为详细的输出, 包括对等组标准值、异常指标、按分析变量列出出现的原因, 以及已处理的个案数. 在了解了算法原理之后, 上述输出的具体含义就可以理解了.

图 3-10 标识重复个案与标识异常个案

(3) "保存" 选项卡：可以要求将模型变量保存到活动数据集, 这些变量包括异常指标、对等组、异常原因. 此外还可以要求以 XML 格式保存模型.

(4) "缺失值" 选项卡：用于控制对用户缺失值和系统缺失值的处理. 可以是从分析中排除缺失值, 或者在分析中包括缺失值.

(5) "选项" 选项卡：此处可以设定异常个案的标识条件, 即在异常列表中包括多少个个案. 可以按照百分比、固定数量, 或者直接给出异常索引的界值来设定. 此外还可以设定聚类分析中的类别数, 以及识别为异常案例的最大原因数量.

具体演示步骤

数据导入

SPSS 数据导入常用的方法有直接输入和导入数据.

直接输入

Step1：单击左下角变量视图.

Step2：设置变量名称、数据类型等一些数据格式.

Step3：单击左下角数据视图.

Step4：输入数据.

导入外部数据

Step1：单击文件菜单栏.

Step2：单击导入数据.

Step3：选择需要导入数据的数据类型, 界面如图 3-11 所示.

Step4：在弹出的窗口中选择需要打开数据的位置并单击 "确定", 界面如图 3-12 所示.

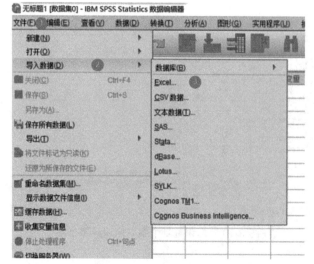

图 3-11   导入数据界面

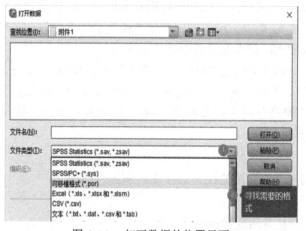

图 3-12   打开数据的位置界面

数据导出

SPSS 数据导出常用的方法有复制数据导出和文件导出.

复制数据导出

将分析结果进行复制, 粘贴到外部即可.

文件导出

Step1：右击文件界面, 如图 3-13 所示.

Step2：单击导出数据, 出现界面如图 3-14 所示.

Step3：选择导出数据所保存的数据类型, 确定需要保存文件的位置.

Step4：在弹出的窗口中选择导出数据的位置与输入文件名并单击 "确定".

图 3-13　右击显示的文件界面

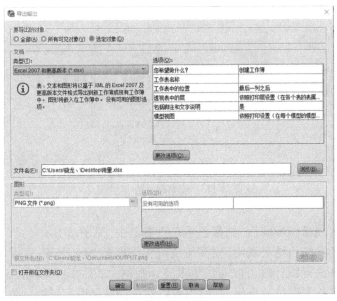

图 3-14　导出数据的显示界面

3.6   SPSS 分析栏的使用方法

1. 描述统计

通过图表或数学方法, 对数据资料进行整理、分析, 并对数据的分布状态、数字特征和随机变量之间关系进行估计和描述的方法. 描述统计分为集中趋势分析和离中趋势分析和相关分析三大部分. SPSS 分析栏中有: 频率、描述、探索、交叉表、TURF 分析、比率、P-P 图、Q-Q 图.

2. 统计

人类对事物数量的认识形成的定义. 汉语中的 "统计" 有合计、总计的意思. 指对某一现象有关的数据的搜集、整理、计算、分析、解释、表述等的活动.

(1) 指对某一现象有关的数据的搜集、整理、计算和分析等. 例: 人口统计.

(2) 指总括地计算. 例: 把全国报来的数据统计一下.

在相同的条件下, 进行了 n 次试验, 在这 n 次试验中, 事件 A 发生的次数 m 称为事件 A 发生的频数. 比值 m/n 称为事件 A 发生的频率, 用文字表示定义为: 每个对象出现的次数与总次数的比值是频率. 某个组的频数与样本容量的比值也叫做这个组的频率. 有了频数就可以知道数的分布情况.

例如: 统计各借出车站的借车频率, 操作步骤见图 3-15.

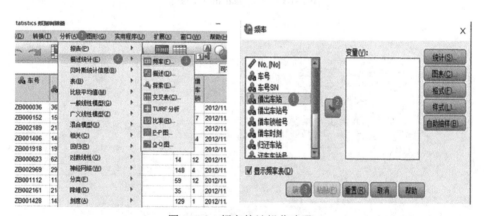

图 3-15   频率统计操作步骤

执行完上述操作步骤后, 结果显示在查看器中, 见图 3-16.

结果解读: 统计结果表明, 安澜轮渡码头借出车 248 次, 占总借车数的 0.7%.

补充: 在进行统计时可以勾选更多统计数据, 如图 3-17 所示, 随后单击 "继续", 对数据进行频率统计分析, 同时也可以对统计结果进行可视化分析, 如图 3-18 所示.

借出车站

		频率	百分比	有效百分比	累积百分比
有效	安澜轮渡码头	248	.7	.7	.7
	安平大厦	271	.7	.7	1.4
	白鹿洲公园	190	.5	.5	1.9
	百里路勤奋路口	87	.2	.2	2.2
	百里小学	94	.3	.3	2.4
	滨江街道办事处	118	.3	.3	2.8

图 3-16 频率统计结果

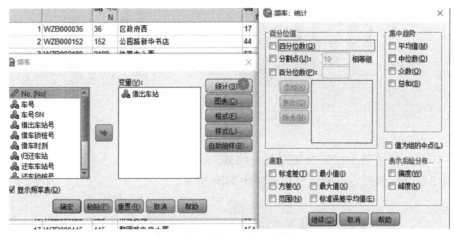

图 3-17 频率统计添加选项

图 3-18 频率统计结果可视化

操作界面也可勾选, 若勾选后单击 "确定", 统计结果与可视化结果一并显示在查看器, 如图 3-19 所示.

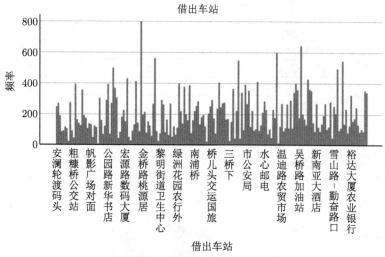

图 3-19   条形图结果可视化

图形可视化展示结果更加直观. 此外, 分析菜单栏下描述统计选项卡下描述选项也能够对数据进行描述分析, 如图 3-20 所示.

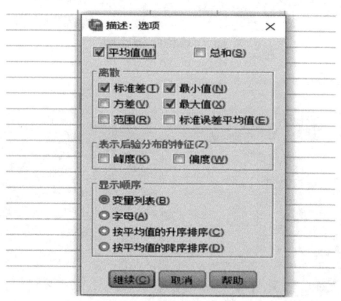

图 3-20   描述分析选项卡界面

3. 探索分析的介绍

探索分析主要用于探索数据的状态、分布特点.

例如, 对数据进行探索性数据分析, 操作步骤如图 3-21 所示.

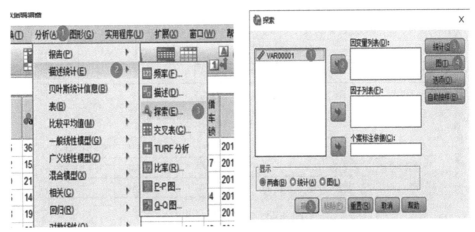

图 3-21 频率统计操作步骤

接着在统计、图菜单中勾选需要添加选项, 如图 3-22 所示.

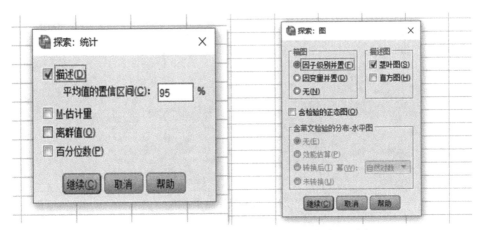

图 3-22 统计、图菜单中需要添加的选项显示图

执行完上述操作步骤后, 结果显示在查看器中, 如图 3-23 所示.

例如, 双变量相关性, 操作步骤如图 3-24 所示.

执行完上述操作步骤后, 结果显示在查看器中, 如图 3-25 所示.

➡ 探索

个案处理摘要

	个案					
	有效		缺失		总计	
	N	百分比	N	百分比	N	百分比
VAR00001	64	95.5%	3	4.5%	67	100.0%

描述

		统计	标准误差
VAR00001	平均值	343.7656	329.80724
	平均值的95%置信区间　下限	−315.3016	

图 3-23　频率统计结果

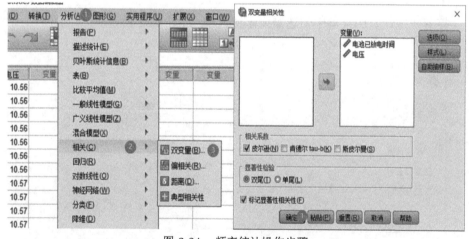

图 3-24　频率统计操作步骤

结果解读：电池已经放电时间与电池电压呈负相关, 且属于强负相关系数 (注：0.8 ~ 1.0 极强相关; 0.6 ~ 0.8 强相关; 0.4 ~ 0.6 中等程度相关; 0.2 ~ 0.4 弱相关; 0.0 ~ 0.2 极弱相关或无相关).

补充：在进行双变量相关性分析时可以勾选更多统计选项, 具体操作步骤如图 3-26 所示.

相关性

		电池已放电时间	电压
电池已放电时间	皮尔逊相关性	1	−.978**
	Sig.(双尾)		.000
	个案数	1853	1853
电压	皮尔逊相关性	−.978**	1
	Sig.(双尾)	.000	
	个案数	1853	1853

**.在0.01级别(双尾), 相关性显著.

图 3-25   频率统计结果

很多时候不需要分析全部的数据, 而是按要求分析其中的一部分, 比如只分析 2009 年 12 月的数据, 或者只对男性受访者的数据进行分析, 这时就可以使用 "选择个案" 对话框来操作.

图 3-26   频率统计添加选项

"选择个案" 对话框界面如图 3-27 所示, 其主要部分由 "选择" 框组和 "输出" 框组构成, 首先来看其右上侧的 "选择" 单选框组, 它用于确定个案的筛选方式. 除默认的不做筛选 (使用全部个案) 外, 还可以只分析满足条件的记录、从原数据中按某种条件抽样、基于时间或记录序号来选择记录, 或者使用筛选指示变量来选择记录.

下面是 SPSS 中数据分析中的 "选择个案" 分析, "选择个案" 可以对数据进行筛选, 具体操作见图 3-27 和图 3-28.

根据 20 天 100 以下. xlsx 数据可知用车时间普遍由数字和字母组成, 考虑到单车骑行的时间正常情况下不会超过一天, 对此为保证数据的合理性, 用车时间小于 1 分钟为起点或用车时间为 1200 分钟以上视为不合理数据.

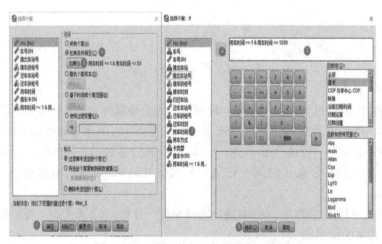

图 3-27 "选择个案" 对话框界面图

以附件中的变量用车时间为例, 在数据中的取值应该为 1 ~ 1200 分钟. 操作利用 "数据" 菜单中 "选择个案" 命令对该变量的不合理数据进行删除处理, 弹出的对话框如图 3-28 所示.

图 3-28 "选择个案" 命令操作示意图

(1) 选择 "数据"→"选择个案" 菜单命令.

(2) 选中 "如果条件满足" 复选框.

(3) 单击 "如果" 按钮, 输入条件 "用车时间 >= 1 & 用车时间 <= 1200".

(4) 单击 "继续".

(5) 选中 "删除未选定个案" 单选按钮.

(6) 单击 "确定".

经过上述操作后, 不符合第 (3) 个条件的个案都将被删除, 利用这个方法可对数据进行清理, 选择不符合条件的进行删除.

根据用车时间计算出每张卡借用时间的长短, 运用 SPSS 软件对数据进行挖掘, 采用 SPSS 定义会员年龄, 如图 3-29 所示, 具体操作步骤如下:

(1) 单击 "转换"→"计算变量" 菜单命令.

(2) 定义目标变量名称: 会员年龄.

(3) 在 "计算变量" 选项组的 "数字表达式" 文本框中输 "2018-XDATE.YEAR (csny)(该选项为自己需要计算的变量名)".

(4) 单击 "确定".

(5) 单击 "图形"→"旧对话框"→"直方图" 菜单命令.

(6) 在 "直方图" 对话框中选取变量: 年龄.

(7) 单击 "确定".

(8) 双击图形 →"图表编辑器"→"分箱化"→"X 轴"→"定制"→"区间宽度".

(9) 单击 "应用".

图 3-29 SPSS 数据挖掘界面图

　　根据用车时间可计算出每张卡借用时间的长短, 运用 SPSS 软件对数据进行挖掘, 采用 SPSS 中的制表功能实现借车时间的折线图的绘制, 如图 3-30 所示, 具体操作步骤如下:

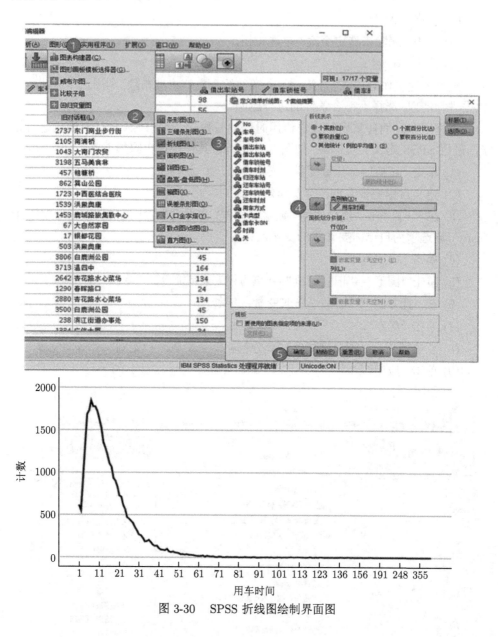

图 3-30　SPSS 折线图绘制界面图

(1) 单击 "图形"→"旧对话框"→"折线图"→"简单"→"个案组摘要"→"定义"

菜单命令.

(2) 在 "简单折线图对话框" 中选取变量: "sum([注册人数])"、类别轴: 注册时间.

(3) 单击 "确定".

(4) 双击 "图形" 对图像进行样式修改.

(5) 单击 "应用".

根据图 3-30 可以分析出, 每个用车时间的时间段主要分布在什么区域. 同样, 在给图形展示的时候, 可以利用不同的方法, 根据自己的需求可以选择性地去展示结果, 如图 3-31 所示.

图 3-31　SPSS 分析界面图

这些旧对话框中的各种图都可以很好地展现所需要的结果.

◇ **P-P 图**

P-P 图是根据变量的实测累积概率比例与预测累积概率之间的关系所绘

制的图形. 通过 P-P 图可以检验数据是否符合指定的分布. 当数据符合指定分布时, P-P 图中各点近似呈一条直线. 如果在绘制中 P-P 图中各点不呈直线, 但有一定规律, 可以对变量数据进行转换, 使转换后的数据更接近指定分布, 见图 3-32.

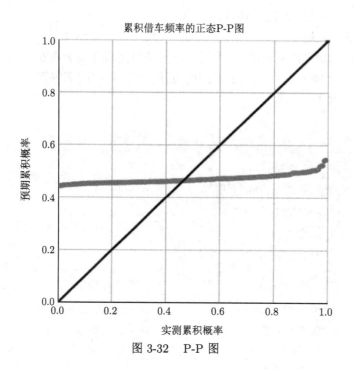

图 3-32　P-P 图

◆ Q-Q 图

统计学里 Q-Q 图 (Q 代表分位数) 是一个概率图, 用图形的方式比较两个概率分布, 把它们的两个分位数放在一起比较. 首先选好分位数间隔. 图上的点 (x, y) 反映出其中一个第二个分布 (y 坐标) 的分位数和与之对应的第一分布 (x 坐标) 的相同分位数. 因此, 这条线是一条以分位数间隔为参数的曲线.

如果两个分布相似, 则该 Q-Q 图趋近于落在 $y = x$ 线上. 如果两分布线性相关, 则点在 Q-Q 图上趋近于落在一条直线上, 但不一定在 $y = x$ 线上. Q-Q 图可以用来可在分布的位置-尺度范畴上可视化地评估参数.

由于 P-P 图和 Q-Q 图的用途完全相同, 只是检验方法存在差异. 要利用 Q-Q 图鉴别样本数据是否近似于正态分布, 只需看 Q-Q 图上的点是否近似地在一条直线附近, 而且该直线的斜率为标准差, 截距为均值. 用 Q-Q 图还可获得样本偏度和峰度的粗略信息, 见图 3-33.

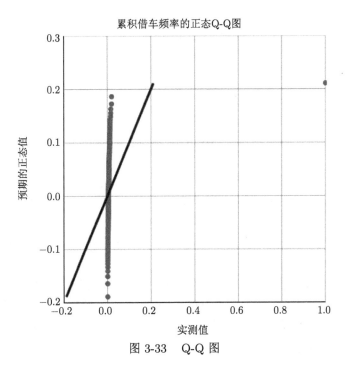

图 3-33 Q-Q 图

第 4 章 数 据 挖 掘

4.1 数据探索性分析

面对一大堆统计数据, 也许是一片混沌, 不仅看不出, 甚至不知如何着手寻找其中可能隐含的规律性. 通过数据建模可以挖掘出有价值的信息, 提高决策者的效益. 面对数据类建模问题时, 在明确建模目标后就要对数据进行分析了, 例如分析数据集数据是否满足质量要求, 数据是否有明显的规律特征, 与建模目标有何关联.

经过对数据探索性分析, 发现数据的内在规律特征有助于选择合适的数据预处理和数据分析技术, 有利于检验数据质量, 为下一步数据清洗做准备, 掌握数据特征寻找出合适的数据处理和建模方法.

4.1.1 数据探索性分析目的

数据探索性分析目的有如下几个方面.

第一, 了解数据概貌, 形成对数据的直观认识, 尽可能探索数据属性间的关联. 例如, 数据中有哪些属性字段与属性值, 缺少哪些属性值, 属性字段值的分布如何, 属性间有哪些关系和联系. 原始数据比喻为刚挖掘出的矿石, 探索性分析就如同了解矿石的本质、掌握矿石的性质工作, 只有充分了解矿石的特性才能知道矿石的用途, 进而找到合适的方法对矿石进行加工.

第二, 了解数据离散情况、分布情况、规律性特征等, 对数据的离散程度分析可以判断出异常值数据, 分布分析能够揭示数据的分布特征和分布类型, 绘制频率分布直方图和分布曲线能够直观分析, 如风速频率分布是威布尔分布. 规律性特征是数据变量是否随着时间变化呈现出来的某种周期性变化趋势, 数据变量之间的规律特征.

第三, 为后续数据预处理和建模工作做准备, 在对原始数据进行探索分析中了解数据质量情况后对数据缺失值、异常值、重复进一步统计, 作为数据预处理的依据. 数据探索性分析是建模的导向标, 建模过程是在明确问题和对数据充分了解基础上建立的, 利用已知的变量属性信息建立的模型合情合理, 结果符合问题需要.

探索性数据分析目的就是让你最大化对数据的直觉, 为了让你对数据有更加直观的感受, 你不仅需要知道数据里有什么, 你还需要知道数据里没有什么, 知道数据能够做什么, 能够挖掘出什么有价值的信息, 利用已有的数据和问题结合起来建立模型, 最大化的效益完美解决问题.

4.1.2 数据质量分析

数据质量分析的主要任务是对原始数据进行检测, 检查原始数据中不符合要求的数据, 常见不符合要求数据有缺失值、异常值、重复值等. 分析数据产生不合理的原因, 思考对后续过程产生的影响, 最后统计质量分析结果.

产生原因有: 第一, 信息获取难度大无法获取、记录过程中发生了遗漏、数据的不存在等问题导致数据缺失; 第二, 数据记录在获取过程中产生的错误、明显偏离正常值、数据记录不符合变量要求导致数据异常; 第三, 数据的重复记录导致数据重复.

数据质量好坏对数据建模工作影响较大. 若将质量差的数据用于后续建模会造成不良影响, 会使原有的数据特征不被发现掩埋其本有特征、建模过程陷入混乱结果不能输出、数据对模型的不适用、结果的偏差等情况.

例如现有 2016 年第四季度开始至 2020 年第四季度各省份每个季度生产总值数据, 对数据进行研究, 分析数据质量好坏情况, 并统计数据质量情况. 给出部分数据如表 4-1 所示.

表 4-1　部分省份每个季度生产总值　　　　　　(单位: 亿元)

地区	2020 年第四季度	2020 年第三季度	2020 年第二季度	2020 年第一季度
北京市	36102.55	25759.51	16205.55	7462.19
天津市	14083.73	10095.43	6309.28	2874.35
河北省	36206.89	25804.37	16387.25	7410.13
山西省	17651.93	12499.9	7821.64	3634.73
内蒙古自治区	17359.82	12319.99	7704.09	3550.88
辽宁省	25114.96	17707.97		5082.07
吉林省	12311.32	8796.68	5441.92	2441.84
黑龙江省	13698.5	8619.67	5250.63	2409.04
上海市	38700.58	27301.99	17356.8	7856.62
江苏省	102718.98	73808.77	46722.92	21002.8

(1) 重复值查找分析.

数据在记录过程中会有重复记录的现象, 数据重复值会导致模型的计算结果产生误差, 对重复值进行剔除能够减少误差, 提高精度. 可以使用 Excel 软件删除重复值, 使用 Excel 软件打开工作表, 选择数据选项卡下数据工具功能组删除重复值功能, 能够删除重复值数据. 也可使用 MATLAB 软件对各省份数据唯一性进行统计分析, 检验各省份数据有无重复值, 最终得知表 4-1 各省份每个季度生产总值数据中没有重复值.

(2) 缺失值查找分析.

数据在记录传输过程中数据丢失的现象不可避免, 通过观察表 4-1 中数据发现存在数据缺失现象, 通过使用 MATLAB 软件对数据缺失值进行查找索引, 统计结果分析其产生的原因. MATLAB 软件读入数据后存储在元胞数组中, 若存在缺失值则数组变量的存储值为 NaN, 通过对 NaN 的查找及索引可得出缺失值位置. 使用 MATLAB 软件对表 4-1 中数据缺失值查找并统计得知有 3 个缺失值, 对应年份季度如表 4-2 所示.

表 4-2　数据缺失值统计表

地区	年份季度
辽宁省	2020 年第二季度
山东省	2020 年第二季度
陕西省	2020 年第四季度

(3) 异常值查找分析.

数据异常值的查找方法常常使用箱线图进行分析. 箱线图最大的优点就是不受异常值的影响 (异常值也称为离群值), 可以以一种相对稳定的方式描述数据的离散分布情况. 箱线图的五要素分别为中位数、上四分位数、下四分位数、上限和下限.

箱线图要素的取值, 四分位数是指在统计学中把所有数值由小到大排列分成四等份, 处于三个分割点位置的数值. 第一四分位数 $(Q1)$, 称为 "上四分位数", 等于该样本中所有数值由大到小排列第 25% 的数字. 第二四分位数 $(Q2)$, 又称 "中位数", 等于样本数值由大到小排列第 50% 的数字. 第三四分位数 $(Q3)$, 又称 "下四分位数", 等于样本数值由大到小排列第 75% 的数字. 上限是非异常范围内的最大值, 下限是非异常范围内的最小值, 上下限两条线段称为异常值截断点, 在其范围内的称为内限. 箱线图各要素如图 4-1 所示.

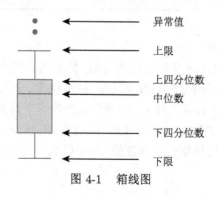

图 4-1　箱线图

箱线图要素的计算:

$$Q1位置 = \frac{n+1}{4} \quad (n表示项数) \tag{4-1}$$

$$Q2位置 = \frac{n+1}{2} \quad (n表示项数) \tag{4-2}$$

$$Q3位置 = 3 \times \frac{n+1}{4} \quad (n表示项数) \tag{4-3}$$

$$IQR = Q3 - Q1 \quad (四分位距) \tag{4-4}$$

$$上限 = Q3 + 1.5 \times IQR \tag{4-5}$$

$$下限 = Q3 - 1.5 \times IQR \tag{4-6}$$

通过使用 MATLAB 软件对表 4-1 中数据查找异常值并绘制各省份箱线图分析产生其原因. 通过图 4-2 可知数据中存在两个异常值, 对应省份为四川省和宁夏回族自治区, 产生的原因是在记录数据过程中未注意数据正负号, 导致数据记录错误.

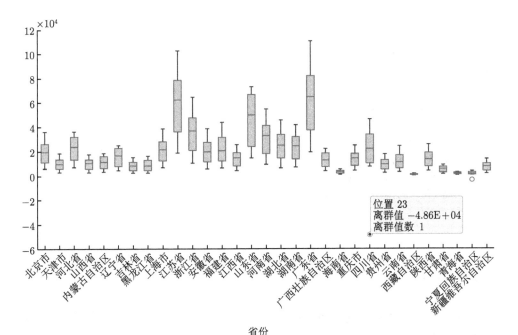

图 4-2　各省份生产总值箱线图

数据质量整体分析结果见表 4-3, 可以得知该数据质量符合要求, 数据质量合格率为 99.05%, 数据质量整体合格, 只有少数数据不合格.

表 4-3　数据质量分析

不合理类型	个数	占比
缺失值	3	0.57%
异常值	2	0.38%
重复值	0	0%
总数	5	0.95%
数据合格率		99.05%

使用 MATLAB 对表 4-1 中数据质量进行分析, 程序如程序清单 4-1 所示.

程序清单 4-1　数据质量分析范例程序

程序文件 code4_1.m

```
%%%数据导入
[data,~,raw] = xlsread('分省季度数据.xls','地区生产总值','A1:R32');
%%%数据重复值查找并统计数目
[C,ia,ic]=unique(raw([2:end],1));
for k=1:size(C,1)
  C{k,2}=size(find(strcmp(C{k,1},raw([2:end],1))),1);
end
%C 变量对数据唯一值进行统计
%%%数据缺失值进行查找并记录在 lack 变量内
count=0;
for i=2:size(raw,1)
   for j=2:size(raw,2)
     if isnan(raw{i,j})==1
       count=count+1;
       lack{count,1}=raw{i,1};
       lack{count,2}=raw{1,j};
       lack{count,3}=raw{i,j};
     end
   end
end
disp(['缺失值数目为',num2str(count)])
%%%数据异常值查找
for ii=1:size(data,1)
prc= prctile(data(ii,:),[25,75]);
prc25=prc(1,1);
prc75=prc(1,2);
```

```
upper = prc75+ 1.5*(prc75-prc25);
lower = prc25-1.5*(prc75-prc25);
upper_indexes = data(ii,data(ii,:)>upper);
lower_indexes = data(ii,data(ii,:)<lower);
indexes =[upper_indexes;lower_indexes];
province{ii,1}=raw{ii+1,1};%province 为异常存储变量
province{ii,2}=indexes;
end
%箱线图
boxchart(data')
set(gca,'XTickLabel',raw([2:end],1)); xlabel('省份')
```

4.1.3 数据特征分析

对数据进行质量分析以后, 接下来可通过绘制图表、计算某些特征量等手段对数据进行特征分析. 数据特征分析包括分布分析、对比分析、统计量分析、周期性分析、贡献度分析等. 通过分析寻找出数据特征, 对数据更加深层次的了解以便于为后续更好的建模过程做准备.

分布分析是研究数据的分布特征和分布类型, 分定量数据、定性数据区分基本统计量. 分布分析是比较常用的数据分析方法, 也可以比较快地找到数据规律. 对数据有清晰的结构认识. 欲了解其分布形式是对称还是非对称的, 以及能否发现某些特大或特小的可疑值, 可通过绘制频率分布表、绘制频率分布直方图、绘制茎叶图进行直观的分析. 对于定性分类数据, 可用饼图和条形图直观地显示分布情况.

1. 定量数据的分布分析

对于定量、变量而言, 选择 "组数" 和 "组宽" 是做频率分布分析时最主要的问题, 一般按照以下步骤: 首先, 求极差; 其次, 决定组距与组数和决定分点; 再次, 列出频率分布表; 最终, 绘制频率分布直方图.

遵循的主要原则有: 第一, 各组之间必须相互独立无关联; 第二, 各组必须将所有的数据包含在内; 第三, 各组之间的组宽最好相等.

以表 4-1 为例进行定量数据分布分析, 分析各省份从 2016 年第四季度至 2020 年第四季度每个季度的数据分布情况. 并列出频率分布表和绘制出频率分布图, 了解各省份地区生产总值的分布情况, 对其经济情况初步探索.

极差的计算方法是最大值减去最小值. 各省份地区极值计算结果如表 4-4 所示, 通过对极值的计算结果分析得知极差最大的省份为四川省, 极差最小的为西藏自治区.

因为在数据质量分析过程中得知四川省存在数据异常, 且异常值结果是生产

总值为负数, 所以导致求解极差产生影响, 故与正确结果产生偏差, 所以准确的极差最大省份是广东省, 最小的为西藏自治区.

表 4-4　各省份生产总值极差

地区	极差	地区	极差	地区	极差	地区	极差
北京市	30062.07	河南省	45604.85	黑龙江省	13790.84	四川省	95214.58
天津市	15721.03	湖北省	39448.96	上海市	31777.74	贵州省	15321.73
河北省	29090.04	湖南省	34730.38	江苏省	83896.38	云南省	21406.24
山西省	14842.51	广东省	91322.89	浙江省	54061.41	西藏自治区	1631.39
内蒙古自治区	15227.5	广西壮族自治区	18247.16	安徽省	32853.81	陕西省	21645.95
辽宁省	20540.24	海南省	4476	福建省	37368.7	甘肃省	7627.95
吉林省	12847.1	重庆市	20696.05	江西省	21372.88	青海省	2481.91
新疆维吾尔自治区	12005.73	山东省	58476	宁夏回族自治区	7374.48		

对所有数据季度的生产总值的频率分布情况进行分析, 还可以对数据进行横纵方向分析, 即各省份频率分布情况, 同一季度下各省份频率分布情况, 分析绘制出频率直方图可以比较快地找到数据规律, 对数据有清晰的结构认识. 表 4-5 是对所有数据进行频率分布分析, 得知省份季度生产总值在 6000 亿元至 20000 亿元之间频率高, 且季度生产总值绝大部分都处于 34000 亿元以下, 其累积占比为 84.16%.

表 4-5　频率分布表

组段	频数	频率	累积频率	组段	频数	频率	累积频率
$[-50000, -36000)$	1	0.19%	0.19%	$[34000, 48000)$	45	8.59%	92.75%
$[-36000, -22000)$	0	0.00%	0.19%	$[48000, 62000)$	13	2.48%	95.23%
$[-22000, -8000)$	0	0.00%	0.19%	$[62000, 76000)$	12	2.29%	97.52%
$[-8000, 6000)$	139	26.53%	26.72%	$[76000, 90000)$	5	0.95%	98.47%
$[6000, 20000)$	217	41.41%	68.13%	$[90000, 104000)$	6	1.15%	99.62%
$[20000, 34000)$	84	16.03%	84.16%	$[104000, 118000)$	2	0.38%	100.00%

通过数据计算并列出频率分布表后绘制分布直方图 (图 4-3), 左上方分布图是根据表 4-5 绘制得出的, 描述的是所有数据的分布情况, 右上方分布图是数据横向分布情况, 描述的是省份区域数据分布情况选取北京市、江西省、安徽省、广东省四省进行结果展示. 左下方分布直方图描述的是各省份 2020 年四个季度生产总值的分布情况, 右下方分布直方图描述的是 2017 年至 2020 年全年生产总值分布情况, 可以明显看出全国生产总值在逐年增长.

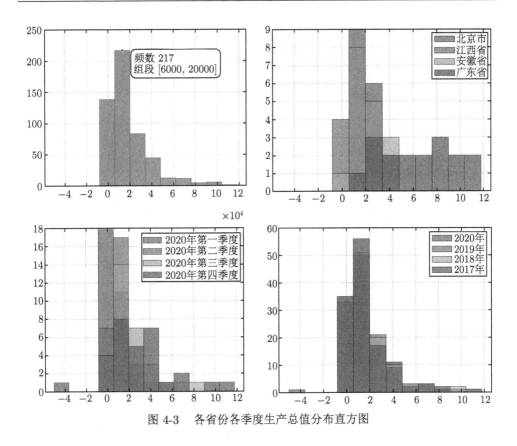

图 4-3 各省份各季度生产总值分布直方图

2. 定性数据的分布分析

定性变量是统计学的概念, 观测的个体只能归属于几种互不相容类别中的一种, 一般是用非数字来表达其类别, 这样的观测数据称为定性变量.

对于定性变量, 常常根据变量的分类类型来分组, 可以采用饼图和条形图来描述定性变量的分布. 饼图的每一个扇形部分代表每一类型的百分比或频数, 根据定性变量的类型数目将饼图分成几个部分, 每一部分与每一类型的频数成正比; 条形图的高度代表每一类型的百分比或频数. 帕累托图的制作是建立在频数和累积频率分布表的基础上, 同时将频数和累积频率数据做出条形图, 然后再选中累积频率图形系列, 将其图形改变为折线图, 最终成为包含条形图和折线图, 并同时有两个数值轴的主次因素排列图.

例如, 以表 4-1 中数据为例进行定性数据分布分析. 通过绘制出饼图以便于了解数据省份和季度生产总值的占比情况, 也可通过绘制出帕累托图了解数据贡献度情况等.

对 2019 年各省份全年生产总值数据进行分析并绘制出图 4-4, 在左上方饼图和左下方帕累托图中, 可以直观看出各省份生产总值占比情况, 占比最大的省份是广东省, 其次是江苏省, 都占全年生产总值百分之十及以上. 右边绘制的饼图和帕累托图是以 2019 年全国各季度生产总值绘制出来的, 描述的是各个季度生产总值占比情况, 可以明显得知 2019 各个季度生产总值逐步增长, 每个季度增长幅度在百分之十左右.

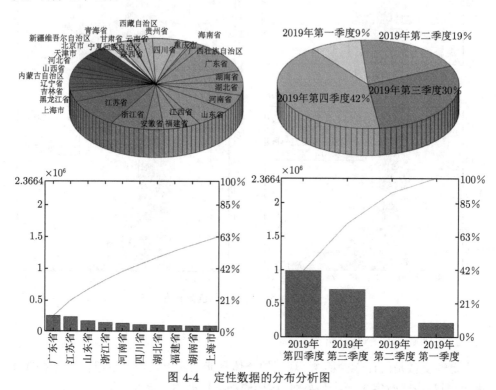

图 4-4　定性数据的分布分析图

使用 MATLAB 软件对表 4-1 中数据进行数据特征分析, 程序如程序清单 4-2 所示.

程序清单 4-2　数据特征分析

程序文件 **code4_2.m**

```
%%%数据导入
[data,~,raw] = xlsread('分省季度数据.xls','地区生产总值','A1:R32');
%%%极差求取
raw{1,end+1}='极差';%将极差存储在数据第 17 列
for i=2:size(raw,1)
    raw{i,end}=max(data(i-1,:))-min(data(i-1,:));
```

```
        data(i-1,end)= raw{i,end};
end
%%%定量分析数据的频率分布表以及直方图
%所有数据分布情况
data_2=reshape(data,[31*17,1]);%将所有数据合并为一列数据
[num_2,edges_2] = histcounts(data_2, 12);
num_2(2,:)=num_2(1,:)/sum(num_2(1,:));
figure(1)
histogram(data_2,12)
%%%各省份分布情况
province{1,1}='地区';province{1,2}='分布边界';province{1,3}='频数';
province{1,4}='频率';
for ii=2:size(raw,1)
    province{ii,1}=raw{ii,1};
    [num_3,edges_3] = histcounts(data(ii-1,:), 8);
    province{ii,2}=edges_3;
    province{ii,3}=num_3;
    province{ii,4}=num_3(1,:)/sum(num_3(1,:));
end
figure(2)%四省生产总值分布情况
histogram(data([1],:),edges_2)
hold on
grid on
histogram(data([14],:),edges_2)
histogram(data([12],:),edges_2)
histogram(data([19],:),edges_2)
legend('北京市','江西省','安徽省','广东省')
grid on
%%%同一季度下各省份频率分布
season{1,1}='季度';season{1,2}='分布边界';season{1,3}='频数';
season{1,4}='频率';
for iii=2:18
    season{iii,1}=raw{1,iii};
    [num_4,edges_4] = histcounts(data(:,iii-1), 8);
    season{iii,2}=edges_4;
    season{iii,3}=num_4;
    season{iii,4}=num_4(1,:)/sum(num_4(1,:));
end
figure(3)%2020年四季度分布情况
histogram(data(:,4),edges_2)
```

```
hold on
grid on
histogram(data(:,3),edges_2)
histogram(data(:,2),edges_2)
histogram(data(:,1),edges_2)
legend('2020 年第一季度','2020 年第二季度','2020 年第三季度','2020 年第四季度');
figure(4)%四年生产总值分布情况
histogram(data(:,[1:4]),edges_2)
hold on
grid on
histogram(data(:,[5:8]),edges_2)
histogram(data(:,[9:12]),edges_2)
histogram(data(:,[13:16]),edges_2)
legend('2020 年','2019 年','2018 年','2017 年');
%%%定性数据分析饼图
%2019 年各省份生产总值占比情况
figure(5)
pie3(sum(data(:,[5:8]),2),raw([2:end],1))
%2019 年各季度生产总值占比情况
figure(6)
pie3(sum(data(:,[5:8])),raw(1,[6:9]))
%2019 年各省份生产总值帕累托图
pareto(sum(data(:,[5:8]),2),raw([2:end],1))
grid on
%2019 年各季度生产总值帕累托图
pareto(sum(data(:,[5:8])),raw(1,[6:9]))
grid on
```

3. 对比分析

对比分析是指把两个相互联系的指标进行比较,从数量上展示和说明研究对象规模的大小、水平的高低、速度的快慢,以及各种关系是否协调. 特别适用于指标间的横纵向比较、时间序列的比较分析. 在对比分析中,选择合适的对比标准是十分关键的步骤,选择合适,才能做出客观的评价,选择不合适,评价可能会得出错误的结论. 对比分析看出基于相同数据标准下,由其他影响因素所导致的数据差异,而对比分析的目的在于找出差异后进一步挖掘差异背后的原因,从而找到优化的方法. 对比分析主要有以下两种形式:绝对数比较和相对数比较.

(1) 绝对数比较.

它是利用绝对数进行对比,从而寻找差异的一种方法.

(2) 相对数比较.

它是用两个有联系的指标对比计算的, 用以反映客观现象之间的数量联系程度的综合指标, 其数值表现为相对数. 由于研究目的和对比基础不同, 相对数可以分为以下几种.

➢ **结构相对数**　将同一总体内的部分数值与全部数值对比求得比重, 用以说明事物的性质、结构或质量. 如居民食品支出额占消费支出总额的比重、产品合格率等.

➢ **比例相对数**　将同一总体内不同部分的数值对比, 表明总体内各部分的比例关系. 如人口性别比例、投资与消费比例等.

➢ **比较相对数**　将同一时期两个性质相同的指标数值对比, 说明同类现象在不同空间条件下的数量对比关系. 如不同地区商品价格的对比; 不同行业、不同企业间某项指标的对比等.

➢ **强度相对数**　将两个性质不同但有一定联系的总量指标对比, 用以说明现象的强度、密度和普遍程度. 如人均国内生产总值用 "元/人" 表示, 人口密度用 "人/平方千米" 表示, 也有用百分数或千分数表示的, 如人口出生率用 "‰" 表示.

➢ **计划完成程度相对数**　是某一时期实际完成数与计划数进行对比, 用以说明计划完成的程度.

➢ **动态相对数**　将同一现象在不同时期的指标数值进行对比, 用说明发展方向和变化的速度. 如发展速度、增长速度等.

例如, 对以表 4-1 中数据为例进行数据对比分析, 比较在 2017 年至 2019 年同一季度下全国生产总值情况, 选取北京市、江西省、江苏省 2017 年至 2019 年十二个季度生产总值情况进行比较. 绘制折线图和面积图能够直观醒目地观测数据走势情况, 有利于比较数据的差异性挖掘潜藏有价值的信息.

绘制出三年各季度生产总值折线图如图 4-5 所示, 明显可以看出从第一季度开始每个季度生产总值都在以同等速率增长, 且同一季度下从 2017 年起每年生产总值也在稳步增长.

绘制出三年北京市、江苏省、江西省三省生产总值对比图如图 4-6 所示, 从图中可以看出三个地区中江苏省生产总值最高, 其次是北京市, 再次是江西省, 且江西省与北京市的经济差距也在逐步扩大.

4. 统计量分析

用统计指标对定量数据进行统计描述, 常从集中趋势和离中趋势两个方面进行分析. 平均水平的指标是对个体集中趋势的度量, 使用最广泛的是均值和中位数; 反映变异程度的指标则是对个体离开平均水平的度量, 使用较广泛的是标准差、四分位距.

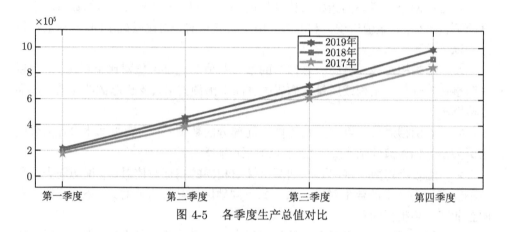

图 4-5　各季度生产总值对比

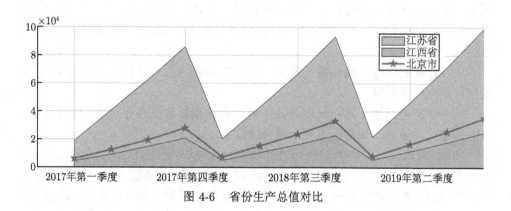

图 4-6　省份生产总值对比

1) 集中趋势

➤　**均值**

均值是所有数据的平均值. 如果求 n 个原始观察数据的平均数, 计算公式为

$$\text{mean}(x) = \bar{x} = \frac{\sum x_i}{n} \tag{4-7}$$

有时, 为了反映在均值中不同成分所占的不同重要程度, 为数据集中的每一个 x_i 赋予 w_i, 这就得到了加权均值的计算公式:

$$\text{mean}(x) = \bar{x} = \frac{\sum w_i x_i}{\sum w_i} = \frac{w_1 x_1 + w_2 x_2 + \cdots + w_n x_n}{w_1 + w_2 + \cdots + w_n} \tag{4-8}$$

类似地, 频率分布表, 如表 4-5 所示的平均数可以使用下式计算:

$$\text{mean}(x) = \bar{x} = f_1 x_1 + f_2 x_2 + \cdots + f_n x_n \tag{4-9}$$

式中, $x_1, x_2, \cdots, x_n$ 分别为 n 个组段的组中值; $f_1, f_2, \cdots, f_n$ 分别为 n 个组段的频率. 这里的 f 起了权重的作用.

作为一个统计量, 均值的主要问题是对极端值很敏感. 如果数据中存在极端值或者数据是偏态分布的, 那么均值就不能很好地度量数据的集中趋势. 为了消除少数极端值的影响, 可以使用截断均值或者中位数来度量数据的集中趋势. 截断均值是去掉高、低极端值之后的平均数.

➢ **中位数**

中位数是将一组观测值从小到大按顺序排列, 位于中间的那个数据, 即在全部数据中, 小于和大于中位数的数据个数相等.

将某数据集 $x : \{x_1, x_2, \cdots, x_n\}$ 从小到大排序: $\{x_{(1)}, x_{(2)}, \cdots, x_{(n)}\}$.

当 n 为奇数时

$$M = x_{\left(\frac{n+1}{2}\right)} \tag{4-10}$$

当 n 为偶数时

$$M = \frac{1}{2}\left(x_{\left(\frac{n}{2}\right)} + x_{\left(\frac{n+1}{2}\right)}\right) \tag{4-11}$$

➢ **众数**

众数是指数据集中出现最频繁的值. 众数并不经常用来度量定性变量的中心位置, 其更适用于定性变量, 众数不具有唯一性.

2) 离中趋势度量

➢ **极差**

$$极差 = 最大值 - 最小值$$

极差对数据集的极端值非常敏感, 并且忽略了位于最大值与最小值之间的数据是如何分布的.

➢ **标准差**

标准差度量数据偏离均值的程度, 计算公式为

$$s = \sqrt{\frac{\sum (x_i - \bar{x})^2}{n}} \tag{4-12}$$

➢ **变异系数**

变异系数度量标准差相对于均值的离中趋势, 计算公式为

$$CV = \frac{s}{x} \times 100\% \tag{4-13}$$

变异系数主要用来比较两个或多个具有不同单位或不同波动幅度的数据集中的离中趋势.

➤ **四分位距**

四分位数包括上四分位数和下四分位数. 将所有数值由小到大排列并分成四等份, 处于第一个分割点位置的数值是下四分位数, 处于第二个分割点位置的数值是中位数, 处于第三个分割点位置的数值是上四分位数. 四分位距, 是上四分位数 Q_U 与下四分位数 Q_L 之差, 其间包含了全部观测值的一半. 其值越大, 说明数据的变异程度越大; 反之, 说明数据的变异程度越小.

例如, 以表 4-1 中数据为例进行统计量分析, 计算出均值、中位数、标准差、变异系数和四分位数等, 分析数据的集中和离中趋势, 提取有用信息和形成结论, 从而对数据加以详细研究和概括总结. 经过 MATLAB 软件计算出结果并存储在其变量中, 表 4-6 为计算结果展示. 由于数据中存在 3 个缺失值数据, 使用软件计算时未能计算出结果, 辽宁省、陕西省和山东省三省数据存在缺失值数据 MATLAB计算结果为 NaN 格式.

表 4-6　统计量分析计算结果

地区	均值	标准差	四分位距	地区	均值	标准差	四分位距
北京市	20045.82	10009.30	15068.56	广东省	61997.45	30625.72	44711.59
天津市	9633.09	5032.02	7709.30	广西壮族自治区	12663.72	6362.63	11287.47
河北省	21544.76	10606.68	18539.48	海南省	3080.61	1508.61	2208.26
山西省	9899.09	4947.58	7569.42	重庆市	13718.22	6733.18	9998.91
内蒙古自治区	10655.54	5356.59	9685.09	四川省	20805.83	21548.40	23641.04
吉林省	7847.68	4273.65	6714.16	贵州省	9536.95	4847.26	7647.44
黑龙江省	8222.02	4716.54	8400.57	云南省	12692.39	6677.65	10802.03
上海市	21754.55	10714.70	15602.41	西藏自治区	967.89	496.46	796.20
江苏省	58316.77	28507.61	42442.39	甘肃省	5108.07	2573.17	4558.85
浙江省	35885.66	17898.47	26837.91	青海省	1758.42	861.86	1523.66
安徽省	20722.62	10480.42	16030.02	宁夏回族自治区	1812.70	1733.27	2063.79
福建省	23545.69	12066.82	19273.41	新疆维吾尔自治区	7689.92	3902.03	6058.87
江西省	14245.65	7091.53	10912.45	辽宁省	NaN	NaN	14918.79
河南省	31163.80	15355.35	23151.01	陕西省	NaN	NaN	11294.69
湖北省	24974.12	12947.23	19433.05	山东省	NaN	NaN	42846.39
湖南省	23223.33	11495.60	18418.31				

5. 周期性分析

周期性分析是探索某个变量是否随着时间变化而呈现出某种周期变化的趋势. 时间尺度相对较长的周期性趋势有年度周期性趋势、季节周期性趋势, 相对较短的有月度周期性趋势、周度周期性趋势, 甚至更短的天、小时周期性趋势. 假如要对某单位用电量进行预测, 可以分析该用电单位日用电量的时序图, 来直观地估计其用电量的变化趋势.

例如以 2017 年至 2019 年全国各季度生产总值情况为例进行分析, 观察图 4-7 可以明显看出数据存在潮汐现象. 图中上半部分是全国生产总值折线图, 起落增幅周期性现象显著, 每年的第一季度开始增长, 第四季度到达顶峰. 图中下半部分为江西省生产总值阶梯图, 与全国生产总值图产生相似对比, 同样地从第一季度开始呈现阶梯型层级增长, 也有较强的周期性.

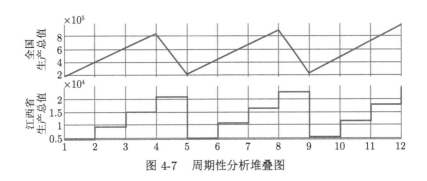

图 4-7　周期性分析堆叠图

用 MATLAB 软件对数据进行对比分析、统计量分析和周期性分析, 程序如程序清单 4-3 所示.

程序清单 4-3　数据对比周期性分析程序

程序文件 code4_3.m

```
%%%数据导入
[data,~,raw] = xlsread('分省季度数据.xls','地区生产总值','A1:R32');
%%%对比分析
%2017 年至 2019 年同一季度下全国生产总值对比
figure(1)
plot(1:4,sum(data(:,[8:-1:5])),'LineWidth',2.5)
hold on
plot(1:4,sum(data(:,[12:-1:9])),'LineWidth',2.5)
plot(1:4,sum(data(:,[16:-1:13])),'LineWidth',2.5)
grid on
xticks(1:4);
```

```
xticklabels({'第一季度','第二季度','第三季度','第四季度'});
legend('2019 年','2018 年','2017 年');
%2017 年至 2019 年省份占比情况
figure(2)
hold on
area(data([10],[16:-1:5]));%江苏省
area(data([14],[16:-1:5]));%江西省
area(data([1],[16:-1:5]));%北京市
xticks(1:3:12);
xticklabels({'2017 年第一季度','2017 年第四季度','2018 年第三季度',' 2019 年第
二季度'});
grid on
legend('江苏省','江西省','北京市');
%%%统计量分析
%均值
raw{1,19}='均值';%raw 第 19 列存储均值数据
raw{1,20}='中位数';%raw 第 20 列存储中位数数据
raw{1,21}='标准差';%raw 第 21 列存储标准差数据
raw{1,22}='变异系数';%raw 第 22 列存储变异系数数据
raw{1,23}='四分位距';%raw 第 23 列存储四分位数数据
for i=2:size(raw,1)
  %计算均值
  raw{i,19}=mean(data(i-1,[1:17]));
  data(i-1,18)= raw{i,19};
  %计算中位数
  raw{i,20}=median(data(i-1,[1:17]));
  data(i-1,19)= raw{i,20};
  %计算标准差
  raw{i,21}=std(data(i-1,[1:17]));
  data(i-1,20)= raw{i,21};
  %计算变异系数
  raw{i,22}=std(data(i-1,[1:17]))./mean(data(i-1,[1:17]));
  data(i-1,21)= raw{i,22};
  %计算四分位距
  q1=prctile(data(i-1,[1:17]),25)
  q3=prctile(data(i-1,[1:17]),75)
  raw{i,23}=q3-q1;
  data(i-1,22)= raw{i,23};
end
%%%周期性分析
```

```
%2017 年至 2019 年全国生产总值周期性情况
figure(3)
s=stackedplot([sum(data(:,[16:-1:5]));data([14],[16:-1:5])]')
s.LineProperties(2).PlotType = 'stairs';
grid on
s.LineWidth = 2;
s.DisplayLabels = {'全国生产总值','江西省生产总值'}
```

4.2 数据预处理

在真实世界中, 数据通常是不完整的、不一致的、极易受到噪声侵扰的. 因为数据库太大, 而且数据集经常来自多个异种数据源, 低质量的数据将导致低质量的挖掘结果. 通过分析了解数据质量情况后要开始数据预处理.

预处理阶段主要工作步骤是: 首先, 将数据导入处理工具; 其次, 观察数据. 观察数据包含两个部分: 一是看原数据, 包括字段解释、数据来源、代码表等一切描述数据的信息; 二是抽取一部分数据, 对数据本身有一个直观的了解, 并且初步发现一些问题, 为之后的处理做准备. 数据处理注意事项:

(1) 在数据预处理阶段, 通常此部分数据处理只是进行一些简单的插值、补值, 因此不宜在此部分耽误太长时间.

(2) 数据表中的数据有重要和非重要信息, 因此抓住重要的信息, 对信息进行处理得越准确, 后期做出结果的精度就越高.

(3) 遇见难以处理的数据, 先判断该数据的重要性, 以及能否通过别的数据表进行处理; 若数据对结果的影响不大, 且不能通过其他渠道进行处理, 则应果断地放弃处理, 进行下一阶段的工作.

数据预处理目的

在数据挖掘中, 海量的原始数据中存在着大量不完整有缺失值、不一致、有异常的数据, 严重影响到数据挖掘建模的执行效率, 甚至可能导致挖掘结果存在偏差, 所以进行数据清洗就显得尤为重要了. 数据清洗完成后同时进行或接着进行数据集成、转换、归约等一系列的处理, 该过程就是数据预处理. 数据预处理一方面是要提高数据的质量, 另一方面是要让数据更好地适应特定的挖掘技术或工具.

数据预处理的主要内容包括: 缺失值处理、异常值处理、完整性检验.

4.2.1 缺失值处理

在数据表中, 通常存在数据空缺, 而各种因素都将导致数据缺失. 例如, 输入时认为是不重要的, 或可能出现某种理解错误, 亦为设备故障, 与其他记录不一致的数据可能已经被删除. 在一些比较重要的数据段中, 缺失的值需要进行处理方能进行下一步工作. 处理缺失值的方法可分为三类: 删除记录、数据插补和不处理.

因此, 下面就来学习一下缺失值的常规处理方法, 缺失值处理的三个步骤.

首先, 确定缺失值范围: 对每个字段都计算其缺失值比例, 然后按照缺失率和字段重要性, 分别制定策略 (图 4-8).

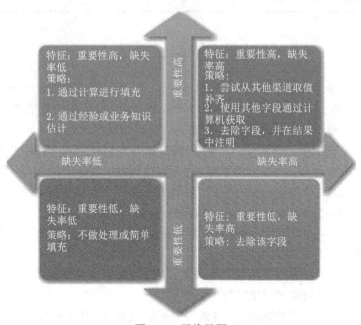

图 4-8　思维导图

其次, 去除不需要的字段: 直接删掉即可, 但强烈建议删除每做一步都备份一下, 或者在小规模数据上试验成功再处理全量数据, 不然删除错了会追悔莫及.

最后, 填充缺失内容, 其中常用的数据插补方法如表 4-7 所示.

如果通过简单地删除小部分记录达到既定的目标, 那么删除含有缺失值的记录这种方法是最有效的. 然而, 这种方法却有很大的局限性. 它是以减少历史数据来换取数据的完备, 会造成资源的大量浪费, 其丢弃了大量隐藏在这些记录中的信息. 尤其是在数据集本来就包含很少记录的情况下, 删除少量记录可能会严重影响到分析结果的客观性和正确性. 一些模型可以将缺失值视作一种特殊的取值, 允许直接在含有缺失值的数据上进行建模.

插值法是通过已知点, 建立插值函数求未知点处近似值的数学方法, 插值法插补的数据较为客观和准确, 下面重点介绍拉格朗日插值、牛顿插值、三次样条插值.

表 4-7　常用的数据插补方法

插补方法	方法描述
均值/中位数/众数插补	根据属性值的类型, 用该属性值的均值、中位数、众数进行插补
使用固定值	将缺失的属性值用一个常量替换. 如广州一个工厂普通外来务工人员的 "基本工资" 属性的空缺值可以用 2015 年广州市普通外来务工人员工资标准 1895 元/月, 该方法就是使用固定值
最近邻插补	在记录中找到与缺失样本最接近的样本的该属性值插补
回归方法	对带有缺失值的变量, 根据已有数据和与其有关的其他变量 (因变量) 的数据建立拟合模型来预测缺失的属性值
插值法	是利用已知点建立合适的插值函数 $f(x)$, 未知值由对应点 x_i 求出近似的函数值 $f(x_i)$ 来代替

1. 拉格朗日插值法

根据数学知识可知, 对于平面上已知的 n 个点 (两点在一条直线上) 可以找到一个 $n-1$ 次多项式 $y = a_0 + a_1 \cdot x + a_2 \cdot x^2 + \cdots + a_{n-1} \cdot x^{n-1}$, 使此多项式曲线过 n 个点.

求已知的过 n 个点的 $n-1$ 次多项式:

$$y = a_0 + a_1 \cdot x + a_2 \cdot x^2 + \cdots + a_{n-1}x^{n-1} \tag{4-14}$$

将 n 个点的坐标 (x_1, y_1) 代入多项式, 得

$$\begin{aligned} y_1 &= a_0 + a_1 \cdot x_1 + a_2 \cdot x_1^2 + a_{n-1} \cdot x_1^{n-1} \\ y_2 &= a_0 + a_1 \cdot x_2 + a_2 \cdot x_2^2 + a_{n-1} \cdot x_2^{n-1} \\ &\cdots\cdots \\ y_n &= a_0 + a_1 \cdot x_n + a_2 \cdot x_n^2 + a_{n-1} \cdot x_n^{n-1} \end{aligned} \tag{4-15}$$

解出拉格朗日插值多项式为

$$\begin{aligned} L(x) &= y_1 \frac{(x-x_2)(x-x_3)\cdots(x-x_n)}{(x_1-x_2)(x_1-x_3)\cdots(x_1-x_n)} \\ &\quad + y_1 \frac{(x-x_1)(x-x_3)\cdots(x-x_n)}{(x_2-x_1)(x_2-x_3)\cdots(x_2-x_n)} \\ &\quad + \cdots \\ &= y_n \frac{(x-x_1)(x-x_2)\cdots(x-x_{n-1})}{(x_n-x_1)(x_n-x_2)\cdots(x_n-x_{n-1})} \\ &= \sum_{i=0}^{n} y_i \prod_{j=0, j\neq i}^{n} \frac{x-x_j}{x_i-x_j} \end{aligned} \tag{4-16}$$

将缺失的函数值对应的点 x 代入插值多项式得到缺失值的近似值 $L(x)$.

通过 MATLAB 软件, 拉格朗日插值法函数如程序清单 4-4 所示.

程序清单 4-4 拉格朗日插值法

程序文件 lagr.m

```
function y=lagr(x0,y0,x)
n=length(x0);m=length(x);
for i=1:m
  z=x(i);%由数组 x 取出插值点
  s=0;
for k=1:n
    p=1;
for j=1:n
if j~=k
        p=p*(z-x0(j))/(x0(k)-x0(j));
end
end
    s=p*y0(k)+s;
end
  y(i)=s;%向数组 y 送入插值
end
%n 个节点以数组 x0,y0 输入已有数据
%m 个插值点以数组 x 输入需要插值数据
%输出数组 y 为 m 个插值调用格式:y=lagr(x0,y0,x)
```

拉格朗日插值公式结构紧凑, 在理论分析中很方便, 但是当插值节点增减时, 插值多项式就会随之变化, 这在实际计算中是很不方便的, 为了克服其这一缺点, 提出了牛顿插值法.

2. 牛顿插值法

求已知的 n 个点对 $(x_1,y_1),(x_2,y_2),\cdots,(x_n,y_n)$ 的所有阶差商公式:

$$f[x_1,x] = \frac{f[x]-f[x_1]}{x-x_1} = \frac{f(x)-f(x_1)}{x-x_1} \tag{4-17}$$

$$f[x_2,x_1,x] = \frac{f[x_1,x]-f[x_2,x_1]}{x-x_2} \tag{4-18}$$

$$f[x_3,x_2,x_1,x] = \frac{f[x_2,x_1,x]-f[x_3,x_2,x_1]}{x-x_3}$$

$$\cdots\cdots$$

$$f[x_n, x_{n-1}, \cdots, x_1, x] = \frac{f[x_{n-1}, \cdots, x_1, x] - f[x_n, x_{n-1}, \cdots, x_1]}{x - x_n} \tag{4-19}$$

联立以上差商公式建立如下插值多项式:

$$f(x) = f(x_1) + (x - x_1) \cdot f[x_2, x_1] + (x - x_1) \cdot (x - x_2) \cdot f[x_3, x_2, x_1]$$

$$+ (x - x_1) \cdot (x - x_2) \cdot (x - x_3) \cdot f[x_4, x_3, x_2, x_1] + \cdots$$

$$+ (x - x_1) \cdot (x - x_2) \cdots (x - x_{n-1}) \cdot f[x_n, x_{n-1}, \cdots, x_4, x_3, x_2, x_1]$$

$$+ (x - x_1) \cdot (x - x_2) \cdots (x - x_n) \cdot f[x_n, x_{n-1}, \cdots, x_4, x_3, x_2, x_1]$$

$$= P(x) + R(x) \tag{4-20}$$

其中

$$P(x) = f(x_1) + (x - x_1) \cdot f[x_2, x_1] + (x - x_1) \cdot (x - x_2) \cdot f[x_3, x_2, x_1]$$

$$+ (x - x_1) \cdot (x - x_2) \cdot (x - x_3) \cdot f[x_4, x_3, x_2, x_1] + \cdots$$

$$+ (x - x_1) \cdot (x - x_2) \cdots (x - x_{n-1}) \cdot f[x_n, x_{n-1}, \cdots, x_2, x_1] \tag{4-21}$$

$$R(x) = (x - x_1) \cdot (x - x_2) \cdots (x - x_n) \cdot f[x_n, x_{n-1}, \cdots, x_2, x_1] \tag{4-22}$$

$R(x)$ 是牛顿插值逼近函数; $P(x)$ 是误差函数.

将缺失的函数值对应的点 x 代入插值多项式得到缺失值的近似值 $f(x)$.

牛顿插值法也是多项式插值, 但采用了另一种构造插值多项式的方法, 与拉格朗日插值法相比, 具有承袭性和易于变动节点的特点.

利用 MATLAB 实现牛顿插值法函数如程序清单 4-5 所示.

程序清单 4-5 牛顿插值法

程序文件 newton.m

```
function N=newton(x,y,xx)
%Newton(牛顿) 基本插值方法
%输入: x 是节点向量, y 是节点上的函数值, xx 是插值点
%N 返回所求插值
n=length(x);%返回 x 中最大数组维度的长度赋值给 n
m=length(y);%返回 y 中最大数组维度的长度赋值给 m
if m~=n %如果 m~=n, 则会出现提醒: x 与 y 的长度必须一致, 否则, 继续
  error('x 与 y 的长度必须一致');
end
A=zeros(m);%返回一个 m×m 的全零矩阵给矩阵 A
```

```
Z=1.0;
A(:,1)=y';%通过将矩阵 y 倒置，将其数据填充到矩阵 A 的第一列
N=A(1,1);%将 A 中的第一行第一列的数值赋值给 N
for k=2:n %k 为列标
for i=k:n%i 为行标
    A(i,k)=(A(i-1,k-1)-A(i,k-1))/(x(i+1-k)-x(i));
end
  Z=Z*(xx-x(k-1));
  N=N+Z*A(k,k);
end
disp('差商表');%输出字符串'差商表'(目的：为了增加可读性)
disp(A);%输出 A
fprintf('Newton 插值的结果保留 6 位小数是%10.6f\n',N);
```

3. 三次样条插值

在数学上, 光滑程度的定量描述是: 函数的 k 阶可导且连续, 则称该曲线具有 k 阶光滑性. 光滑性的阶次越高, 则越光滑. 为了得到具有较高阶光滑性的分段低次插值多项式, 介绍三次样条插值. MATLAB 软件中 interp1 函数为一维插值函数, 可进行三次样条插值. 例如, 根据已有数据通过三次样条插值描绘出光滑曲线, 程序如程序清单 4-6 所示.

程序清单 4-6　三次样条插值
程序文件 code4_4.m

```
%%三次样条插值 (进一步提高了曲线的光滑性)
hours=1:12;%变量 hours 是以 1 为步长，从 1 到 12 的向量
temps=[5 8 9 15 25 29 31 30 22 25 27 24];%变量 temps 存储着温度数据
h=1:0.1:12;
%变量 h 以 0.1 为步长从 1 到 12 进行插值，估计出每隔 0.1 的间距时的温度值
t=interp1(hours,temps,h,'spline'); %三次样条插值的调用程序
%直接输出数据将是很多的
plot(hours,temps,'d',h,t,'LineWidth',1.5)
grid on
%作图 (在一个直角坐标系中绘制出以 (hours,temps) 的坐标的点和由 (h, t) 构成
的所有坐标形成的线)
xlabel('Hour'),ylabel('Degrees Celsius')
%横坐标标签名称为'Hour'，纵坐标标签名称为'Degrees Celsius'
```

插值选用多项式并非多项式次数越高越好, 次数越高越容易产生振荡而偏离原函数, 这种现象称为龙格 (Runge) 现象, 所以样条插值选用三次的方法. 通过三次样条插值绘制出图形如图 4-9 所示.

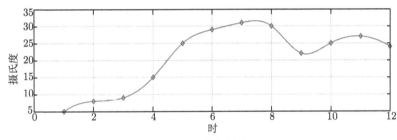

图 4-9 三次样条插值图像

4.2.2 异常值处理

在数据预处理时, 异常值是否剔除, 需视具体情况而定, 产生的原因可能只是因为输入时认为是不重要的. 相关数据没有记录可能是由于理解错误, 或者因为设备故障. 与其他记录不一致的数据可能已经被删除. 异常值可能蕴含有用信息, 异常值处理常用方法如表 4-8 所示.

表 4-8 异常值处理常用方法

异常值处理的常用方法	方法描述
根据错误原因进行修正	寻找到数据错误原因, 根据可能存在错误原因进行修正
删除异常值记录	删除含有异常值记录
视为缺失值处理	将异常值视为缺失值, 作为缺失值处理
平均值修正	可用前后两个观测值的平均值修正异常值
不处理	保留异常值, 在异常值数据基础上进行数据建模

将含有异常值记录直接删除这样的方法简单易行, 缺点也很明显. 在观测值很少的情况下, 删除数据会造成样本量不足, 可能会改变变量原有分布, 从而造成分析结果的不准确. 常用的方法是将其视为缺失值处理和根据错误原因修正, 视为缺失值处理的好处是可以利用现有变量的信息对异常值进行填补, 根据异常数据发现其错误原因, 再进行修正. 在大多数情况下, 首先要分析异常值出现的原因, 再判断异常值是否应该取舍, 修正数据后进行数据建模.

例如, 以表 4-1 中数据为例进行数据预处理, 产生异常值原因可能是记录过程中的错误, 导致数据为负数. 再将缺失值数据索引找出, 后通过三次样条插值处理, 再绘制出其图形进行对比. 预处理结果如表 4-9 所示.

表 4-9 数据预处理

地区	时间	原始数据/亿元	修正数据/亿元
辽宁省	2020 年第二季度	—	3695.95
山东省	2020 年第二季度	—	11682.88
陕西省	2020 年第四季度	—	−28383.04
四川省	2020 年第四季度	−48598.76	48598.76
宁夏回族自治区	2017 年第四季度	−3453.93	3453.93

通过插值修正数据后, 将修正好数据代入原数据中绘制图形如图 4-10 所示.

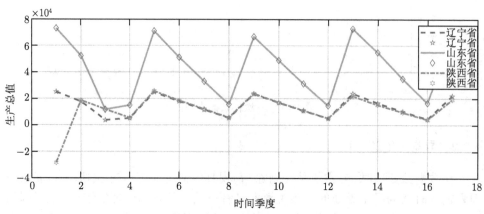

图 4-10   预处理结果折线图

4.2.3   完整性检验

若数据表中的有比较大一部分的数据被删除, 则需要对数据的完整性进行检验. 一般情况下, 被删除的数据不能超过总体数据的 10%, 否则数据将会失去代表性.

使用 MATLAB 软件对表 4-1 中不合理数据进行修正程序如程序清单 4-7 所示.

程序清单 4-7   修正数据程序

程序文件 code4_5.m

```
%%%数据导入
[data,~,raw] = xlsread('分省季度数据.xls','地区生产总值','A1:R32');
%%%寻找缺失值进行三次样条插值
lack{1,1}='地区';lack{1,2}='时间';lack{1,3}='数据位置';
lack{1,4}='数据集位置';lack{1,5}='三次样条插值';
new_raw=raw;
count=1;x0=size(raw,2)-1;y=[];
for i=2:size(raw,1)
    for j=2:size(raw,2)
        if isnan(raw{i,j})==1
            count=count+1;
            lack{count,1}=raw{i,1};
            lack{count,2}=raw{1,j};
```

```
     lack{count,3}=[i,j];
     lack{count,4}=raw(lack{count,3}(1,1),[2:end]);
     lack{count,5}=interp1([1:x0],cell2mat(lack{count,4}), lack{count,3}
     (1,2)-1,'spline');
   end
  end
end
for ii=2:size(lack,1)
  new_raw{lack{ii,3}(1,1),lack{ii,3}(1,2)} =lack{ii,5};
  y=[y;cell2mat(new_raw(lack{ii,3}(1,1),[2:end]))];
end
figure(1)
plot([1:x0],y(1,:),'--','LineWidth',2)
hold on
plot([1:x0],y(1,:),'p')
plot([1:x0],y(2,:),'-','LineWidth',2)
plot([1:x0],y(2,:),'d')
plot([1:x0],y(3,:),'-.','LineWidth',2)
plot([1:x0],y(3,:),'h')
grid on
legend(lack{2,1},lack{2,1},lack{3,1},lack{3,1},lack{4,1},lack{4,1});
xlabel('时间季度'),ylabel('生产总值')
```

4.3 参数估计与假设检验

4.3.1 常见分布的参数估计

参数估计有点估计 (point estimation) 和区间估计 (interval estimation) 两种. 点估计是依据样本估计总体分布中所含的未知参数或未知参数的函数. 通常它们是总体的某个特征值, 如数学期望、方差和相关系数等. 点估计问题就是要构造一个只依赖于样本的量, 作为未知参数或未知参数的函数的估计值.

例如, 设一批产品的废品率为 θ. 为估计 θ, 从这批产品中随机地抽出 n 个作检查, 以 X 记其中的废品个数, 用 X/N 估计 θ, 这就是一个点估计.

构造点估计常用的方法是:

(1) 矩估计法: 用样本矩估计总体矩, 如用样本均值估计总体均值.

(2) 极大似然估计法: 于 1912 年由英国统计学家 R. A. Fisher 提出, 用来求一个样本集的相关概率密度函数的参数.

(3) 最小二乘法: 主要用于线性统计模型中的参数估计问题.

(4) 贝叶斯估计法: 基于贝叶斯学派的观点而提出的估计法, 可以用来估计未知参数的估计量很多, 于是产生了怎样选择一个优良估计量的问题. 首先必须对优良性定出准则, 这种准则是不唯一的, 可以根据实际问题和理论研究的方便进行选择. 优良性准则有两大类: 一类是小样本准则, 即在样本大小固定时的优良性准则; 另一类是大样本准则, 即在样本大小趋于无穷时的优良性准则. 最重要的小样本优良性准则是无偏性及与此相关的一致最小方差无偏估计, 其次是有容许性准则、最小化最大准则、最优同变准则等. 大样本优良性准则有相合性、最优渐近正态估计和渐近有效估计等.

区间估计是依据抽取的样本, 根据一定的正确度与精确度的要求, 构造出适当的区间, 作为总体分布的未知参数或参数的函数的真值所在范围的估计. 例如人们常说的有百分之多少的把握保证某值在某个范围内, 即是区间估计的最简单的应用.

1934 年统计学家 J. 奈曼创立了一种严格的区间估计理论. 求置信区间常用的三种方法:

(1) 已知的抽样分布.

(2) 区间估计与假设检验的联系.

(3) 大样本理论.

4.3.2 正态总体参数的检验

1. 单个正态总体方差已知的均值检验 (U 检验)

问题 总体 $X \sim N(\mu, \sigma^2), \sigma^2$ 已知, 假设 $H_0 : \mu = \mu_0; H_1 : \mu \neq \mu_0$(双边检验), 构造 U 统计量 $U = \dfrac{\bar{X} - \mu_0}{\sigma/\sqrt{n}} \sim N(0,1), H_0$ 为真的前提下, 由 $P\left\{ \left| \dfrac{\bar{X} - \mu_0}{\sigma/\sqrt{n}} \right| \geqslant \mu_{\alpha/2} \right\}$ $= \alpha$ 确定拒绝域 $|U| \geqslant \mu_{\alpha/2}$. 如果统计量的观测值 $|U| = \left| \dfrac{\bar{X} - \mu_0}{\sigma/\sqrt{n}} \right| \geqslant \mu_{\alpha/2}$, 则拒绝原假设; 否则接受原假设.

例题 1 由经验知某零件的重量 $X \sim N(\mu, \sigma^2), \mu = 15$ 克, $\sigma = 0.05$ 克; 技术革新后, 抽出 6 个零件, 测得重量为 (单位: 克)14.7, 15.1, 14.8, 15.0, 15.2, 14.6, 已知方差不变, 试统计推断, 平均重量是否仍为 15 克? $(\alpha = 0.05)$

解 由题意可知: 零件重量 $X \sim N(\mu, s^2)$, 且技术革新前后的方差不变 $\sigma = 0.05$, 要求对均值进行检验, 采用 U 检验法.

假设 $H_0 := 15; H_1 : \neq 15$, 构造 U 统计量, 得 U 的 0.05 双侧分位数为 $\mu_{0.025} = 1.96$, 而样本均值为 $\bar{x} = 14.9$, 故 U 统计量的观测值为 $|U| = \left| \dfrac{\bar{x} - 15}{0.05/\sqrt{6}} \right| = 4.9$, 因为 $4.9 > 1.96$, 即观测值落在拒绝域内, 所以拒绝原假设.

假设 $H_0: \mu = \mu_0; H_1: \mu > \mu_0$, $P\left\{\dfrac{\bar{X} - \mu_0}{\sigma/\sqrt{n}} \geqslant \mu_\alpha\right\} = \alpha$, 拒绝域为 $U > \mu_\alpha$

或 $H_0: \mu = \mu_0; H_1: \mu < \mu_0$, $P\left\{\dfrac{\bar{X} - \mu_0}{\sigma/\sqrt{n}} \leqslant -\mu_\alpha\right\} = \alpha$, 拒绝域为 $U < -\mu_\alpha$.

例题 2 由经验知某零件的重量 $X \sim N(\mu, \sigma^2)$, $\mu = 15$ 克, $\sigma = 0.05$ 克; 技术革新后, 抽出 6 个零件, 测得重量为 (单位: 克)14.7, 15.1, 14.8, 15.0, 15.2, 14.6, 已知方差不变, 试统计推断, 技术革新后, 零件的平均重量是否降低? $(\alpha = 0.05)$

解 由题意可知: 零件重量 $X \sim N(\mu, \sigma^2)$, 且技术革新前后的方差不变 $\sigma^2 = 0.05^2$, 要求对均值进行检验, 采用 U 检验法.

假设 $H_0: \mu = 15; H_1: \mu < 15$(单侧检验), 构造 U 统计量, 得 U 的 0.05 上侧分位数为 $\mu_{0.05} = 1.64$, 而样本均值为 $\bar{x} = 14.9$. 故 U 统计量的观测值为 $U = \dfrac{\bar{x} - 15}{0.05/\sqrt{6}} = -4.9$, 因为 $-4.9 < -1.96$, 即观测值落在拒绝域内所以拒绝原假设, 即可认为平均重量是降低了.

2. 单个正态总体方差未知的均值检验 (T 检验)

问题 总体 $X \sim N(\mu, \sigma^2)$, σ^2 未知假设 $H_0: \mu = \mu_0; H_1: \mu \neq \mu_0$(双边检验), 构造 T 统计量 $T = \dfrac{\bar{X} - \mu_0}{\sigma/\sqrt{n}} \sim t(n-1)$, 由 $P\left\{\left|\dfrac{\bar{X} - \mu_0}{\sigma/\sqrt{n}}\right| \geqslant t_{\alpha/2}(n-1)\right\}$ 确定拒绝域 $|T| \geqslant t_{\alpha/2}(n-1)$, 如果统计量的观测值 $|T| = \left|\dfrac{\bar{X} - \mu_0}{\sigma/\sqrt{n}}\right| \geqslant t_{\alpha/2}(n-1)$, 则拒绝原假设; 否则接受原假设.

例题 3 化工厂用自动包装机包装化肥, 每包重量服从正态分布, 额定重量为 100 千克. 某日开工后, 为了确定包装机这天的工作是否正常, 随机抽取 9 袋化肥, 称得平均重量为 99.978 千克, 标准差为 1.212 千克, 能否认为这天的包装机工作正常? $(\alpha = 0.1)$

解 由题意可知: 化肥重量 $X \sim N(\mu, \sigma^2)$, $\mu_0 = 100$ 方差未知, 要求对均值进行检验, 采用 T 检验法.

假设 $H_0: X \sim N(\mu, \sigma^2)$, $\mu_0 \neq 100$, 构造 T 统计量, 得 T 的 0.1 双侧分位数为 $t_{0.05}(8) = 1.86$. 而样本均值、标准差分别为 $\bar{x} = 99.978$, $\sigma = 1.212$, 故 T 统计量的观测值为 $|T| = \left|\dfrac{\bar{x} - \mu}{\sigma/\sqrt{n}}\right| = \left|\dfrac{99.978 - 100}{1.212/\sqrt{9}}\right| = 0.0545$, 因为 $0.0545 < 1.86$, 即观测值落在接受域内, 所以接受原假设, 即可认为这天的包装机工作正常.

例题 4 某炼铁厂的铁水含碳量 X 在正常情况下服从正态分布, 现对工艺进行了某些改进, 从中抽取 5 炉铁水测得含碳量如下: 4.421, 4.052, 4.357, 4.287, 4.683, 据此是否可判断新工艺炼出的铁水含碳的方差仍为 $0.108^2(\alpha = 0.05)$?

解　这是一个均值未知, 正态总体的方差检验, χ^2 检验法假设 $H_0 : \sigma^2 = 0.108^2$; $H_1 : \sigma^2 \neq 0.108^2$, 由 $\alpha = 0.05$ 得临界值 $\chi^2_{0.975}(4) = 0.048$, $\chi^2_{0.025}(4) = 11.14$, χ^2 统计量的观测值为 17.8543; 因为 $17.8543 > 11.14$, 所以拒绝原假设. 即可判断新工艺炼出的铁水含碳量的方差不是 0.108^2.

4.3.3　分布的拟合与检验

实际问题中, 首先要根据样本的观察结果对总体的分布类型进行检验. 使用 χ^2 检验, 可以检验总体是否具有某个指定的分布或者某个分布簇.

设总体的分布函数为 $F(x)$, 未知, $F_0(x)$ 为某一已知分布函数, 考虑如下检验问题:

$$H_0 : F(x) = F_0; \quad H_1 : F(x) \neq F_0(x)$$

$F_0(x)$ 不含未知参数时, 考虑如下: 对于随机变量 x, 将其分为 k 段互不相交的区间, 分点依次记为 $a_0, a_1, a_2, \cdots, a_{k-1}$, 记 $A_i = \{a_{i-1} < X < a_i\}$.

当 H_0 成立时, 有 $P(A_i) = F_0(a_i) - F_0(a_{i-1}) = P_i$, 含义是随机变量落在区间 A_i 的概率. 假设区间 A_i 的长度为 n_i, 在 n 次的随机试验中, 当 H_0 成立且 n 足够大时, $\frac{n_i}{n}$ 是 P_i 的近似. 构造统计量: 用于衡量样本与 H_0 假设分布的吻合程度.

$$\sum_{i=1}^{k} C_i \left(\frac{n_i}{n} - p_i \right)^2$$

C_i 为给定常数, 皮尔逊证明, 当 C_i 取 $\frac{n}{p_i}$ 时, 上面的式子可以变化如下:

$$x^2 = \sum_{i=1}^{k} \frac{n}{p_i} \left(\frac{n_i}{n} - p_i \right)^2 = \sum \frac{(n_i - np_i)^2}{np_i} \tag{4-23}$$

$F_0(x)$ 含有未知参数时, 考虑如下:

通过样本观测值, 使用极大似然估计, 求出 P_i 的估计值 $\hat{P}_i = \hat{P}(A_i)$, 再使用上述公式作统计量分析.

皮尔逊定理　若理论分布函数 $F_0(x)$ 不含未知参数, 则当 H_0 成立且 n 充分大时, 统计量 $x_2 = \sum_{i=1}^{k} \frac{(n_i - np_i)^2}{np_i}$ 近似服从自由度为 $k - 1$ 的 χ^2 分布, 从公式来看, n_i 为区间 i 的实际频数, np_i 是理论频数. 则统计量的含义可写为

$$x^2 = \sum_{i=1}^{k} \frac{(\text{实际频数} - \text{理论频数})^2}{\text{理论频数}} \tag{4-24}$$

给定显著性水平 α, H_0 的拒绝域是 $X_2 > X_2^\alpha$, 实际使用中, 确保 n 足够大, np_i 不能太小, 一般是 $n \geqslant 50$, $np_i \geqslant 5$, 如果 np_i 太小, 可以进行合并.

例题 5 统计 200 天高速公路的车祸次数, 得到信息如表 4-10 所示.

表 4-10 高速公路的车祸次数表

车祸次数 i	0	1	2	3	4
频数 n_i	109	65	22	3	1

试问: 在显著性水平 $\alpha = 0.05$ 的情况下, 是否认为 x 满足泊松分布.

解 泊松分布含有未知参数 λ, 根据样本观察结合极大似然估计得到

$$\hat{\lambda} = \bar{x} = \frac{1}{200} \sum_{i=0}^{4} n_i = 0.61 \tag{4-25}$$

提出假设: $H_0 : X \sim P(0.61)$, 若 H_0 为真时, 总体分布律的估计形式为

$$\hat{p} = P(X = i) = \frac{0.61^i}{i!} e^{-0.61} \tag{4-26}$$

因此, 由 $\hat{p}_0 = 0.543, \hat{p}_1 = 0.331, \hat{p}_2 = 0.101, \hat{p}_3 = 0.021$ 得 (此处是因为 p_4 概率太小, 故将 p_4 合并到 p_3 中去) $\hat{p}_4 = 1 - p_i = 0.004$ ($i = 0, 1, 2, 3$), 其 $n \cdot p_4 = 0.8 < 5$, 因此将 p_4 合并到 p_3.

计算得

$$\chi^2 = \sum_{i=1}^{k} \frac{(n_i - np_i)^2}{np_i} = 0.387 \tag{4-27}$$

合并后, $k = 4, r = 1$, 查表知: $\chi_{0.025}^2(4 - 1 - 1) = 2.77, \chi^2 = 0.03837 < 2.77$, 不满足拒绝条件, 即认为在显著性水平 $\alpha = 0.025$ 下, 样本来自泊松分布.

4.4 方差分析

方差分析 (analysis of variance, ANOVA), 又称 "变异数分析", 是英国统计学家 R. A. Fisher 于 20 世纪 20 年代提出的一种统计方法, 它有着非常广泛的应用. 具体来说, 在生产和科学研究中, 经常用来研究产生条件或试验条件的改变对产品质量和产量的有无影响. 如在农业生产中, 需要考虑品种、施肥量、种植密度等因素对农作物收获量的影响; 又如某产品在不同的地区, 不同的时期, 采用不同的销售方式, 其销量是否有差异. 在诸多影响中哪些因素是主要的, 哪些因素是次要的, 以及主要因素处于何种状态时, 才能使农作物的产量和产品的销量达到一个较高的水平, 这就是方差分析所要解决的问题. 方差分析按影响分析指标的因素个数的多少, 分为单因素方差分析、多因素方差分析.

4.4.1　单因素方差分析

在方差分析中, 我们将要考察的对象的某种特征称为试验指标, 影响试验指标的条件称为因素, 因素可分为两类: 一类是人们可以控制的如原材料、设备、学历、专业等因素; 另一类是人们无法控制的, 如员工素质与机遇等因素. 下面所讨论的因素都是指可控制因素. 每个因素又有若干个状态可供选择, 因素可供选择的每个状态称为该因素的水平. 如果在一项试验中只有一个因素在改变, 则称为单因素试验; 如果多于一个因素在改变, 则称为多因素试验.

MATLAB 统计工具箱中提供了 anova1 函数, 用来做单因素一元方差分析, 其调用格式如表 4-11 所示.

表 4-11　单方差分析函数格式

调用格式	描述
p=anova1(X)	比较 X 中各列数据的均值是否相等. 此时输出的 p 是原假设成立时, 数据的概率, 当 p<0.05 时称差异是显著的, 当 p<0.01 时称差异是高度显著的. 输入 X 各列的元素相同, 即各总体的样本大小相等, 称为均衡数据的方差分析
p=anova1(X, group)	不均衡时用下面的命令输入: X 是一个向量, 从第一个总体的样本到第 r 个总体的样本依次排列, group 是与 X 有相同长度的向量, 表示 X 中的元素是如何分组的. group 中某元素等于 i, 表示 X 中这个位置的数据来自第 i 个总体. 因此 group 中分量必须取正整数, 从 1 直到 r
p=anova1(X, group, diaplayopt)	通过 displayopt 参数设定是否显示方差分析表和箱线图, 当 displayopt 参数设定为 "on"(默认情况) 时, 显示方差分析表和箱线图; 当 display-opt 参数设定为 "off" 时, 不显示方差分析表和箱线图
[p, table]=anova1 (⋯)	元胞数组形式的方差分析表 table(包含列标签和行标签). 通过带有标准单因素——一元方差分析表的图窗口的 "Edit" 菜单下的 "Copy Tex" 选项. 还可将方差分析表以文本形式复制到剪贴板
[p, table, stats]=anova1(⋯)	返回一个结构体变 stats, 用于进行后续的多重比较. anoval 函数用来检验各总体是否具有相同的均值, 当拒绝了原假设, 认为各总体的均值不完全相同时, 通常还需要进行两两的比较检验, 以确定哪些总体均值间的差异是显著的, 这就是所谓的多重比较

单因素方差分析: 设某单因素 A 有 r 种水平 $A_1, A_2, \cdots, A_r$, 在各水平下分别做了 $n_i(i = 1, 2, \cdots, r)$ 次试验, 每种水平下的试验结果服从正态分布, 则可得到表 4-12 单因素试验数据表.

表 4-12　单因素试验数据表

试验次数	A_1	A_2	$\cdots$	A_r
1	X_{11}	X_{21}	$\cdots$	X_{r1}
2	X_{12}	X_{21}	$\cdots$	X_{r1}
$\vdots$	$\vdots$	$\vdots$		$\vdots$
n_i	X_{1n_1}	X_{2n_2}	$\cdots$	X_{rn_r}

然后根据方差分析的原理, 可得到单因素方差分析表如表 4-13 所示.

表 4-13 单因素方差分析表

差异源	SS(方差和)	自由度 (df)	均方 (MS)	F 检验	显著性
组间 (因素 A)	SS_A	$r-1$	$MS_A=SS_A/(r-1)$	MS_A/MS_e	
组内 (误差 e)	SS_e	$n-r$	$MS_e=SS_e/(n-r)$	MS_A/MS_e	
总和	SS_T	$n-1$			

表中各物理量的意义计算方法如下:

$$SS_T=\sum_{i=1}^{r}\sum_{j=1}^{n_i}(X_{ij}-\bar{X})^2 \tag{4-28}$$

$$SS_A=\sum_{i=1}^{r}n_i(\bar{X}_i-\bar{X})^2 \tag{4-29}$$

$$SS_e=\sum_{i=1}^{r}\sum_{j=1}^{n_i}(X_{ij}-\bar{X}_i)^2 \tag{4-30}$$

$$n=\sum_{i=1}^{r}n_i \tag{4-31}$$

$$\bar{X}=\frac{1}{n}\sum_{i=1}^{r}\sum_{j=1}^{n_i}X_{ij} \tag{4-32}$$

对于给定的显著性水平 a, 可查得到 F 分布的临界值 $F_a(\mathrm{df}_a,\mathrm{df}_e)$, 如计算得到的统计量大于此临界值, 说明因素 A 对试验结果有显著影响, 否则可以认为 A 对试验结果没有影响. 通常, 若 $F>F_{0.01}$, 则称因素 A 对试验结果有非常显著的影响, 用 "**" 表示; 若 $F_{0.01}>F>F_{0.05}$, 则称因素 A 对试验结果有显著影响, 用 "*" 表示; 若 $F<F_{0.05}$, 则称因素 A 对试验结果影响不显著.

例题 6 为寻求适应本地区的高产油菜品种, 今选了五种不同品种进行试验, 每一品种在四块试验田上的每一块田上的亩产量如表 4-14 所示.

表 4-14 试验田产量表

	A_1	A_2	A_3	A_4	A_5
1	256	244	250	288	206
2	222	300	277	280	212
3	280	290	230	315	220
4	298	275	322	259	212

我们要研究的问题是不同品种的平均亩产量是否有显著差异.

在本例中只考虑品种这一因子对亩产量的影响, 五个不同品种就是该因子的五个不同水平. 由于同一品种在不同田块上的亩产量不同, 我们可以认为一个品种的亩产量就是一个总体, 在方差分析中总假定各总体独立地服从同方差正态分布, 即第 i 个品种的亩产量是一个随机变量, 它服从分布 $N(\mu_i, \sigma^2)$, $i = 1, 2, 3, 4, 5$.

试验的目的就是检验假设

$$H_0 : \mu_1 = \mu_2 = \mu_3 = \mu_4 = \mu_5$$

是否成立, 若是拒绝, 那么我们就认为这五种品种的平均亩产量之间存在显著差异; 反之, 就认为各品种产量的不同是由随机因素引起的, 方差分析就是检验假设是否正确的一种方法. 使用 MATLAB 软件计算结果如图 4-11 所示.

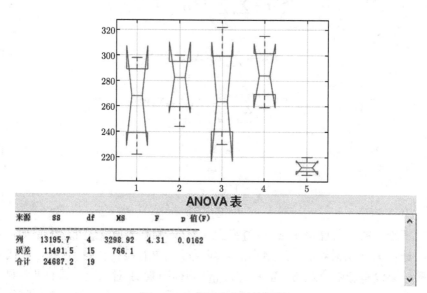

图 4-11   单因素分析结果图

计算结果如表 4-15 所示, 对单因素方差分析结果进行分析研究结果意义.

表 4-15   单因素结果各项意义

差异源	SS(方差和)	df(自由度)	MS(均方)	F 检验	p 值
组间 (因素 A)	SS_A	$r - 1$	$\dfrac{SS}{r-1}$	4.31	0.016
组内 (误差 e)	SS_e	$n - r$	$\dfrac{SS}{n-r}$		
总和	SS_T	$n - 1$			

因为 $p = 0.0162 > 0.01$, 所以不同品种的亩产量有显著差异.

五种不同品种的亩产量存在显著差异, 如图 4-11 所示, 3 号油菜品种产量最高, 此时, 3 号油菜品种的箱线图离中心线较远, 效果最突出.

4.4.2 双因素方差分析

双因素方差分析 (double factor variance analysis) 有两种类型：一个是无交互作用的双因素方差分析, 它假定因素 A 和因素 B 的效应之间是相互独立的, 不存在相互关系; 另一个是有交互作用的双因素方差分析, 它假定因素 A 和因素 B 的结合会产生出一种新的效应. 例如, 若假定不同地区的消费者对某种品牌有与其他地区消费者不同的特殊偏爱, 这就是两个因素结合后产生的新效应, 属于有交互作用的背景; 否则, 就是无交互作用的背景. 根据方差分析原理, 可得到有交互作用双因素方差分析表如表 4-16 所示.

表 4-16　有交互作用双因素方差分析表

差异源	SS (离差)	df(自由度)	MS(均方)	F(统计)	显著性
因素 A	SS_A	$r-1$	$MS_A = \dfrac{SS_A}{r-1}$	$F_A = \dfrac{MS_A}{MS_e}$	
因素 B	SS_B	$s-1$	$MS_B = \dfrac{SS_B}{r-1}$	$F_B = \dfrac{MS_B}{MS_e}$	
交互作用	$SS_{A\times B}$	$(r-1)\cdot(s-1)$	$MS_{A\times B} = \dfrac{S_{A\times B}}{(r-1)\cdot(s-1)}$	$F_{A\times B} = \dfrac{MS_{A\times B}}{MS_e}$	
误差	SS_e	$rs(c-1)$	$MS_e = \dfrac{MS_e}{rs(c-1)}$		
总和	SS_T	$rs-1$			

MATLAB 统计工具箱中提供了 anova2 函数, 用来做双因素方差分析, 其调用格式如表 4-17 所示.

表 4-17　双因素方差分析函数格式

调用格式	描述
p=anova2(X)	用于双因素无交互作用方差分析
p=anova2(X,reps)	该格式用于双因素有交互作用方差分析, 其中输入 X 是一个矩阵; reps 表示试验的重复次数, 输出的 p 值有三个, 分别为各行、各列以及交互作用的概率. 若 p<0.05, 有显著差异, 若 p<0.01, 有高度显著差异
p=anova2(X,reps,diaplayopt)	该格式用于双因素有交互作用方差分析, 通过 displayopt 参数设定是否显示带有标准双因素一元方差分析表的图形窗口, 当 displayopt 参数设定为 "on"(默认情况) 时, 显示方差分析表; 当 displayopt 参数设定为 "off" 时, 不显示方差分析表
[p,table] = anova2($\cdots$)	该格式用于双因素有交互作用方差分析, 还返回元胞数组形式的方差分析表 table(包含列标签和行标签). 通过带有标准双因素方差分析表的图形窗口的 "Edit" 菜单下的 "Copy Text" 选项, 还可将方差分析表以文本形式复制到剪贴板
[p,table,stats]= anova2($\cdots$)	该格式用于双因素有交互作用方差分析, 还返回一个结构体变量 stats, 用于进行后续的多重比较. 当因素 A 或因素 B 对试验指标的影响显著时, 在后续的分析中, 可以调用 multcompare 函数, 把 stats 作为它的输入, 进行多重比较

例题 7 为了研究不同含铜量的钢材在各种温度下的强度变化, 对不同钢材进行了试验, 试验结果如表 4-18 所示.

表 4-18 温度强度变化表

试验温度	含铜量 (A)		
(B)	0.2%	0.4%	0.8%
20℃	10.6	11.6	14.5
0℃	7.0	11.1	13.3
−20℃	4.2	6.8	11.5
−40℃	4.2	6.3	8.7

分析铜含量 A 与温度 B 对钢材的强度有无显著差异, 使用 MATLAB 软件计算结果如图 4-12 所示.

ANOVA 表

来源	SS	df	MS	F	p 值(F)
列	60.74	2	30.37	33.54	0.0006
行	64.577	3	21.5256	23.77	0.001
误差	5.433	6	0.9056		
合计	130.75	11			

图 4-12 双因素方差分析结果

例题 7 中, 只分析含铜量 A 与温度 B 对钢材的强度有无明显差异, 并没有交互作用, 因此选用双因素无交互作用方差分析, 原假设为含铜量 A 与温度 B 对钢材的强度并没有影响, 而 p 值都小于 0.01, 也就是概率都小于 0.01, 因此拒绝原假设, 故知含铜量 A 与温度 B 对钢材的强度都有高度显著影响.

MATLAB 软件对例题 6 和例题 7 进行方差分析程序如程序清单 4-8 所示.

程序清单 4-8 方差分析例题程序

程序文件 code4_6.m

```
%%单因素方差分析
%例题 6 原始数据输入
A=[256 222 280 298;244 300 290 275;250 277 230 322;
  288 280 315 259;206 212 220 212];
  B=A'; %将矩阵转置,MATLAB 中要求各列为不同水平
p=anova1(B);%运行后得到一表一图,表是方差分析表 (重要);图是各列数据的盒子图,
离盒子图中心线较远的对应于较大的 F 值, 较小的概率 p.
grid on %添加网格
%%双因素方差分析
```

```
%例题 7 数据输入
X=[10.6 11.6 14.5
7.0 11.1 13.3
4.2 6.8 11.5
4.2 6.3 8.7];
p=anova2(X)
```

4.5 回归分析

回归分析的目的和意义是将一系列影响因素和结果进行一个拟合, 拟合得到一个方程, 然后通过将这个方程应用到其他同类事件中, 可以进行预测.

在统计学中, 回归分析指的是确定两种或两种以上变量间相互依赖的定量关系的一种统计分析方法. 回归分析按照涉及的变量的多少, 分为一元回归和多元回归分析; 按照因变量的多少, 可分为简单回归分析和多重回归分析; 按照自变量和因变量之间的关系类型, 可分为线性回归分析和非线性回归分析.

回归分析法指利用数据统计原理, 对大量统计数据进行数学处理, 并确定因变量与某些自变量的相关关系, 建立一个相关性较好的回归方程, 并加以外推, 用于预测今后的因变量的变化的分析方法.

在回归分析中, 要注意在考虑自变量的选取时, 必须要注意所选出的自变量与因变量是否存在因果关系. 它们的选择, 可以根据相关理论或逻辑探讨的变量关系来决定.

回归分析的步骤:

(1) 由分布图的情况或专门学科的知识, 拟定测定值间的数学模型.

(2) 最小二乘法尝试正规方程式.

(3) 确定回归方程式.

(4) 用图查看所求的方程曲线预测值的分布是否一致, 以确定所选的数学模型是否合理, 回归分析包括线性回归、非线性回归、多元回归、对数回归、主成分回归、逐步回归等, 大部分问题可以用线性回归解决, 有些问题可以通过对变量进行转换, 将非线性问题转换成线性问题来处理. 在此主要介绍线性回归、非线性回归、多元线性回归、逐步回归、Logistic 回归.

4.5.1 一元线性回归分析

若两个变量 x, y 之间有线性相关关系, 其回归模型为

$$y_i = a + bx_i + \varepsilon \tag{4-33}$$

y 称为因变量, x 称为自变量, ε 称为随机扰动, a, b 称为待估计的回归参数, 下标 i 表示第 i 个观测值.

对于回归模型, 我们假设

$$\varepsilon_i \sim N(0, \sigma^2), \quad i = 1, 2, \cdots, n$$

$$E(\varepsilon_i \varepsilon_j) = 0, \quad i \neq j$$

可得到

$$y_i \sim N(a + bx_i, \sigma^2)$$

回归方程

去掉回归模型中的扰动项, 得理论回归方程为

$$y_i = a + b \cdot x_i \tag{4-34}$$

如果给出 a 和 b 的估计量分别为 $\hat{a}, \hat{b}$, 则经验回归方程为

$$\hat{y}_i = \hat{a} + \hat{b} \cdot x_i \tag{4-35}$$

一般地, $e_i = y_i - \hat{y}_i$ 称为残差, 残差可视为扰动的 "估计量".

MATLAB 统计工具箱中提供了 regress 函数, 用来作回归分析, 其调用格式如表 4-19 所示.

表 4-19   一元回归分析函数格式

调用格式	描述
b=regress(Y,X)	返回多重线性回归方程中系数向量 β 的估计值 b, 这里的 b 为一个 p×1 的向量. 输入参数 Y 为因变量的观测值向量, Y 是 n×1 的列向量. X 为 n×p 的设计矩阵. regress 函数把 Y 或 X 中的不确定数据 NaN 作为缺失数据而忽略它们
[b, bint]=regress(Y,X)	还返回系数估计值的 95% 置信区间 bint, 它是一个 p×2 的矩阵, 第 1 列为置信下限, 第 2 列为置信上限
[b, bint,r]=regress(Y,X)	还返回残差 (因变量的真实值 y, 减去估计值 y) 向址 r, 它是一个 n×1 的列向量
[b, bint,r,rint]=regress(Y,X)	还返回残差的 95% 置信区间 rint, 它是一个 n×2 的矩阵, 第 1 列为置信下限, 第 2 列为置信上限. rint 可用于异常值 (或离群值) 的诊断, 若第 i 组观测的残差的置信区间不包括 0, 则可认为第 i 组观测值为异常值
[b, bint,r,rint,stats]=regress(Y,X)	还返回一个四个参数向量 stats, 其元素依次为判定系数 R^2、F 统计量的观测值、检验的 p 值和误差方差 s^2 的估计值
[b, bint,r,rint,stats]=regress(Y,X,alpha)	用 alpha 指定计算 bint 和 rint 时的置信水平为 100(1−alpha)%

注意 当回归模型中需要常数项时, 矩阵 X 中应有 1 列 1 元素. 当需要计算判定系数 R^2、F 统计量的观测值、p 值时, 模型中应包含常数项. 若模型中不

包含常数项, regress 函数输出的判定系数 R^2、F 统计量的观测值、p 值是不正确的. 在不考虑常数项的情况下, 计算出的判定系数 R 的值可能是负的, 说明所用模型不适合用户的数据.

例题 8 现有某省份 51 个县区某商品的消费数据, 分析该商品消费特征以及因素对其产生的影响. 变量包括各县区购买消费者的平均年龄、商品的日均销量、平均价格和该县人均收入情况, 部分数据如表 4-20 所示.

表 4-20 部分商品消费情况

县区	平均年龄	人均收入	平均价格	日均销量	县区	平均年龄	人均收入	平均价格	日均销量
1	26.3	4712	38.8	115.9	9	28.6	3719	40.1	108.4
2	22.9	4917	33.6	155	10	27.8	3665	41	106.4
3	25.9	4507	40.3	106.4	11	28	3606	41.3	104.3
4	29.1	4701	38.5	120	12	30.1	3606	30.1	189.5
5	28.1	4644	37.5	122.6	13	23.9	3500	41.6	102.4
6	26.4	4340	41.8	93.8	14	27.5	2948	34.7	124.3
7	28.6	4309	34.5	124.8	15	30	2878	34.4	128.6
8	27.1	3737	39.7	109.9	16	27.2	2626	36.6	123.9

商品的销量与商品价格紧密相关, 当商品价格开始上涨时, 消费者往往会选择该商品的替代品, 从而导致商品销量减少, 一元线性回归分析探究商品销量和价格的关系. 首先, 确立自变量和因变量关系; 其次, 绘制出散点图, 拟定测定值间的数学模型; 再次, 最小二乘法确定回归方程式; 最后, 检验模型和残差分析.

1. 数据的散点图

通过使用 MATLAB 软件绘制出价格与销量关系散点图, 如图 4-13 所示, 通过散点图可以看出价格与销量之间关系呈负相关, 随着商品价格的增加销量在逐步减少.

绘制出散点图后可以判断商品价格与销量呈一元线性负相关, 故回归方程为

$$y_i = \hat{a} + \hat{b}x_i + \varepsilon \tag{4-36}$$

使用 MATLAB 软件计算出回归方程参数值, 以及估计范围.

2. 调用 regress 函数作一元线性回归分析

MATIAB 统计工具箱中提供了 regress 函数, 用来做多重线性或广义线性回归分析. 对于可控变量 $x_1, x_2, \cdots, x_p$ 和随机变量 y 的 n 次独立的观测 ($x_{i1}, x_{i2},$

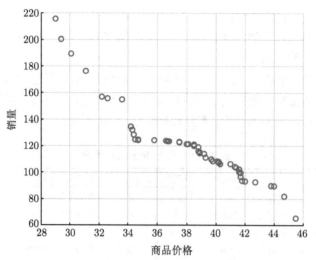

图 4-13　商品价格与销量散点图

$\cdots, x_{ip}; y)(i = 1, 2, \cdots, n)$, y 关于 $x_1, x_2, \cdots, x_p$ 的 p 重广义线性回归模型如下:

$$
\begin{pmatrix} y_1 \\ y_2 \\ \vdots \\ y_m \end{pmatrix}_{y} = \underbrace{\begin{pmatrix} f_1(x_{11}) & f_2(x_{12}) & \cdots & f_p(x_{1p}) \\ f_1(x_{21}) & f_2(x_{12}) & \cdots & f_p(x_{2p}) \\ \vdots & \vdots & & \vdots \\ f_1(x_{n1}) & f_2(x_{n2}) & \cdots & f_p(x_{np}) \end{pmatrix}}_{X} \underbrace{\begin{pmatrix} \beta_1 \\ \beta_2 \\ \vdots \\ \beta_p \end{pmatrix}}_{\beta} \underbrace{\begin{pmatrix} \varepsilon_1 \\ \varepsilon_2 \\ \vdots \\ \varepsilon_p \end{pmatrix}}_{\varepsilon} \quad (4\text{-}37)
$$

通常假定 $\varepsilon_1, \varepsilon_2, \cdots, \varepsilon_n \sim N\left(0, \sigma^2\right)$, 这里 ε_i 表示独立的分布, 式 (4-37) 的 y 为因变量观测值向量, X 为设计矩阵, $f_1, f_2, \cdots, f_p$ 为 p 个函数, 对应模型中的 p 项, β 为所需要估计的系数向量, ε 为随机误差向量.

不同的函数 $f_1, f_2, \cdots, f_p$ 对应不同类型的回归模型, 特别地,

$$
f_1(x_{i1}) = x_{i1}, f_2(x_{i2}) = x_{i2}, \cdots, f_p(x_{ip}) = x_{ip} \quad (i = 1, 2, \cdots, n)
$$

式 (4-37) 称为 p 重线性回归模型, 一元线性回归是多重线性回归的特殊情况. 当模型中需要常数项时, 设计矩阵 X 中应有一列为常数项, 与建立的回归方程模型有关, 大多数情况下为第一列, 设计的矩阵 X 第二列为自变量商品价格. MATLAB 软件得到的回归图像如图 4-14 所示.

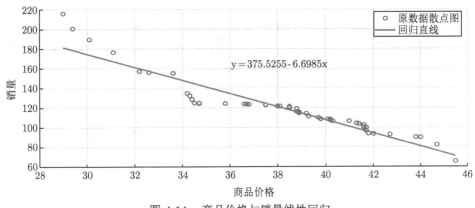

图 4-14　商品价格与销量线性回归

通过观察回归直线和散点情况, 明显看出直线回归效果较好, 回归直线穿过大多数散点, 计算得出回归直线表达式为

$$y = 375.5255 - 6.6985x \tag{4-38}$$

计算回归参数和参数估计值如表 4-21 所示.

表 4-21　参数估计值

回归系数	回归系数的估计值	回归系数的置信区间
$\hat{a}$	375.5255	$[348.8882, 402.1628]$
$\hat{b}$	-6.6985	$[-7.3948, -6.0021]$
$R^2 = 0.8841$　$F = 373.7249$　$p < 0.001$　$s^2 = 94.35$		

使用 regress 函数时 alpha 表示显著性水平, 缺省时为 0.05. 相关系数 R^2 越接近 1 表示回归方程越显著, 假设检验统计量 F, F 越大说明回归方程越显著, 对回归直线进行显著性检验, 原假设和对立假设分别为 $H_0: \beta_1 = 0; H_1: \beta_1 \neq 0$. 检验的 p 值为 $p < 0.001$, 可知在显著性水平 $\alpha = 0.01$ 下应拒绝原假设 H_0, 可认为 y 商品价格与 x 商品销量的线性关系是显著的.

3. 残差分析

对残差和残差的置信区间进行分析, 可以看出原始数据中是否存在异常点, 若残差的置信区间不包括 0 点, 可认为该组观测为异常点. 为了直观, 这里用 rcoplot 函数按顺序画出各组观测对应的残差和残差的置信区间. 绘制图形如图 4-15 所示.

残差图的横坐标表示观测序号, 纵坐标表示残差值的大小. 图中的每条竖直线段对应一组观测的残差和残差的置信区间, 线段的中点处的圆圈所对应纵坐标为残差值的大小, 线段的上端点的纵坐标为置信上限, 下端点的纵坐标为置信下

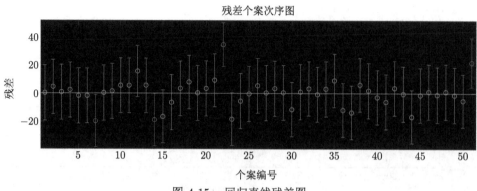

图 4-15　回归直线残差图

限. 从残差图可以看出有 4 条线段红色线段与水平线 $y = 0$ 没有交点, 它们对应的观测序号分别为 7, 14, 22 和 51, 也就是说这 4 组观测对应的残差的置信区间不包含 0 点, 可认为这四组观测数据为异常数据, 将这四点剔除后重新绘制散点图并再次回归检验模型, 比较两次回归直线绘制图形如图 4-16 所示.

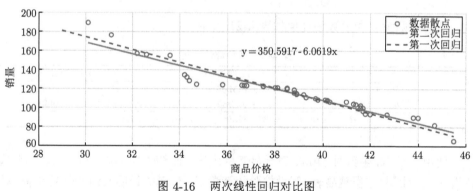

图 4-16　两次线性回归对比图

剔除数据后进行第二次回归, 参数估计值如表 4-22 所示. 第一次回归直线为短点线, 第二次回归直线为直线. 通过对比两条回归直线和参数估计值, 可以明显看出第二次回归直线 R^2 高于第一次回归, 表明剔除异常数据后回归效果更好.

表 4-22　参数估计值

回归系数	回归系数的估计值	回归系数的置信区间
$\hat{a}$	350.5917	[329.3406, 371.8428]
$\hat{b}$	−6.0619	[−6.6105, −5.5134]
$R^2 = 0.9167$　$F = 495.3748$　$p < 0.001$　$s^2 = 43.9359$		

MATLAB 编写一元线性回归分析例题 8 程序如程序清单 4-9 所示.

程序清单 4-9　一元线性回归程序

程序文件 code4_7.m

```
%%数据导入
[data,~,raw] = xlsread('商品消费数据.xlsx','Sheet1','A1:E52');
figure(1)
scatter(data(:,4),data(:,5),'LineWidth',1.5);%绘制散点图
grid on
xlabel('商品价格');
ylabel('销量');
%%regress 函数回归方程
X=[ones(size(data,1),1),data(:,4)];Y=data(:,5);
[b,bint,r,rint,stats] = regress(Y,X);
xdata=min(data(:,4)):0.1:max(data(:,4));
ydata= b(1)+xdata*b(2);
figure(2)
scatter(data(:,4),data(:,5),'LineWidth',1.5);%绘制散点图
hold on
grid on
xlabel('商品价格');
ylabel('销量');
plot(xdata,ydata,'LineWidth',2)
%%残差分析
figure(3) %新建一个图形窗口
rcoplot(r,rint) %按顺序画出各组观测对应的残差和残差的置信区间
%%剔除异常数据后再回归分析 [7 14 22 51]
data2=data;
data2([7 14 22 51],:)=[];
X2=[ones(size(data2,1),1),data2(:,4)];Y2=data2(:,5);
[b2,bint2,r2,rint2,stats2] = regress(Y2,X2);
xdata2=min(data2(:,4)):0.1:max(data2(:,4));
ydata2= b2(1)+xdata2*b2(2);
figure(4)
scatter(data2(:,4),data2(:,5),'LineWidth',1.5);%绘制散点图
hold on
grid on
xlabel('商品价格');
ylabel('销量');
plot(xdata2,ydata2,'LineWidth',2)
plot(xdata,ydata,'--','LineWidth',2)
```

4.5.2　多元线性回归分析

在回归分析中, 如果有两个或两个以上的自变量, 就称为多元回归. 事实上, 一种现象常常与多个因素相联系, 由多个自变量的最优组合共同来预测或估计因变量, 比只用一个自变量进行预测或估计更有效, 更符合实际. 因此多元线性回归比一元线性回归的实用意义更大.

设 Y 是一个可观测的随机变量, 它受到 $p(p > 0)$ 个非随机变量因素 $X_1, X_2, \cdots, X_p$ 和随机误差 ε 的影响. 若 Y 与 $X_1, X_2, \cdots, X_p$ 有如下线性关系:

$$Y = \beta_0 + \beta_1 X_1 + \beta_2 X_2 + \cdots + \beta_p X_p + \varepsilon \tag{4-39}$$

其中, $\beta_0, \beta_1, \beta_2, \cdots, \beta_p$ 是固定的未知参数, 称为回归系数; ε 是均值为 0, 方差为 $\sigma^2(\sigma > 0)$ 的随机变量; Y 称为被解释变量; $X_1, X_2, \cdots, X_p$ 称为解释变量. 此模型为多元线性回归模型.

自变量 $X_1, X_2, \cdots, X_p$ 是非随机的且可以精确观测, 随机误差 ε 代表其随机因素对因素变量 Y 的影响.

对于总体 $(X_1, X_2, \cdots, X_p; Y)$ 的 n 组观测值 $(x_{i1}, x_{i2}, \cdots, x_{ip}; y)(i = 1, 2, \cdots, n, n > p)$, 式 (4-39) 应满足式

$$\begin{cases} y_1 = \beta_0 + \beta_1 x_{11} + \beta_2 x_{12} + \cdots + \beta_p x_{1p} + \varepsilon_1 \\ y_2 = \beta_0 + \beta_1 x_{21} + \beta_2 x_{22} + \cdots + \beta_p x_{2p} + \varepsilon_2 \\ \qquad\qquad\qquad \cdots \\ y_n = \beta_0 + \beta_1 x_{n1} + \beta_2 x_{n2} + \cdots + \beta_p x_{np} + \varepsilon_n \end{cases} \tag{4-40}$$

其中 ε 相互独立, 并且满足正态分布 $\varepsilon \sim N(0, \sigma^2)(i = 1, 2, \cdots, n)$, 记

$$Y = \begin{pmatrix} y_1 \\ y_2 \\ \vdots \\ y_n \end{pmatrix}, \quad X = \begin{pmatrix} 1 & x_{11} & \cdots & x_{1p} \\ 1 & x_{21} & \cdots & x_{2p} \\ \vdots & \vdots & & \vdots \\ 1 & x_{n1} & \cdots & x_{np} \end{pmatrix}, \quad \varepsilon = \begin{pmatrix} \varepsilon_1 \\ \varepsilon_2 \\ \vdots \\ \varepsilon_n \end{pmatrix}, \quad \beta = \begin{pmatrix} \beta_0 \\ \beta_1 \\ \vdots \\ \beta_p \end{pmatrix} \tag{4-41}$$

则模型可以用矩阵形式表示为

$$Y = X\beta + \varepsilon \tag{4-42}$$

其中, Y 称为观测向量; X 称为设计矩阵; β 称为待估计向量; ε 是不可观测的 n 维随机向量, 它的分量相互独立, 假定 $\varepsilon \sim N(0, \sigma^2 I_n)$.

建立多元线性回归建模的基本步骤如下:

(1) 对问题进行分析, 选择因变量与解释变量, 作因变量与各解释变量的散点图, 初步设定多元线性回归模型的参数个数.

(2) 输入因变量与自变量的观测数据 (Y, X), 计算参数的估计.

(3) 分析数据的异常点情况.

(4) 作显著性检验, 若通过, 则对模型作预测.

(5) 对模型进一步研究, 如残差的正态性检验、残差的异方差检验、残差的自相关性检验等.

(6) 对于多元线性回归, 依然可以使用 regress 函数来执行. 现在举例说明如何应用.

例题 9 某科学基金会希望估计从事某研究的学者的年薪 Y 与他们的研究成果的质量指标 X_1、从事研究工作的时间 X_2、能成功获得资助的指标 X_3 之间的关系, 为此按一定的实验设计方法调查了 24 位研究学者, 得到部分数据如表 4-23 所示, 其中 i 为学者序号, 试建立 Y 与 X_1, X_2, X_3 之间关系的数学模型, 并得出有关结论和作统计分析.

表 4-23　从事某种研究的学者的相关指标数据

学者序号	研究成果的质量指标	从事研究工作的时间	能成功获得资助的指标
1	3.5	9	6.1
2	5.3	20	6.4
3	5.1	18	7.4
4	5.8	33	6.7
5	4.2	31	7.5
6	6	13	5.9
7	6.8	25	6
8	5.5	30	4

先通过数据可视化观察它们之间的变化趋势, 判断是否接近线性关系, 如果近似满足线性关系, 则可以执行利用多元线性回归方法对该问题进行回归.

首先, 绘制出因变量 Y 与各自变量的样本散点图, 作散点图的目的主要是观察因变量 Y 与各自变量间是否有比较好的线性关系, 以便选择恰当的数学模型形式. 分别为年薪 Y 与研究成果的质量指标 X_1、从事研究工作的时间 X_2、能成功获得资助的指标 X_3 之间的散点图. 绘制散点图如图 4-17 所示.

分别观察各自变量与因变量散点图, 可以看出各自变量都与因变量接近线性关系, 所以可以使用多元线性回归方法进行回归.

其次, 进行多元线性回归, 多元线性回归也是直接使用 regress 函数执行, regress 函数中 Y 为因变量, X 为自变量, 其中自变量 X 第一列为常数, 后续

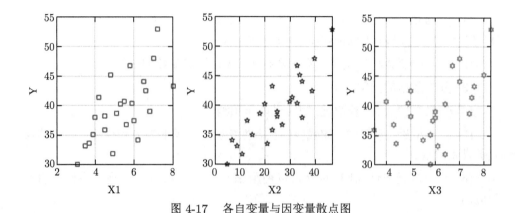

图 4-17   各自变量与因变量散点图

列为 X_1, X_2, X_3 列数层叠. 构建回归方程模型为

$$Y = \beta_0 + \beta_1 X_1 + \beta_2 X_2 + \beta_3 X_3 + \varepsilon \tag{4-43}$$

通过 MATLAB 软件多元线性回归计算参数值如表 4-24 所示, 包含回归系数估计值、回归系数置信区间和四个检验统计量.

表 4-24   多元线性回归参数估计

回归系数	回归系数的估计值	回归系数的置信区间
β_0	17.4361	$[13.2367, 21.6354]$
β_1	1.1194	$[0.4449, 1.7938]$
β_2	0.3215	$[0.2453, 0.3978]$
β_3	1.3334	$[0.7182, 1.9486]$
$R^2 = 0.9131$ $F = 70.0454$ $p < 0.001$ $s^2 = 2.9868$		

因此我们得到初步的回归方程为

$$y = 17.4361 + 1.1194x_1 + 0.3215x_2 + 1.3334x_3 \tag{4-44}$$

由结果对模型的判断:

回归系数置信区间不包含零点表示模型较好, 残差在零点附近也表示模型较好. 接着就是利用检验统计量 R, F, p 的值判断该模型是否可用. 首先, 相关系数 R^2 的评价, R^2 为 0.9131, 大于 90%, 则回归效果显著. 其次, F 检验法: 当 $F > F_{1-\alpha}(m, n-m-1)$, 即认为因变量 Y 与自变量 X_1, X_2, X_3 之间有显著的线性相关关系; 否则认为因变量 Y 与自变量 X_1, X_2, X_3 之间线性相关关系不显著. $F = 70.0454 > F_{1-0.05}(3, 20) = 3.10$, 表示因变量与自变量有显著线性相关关系. 最后, p 值检验: 若 $p < \alpha$ (α 为预定显著水平), 则说明因变量 Y 与自变

量 X_1, X_2, X_3 之间有显著的线性相关关系. 本例输出结果, $p < 0.001$, 显然满足 $p < \alpha = 0.05$.

以上三种统计推断方法推断的结果是一致的, 说明因变量 Y 与多个自变量之间有显著的线性相关关系, 所得线性回归模型可用. s^2 当然越小越好, 这主要在模型改进时作参考.

MATLAB 软件计算多元线性回归方程程序如程序清单 4-10 所示.

程序清单 4-10   多元线性回归方程程序

程序文件 code4_8.m

```
%%%数据导入
[data,~,raw] = xlsread('从事研究学者相关指标数据.xlsx','Sheet1','A1:E25');
%%%绘制各变量散点图
X1=data(:,2);X2=data(:,3);X3=data(:,4);Y=data(:,5);
subplot(1,3,1),plot(X1,Y,'bs')%X1 为蓝色方形
grid on
xlabel('X1');
ylabel('Y');
subplot(1,3,2),plot(X2,Y,'kp')%X2 为黑色五角星
grid on
xlabel('X2');
ylabel('Y');
subplot(1,3,3),plot(X3,Y,'rh')%X3 为红色六角星
grid on
xlabel('X3');
ylabel('Y');
%%%多元线性回归
X=[ones(size(data,1),1),X1,X2,X3];
[b,bint,r,rint,stats] = regress(Y,X);
```

4.5.3 多元非线性回归分析

多元非线性回归分析是指包含两个以上变量的非线性回归模型. 对多元非线性回归模型求解的传统做法, 依旧采用将它转化成标准的线性形式的多元回归模型进行处理. 有些非线性回归模型, 经过适当的数学变换, 便能得到它的线性化表达形式, 但对另外一些非线性回归模型, 仅仅做变量变换根本无济于事. 属于前一情况的非线性回归模型, 一般称为内蕴的线性回归, 而后者则称为内蕴的非线性回归.

MATLAB 进行多元非线性回归常用 lsqcurvefit, nlinfit 函数.

(1) lsqcurvefit 函数表达式为: [x, resnorm] = lsqcurvefit(fun, x0, xdata, ydata, lb, ub).

参数说明: fun 为待回归函数, x0 为初始值向量, xdata 自变量数据矩阵, ydata 因变量数据矩阵, lb,ub 为解的下界和上界即 lb < x < ub, x 为参数解, resnorm 为残差平方和.

(2) nlinfit 函数表达式为

[beta, R, J, CovB, MSE, ErrorModelInfo] = nlinfit (X, Y, modelfun, beta0)

参数说明: X 为自变量, Y 为因变量, modelfun 回归函数模型, beta0 为参数初始值, beta 为回归参数值, R 为残差, J 为雅可比矩阵, CovB 协方差矩阵, MSE 为均方差, ErrorModelInfo 为误差模型回归信息.

例题 10 人口自然增长率是反映人口自然增长的趋势和速度的指标. 影响人口自然增长的因素有社会因素、自然因素和经济因素等. 为了研究中国人口自然增长率的主要原因, 分析全国人口增长规律, 建立回归模型进行分析. 现有 1986 年至 2020 年人口自然增长率、国内生产总值 (GDP)、居民消费水平指数等数据. 居民消费价格指数又称消费者物价指数, 随着消费物价的增长, 抚养孩子需要付出更大经济基础. 国内生产总值是国民经济核算的核心指标, 也是衡量一个国家或地区经济状况和发展水平的重要指标. 建立多元非线性回归模型分析国内生产总值与居民消费水平指数对人口自然增长率的影响情况. 部分数据如表 4-25 所示.

表 4-25   各年份消费及生产总值数据

年份	人口自然增长率/%	国内生产总值/亿元	人均国内生产总值/元	居民消费水平指数 (1978=100)	居民消费水平/元
1986 年	15.57	10376.2	973	191.6	496
1987 年	16.61	12174.6	1123	203.1	558
1988 年	15.73	15180.4	1378	212.6	684
1989 年	15.04	17179.7	1536	221.3	785
1990 年	14.39	18872.9	1663	227.5	831
2018 年	3.78	919281.1	65534	2041.9	25245
2019 年	3.32	986515.2	70328	2166	27504
2020 年	1.45	1015986.2	72000	2118	27438

注: 表中 1978=100 表示从 1978 年开始起算, 规定 1978 年居民消费水平指数为 100.

探究居民消费水平指数和国内生产总值对人口自然增长率的影响. 首先, 分别绘制居民消费水平指数对人口自然增长率及国内生产总值对人口自然增长率的散点图, 观察它们的走势情况, 其次, 建立回归模型, 使用 MATLAB 软件计算回归参数, 最后, 分析其自变量之间的交互影响和模型回归误差分析.

(1) 绘制散点图观测趋势. 绘制出各影响因素对人口自然增长率的散点图, 如

图 4-18 所示. 观察散点图可知国内生产总值和居民消费水平指数对人口自然增长率呈反比例走势, 随着自变量数据的增加, 人口自然增长率在逐步减少, 且减少速率越来越小.

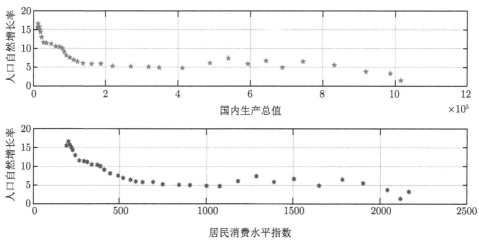

图 4-18　各自变量对人口自然增长率的散点图

(2) 观察自变量对因变量的走势情况, 建立多元非线性回归模型. x_1 为国内生产总值数据, x_2 居民消费水平指数数据, y 为人口自然增长率数据. 构建回归方程模型为

$$y = \beta_0 + \frac{\beta_1}{x_1} + \frac{\beta_2}{x_2} + \varepsilon \tag{4-45}$$

使用 MATLAB 软件中 nlinfit 函数计算出回归系数估计值和相关系数等参数如表 4-26 所示. 将回归系数估计值代入回归方程:

$$y = 3.1841 + \frac{18621}{x_1} + \frac{2259.1}{x_2} \tag{4-46}$$

得知回归方程相关系数 R^2 为 0.9251, 残差平方和 SSE 为 39.54, 均方根误差 RMSE 为 1.112. 回归效果较好, 国内生产总值和居民消费水平能够显著影响人口自然增长率, 随着自变量数据的增加居民消费水平在逐步减少.

表 4-26　多元非线性回归参数

回归系数	回归系数的估计值
β_0	3.1841
β_1	18621
β_2	2259.1
$R^2 = 0.9251$　SSE=39.54　RMSE=1.112	

(3) 根据回归方程绘制回归曲面如图 4-19 左方图所示, 通过曲面呈凹平面, 随着居民消费指数的增大和国内生产总值的增加, 人口自然增长率在逐步减少, 切平面也在逐步变缓慢. 图 4-19 右方图为回归模型计算人口增长率结果与实际人口增长率结果对比图. 回归结果数据曲线符合原始数据结果曲线走势, 结果也接近原始数据曲线.

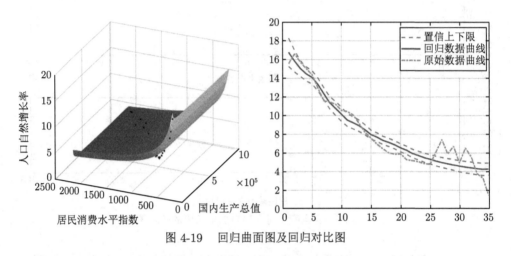

图 4-19   回归曲面图及回归对比图

国内生产总值与居民消费水平指数两变量也可能存在共同作用影响人口自然增长率, 也可研究两者变量的交互作用, 在回归方程模型基础上加入交互项, 然后依然使用 MATLAB 软件计算回归系数, 分析其误差.

用 MATLAB 软件对例题 10 进行多元非线性回归分析程序如程序清单 4-11 所示.

程序清单 4-11   多元非线性回归分析

程序文件 code4_9.m

```
%%%数据导入
[data,~,raw] = xlsread('年度数据.xls','Sheet1','A1:I36');
%%%多元非线性回归散点图
Y=data(:,3);%人口自然增长率
X1=data(:,5);%国内生产总值
X2=data(:,7);%居民消费水平指数
figure(1)
subplot(2,1,1),plot(X1,Y,'rp')
grid on
xlabel('国内生产总值');
```

```
ylabel('人口自然增长率');
subplot(2,1,2),plot(X2,Y,'h')
grid on
xlabel('居民消费水平指数');
ylabel('人口自然增长率');
%%%回归参数估计
fun=@(beta,t)[beta(1)+(beta(2)./X1)+(beta(3)./X2)];
beta0=[1 1 1];
X=[ones(size(data,1),1),X1,X2];
[beta,R,J,CovB,MSE,ErrorModelInfo] = nlinfit(X,Y,fun,beta0);
[ypred,delta]=nlpredci(fun,X,beta,R,J);%nlpredci 函数为非线性模型置信区间预测
ss=sum((Y-mean(Y)).^2);
R_sqr=(ss-sum(R.^2))/ss%计算相关系数
%%%回归函数图像的绘制
[mX,mY] = meshgrid([min(X1):500:max(X1)],[min(X2):50:max(X2)]);
mZ=beta(1)+(beta(2)./mX)+(beta(3)./mY);
figure(2)
mesh(mX,mY,mZ)
hold on
plot3(X1,X2,Y,'k.')
xlabel('国内生产总值');
ylabel('居民消费水平指数');
zlabel('人口自然增长率');
%%%
figure(3)
plot([1:size(data,1)],ypred-delta,'r--','LineWidth',1.5)
hold on
plot([1:size(data,1)],ypred+delta,'r--','LineWidth',1.5)
plot([1:size(data,1)],ypred,'b','LineWidth',2)
plot([1:size(data,1)],Y,'Color','[0.3010 0.7450 0.9330]','LineStyle','-.','
LineWidth',2);
grid on
```

4.5.4 逐步回归

1. 逐步回归的基本思想

将变量逐个引入, 引入变量的条件是偏回归平方和检验是最显著的, 同时每次引入一个新变量后, 对已选入的变量要进行逐个检验, 将不显著变量剔除.

有进有出. 具体做法是将变量一个一个引入, 每引入一个自变量后, 对已引入的变量要进行逐个检验, 当原引入的变量由于后面变量的引入而变得不再显著时,

要将其剔除. 引入一个变量或从回归方程中剔除一个变量为逐步回归的一步, 每一步都要进行 F 检验, 以确保每次引入新的变量之前回归方程中只包含显著的变量. 这个过程反复进行, 直至既无显著的自变量引入回归方程, 也无不显著的自变量从回归方程中剔除为止, 这样就可以保证最后所得的变量子集中的所有变量都是显著的. 这样经若干步以后便得 "最优" 变量子集.

对全部因子按其对 y 影响程度的大小即偏回归平方的大小, 从大到小依次逐个地引入回归方程, 并随时对回归方程当时所含的全部变量进行检验, 看其是否仍然显著, 如不显著就将其剔除, 直到回归方程中所含的所有变量对 y 的作用都显著时, 才考虑引入新的变量. 再在剩下的未选因子中, 选出对 y 作用最大者, 检验其显著性, 显著时, 引入方程, 不显著时, 则不引入. 直到最后再没有显著因子可以引入, 也没有不显著的变量需要剔除为止.

从方法上, 逐步回归分析并没有采用什么新的理论, 其原理仍是多元线性回归的内容, 只是在具体计算方面利用一些技巧.

逐步回归是多元回归中用以选择自变量的一种常用方法.

(1) "向前法".

此法的基本思想是: 将自变量逐个地引入方程, 引入的条件是该自变量的偏回归平方和在未选入的自变量中是最大的, 并经 F 检验是有显著性的. 另外, 每引入一个新变量, 要对先前已选入方程的变量逐个进行 F 检验, 将偏回归平方和最小且无显著性的变量剔除出方程, 直至方程外的自变量不能再引入, 方程中的自变量不能再剔除为止.

(2) "向后法".

它的基本思想是: 首先建立包括全部自变量的回归方程, 然后逐步地剔除变量, 先对每一自变量作 F(或 t) 检验, 剔除无显著性的变量中偏回归平方和最小的自变量, 重新建立方程. 接着对方程外的自变量逐个进行 F 检验, 将偏回归平方和最大且有显著性的变量引入方程. 重复上述过程, 直至方程中的所有自变量都有显著性而方程外的自变量都没有显著性为止. 此法在自变量不多, 特别是无显著性的自变量不多时可以使用. 与一般多元回归相比, 用逐步回归法求得的回归方程有如下优点: 它所含的自变量个数较少, 便于应用; 它的剩余标准差也较小, 方程的稳定性较好; 由于每步都作检验, 因而保证了方程中的所有自变量都是有显著性的.

逐步回归分析的主要用途是:

第一, 建立一个自变量个数较少的多元线性回归方程. 它和一般多元回归方程的用途一样, 可用于描述某些因素与某一医学现象间的数量关系、疾病的预测预报、辅助诊断等.

第二, 因素分析. 它有助于从大量因素中把对某一医学现象作用显著的因素或因素组找出来, 因此在病因分析、疗效分析中有着广泛的应用. 但通常还须兼用 "向前法" "向后法", 并适当多采用几个 F 检验的界值水准, 结合专业分析, 从中选定比较正确的结果.

2. 逐步回归简介

"最优" 的回归方程就是包含所有对 Y 有影响的变量, 而不包含对 Y 影响不显著的变量回归方程. 选择 "最优" 的回归方程有以下几种方法:

➤ 从所有可能的因子组合的回归方程中选择最优者;
➤ 从包含全部变量的回归方程中逐次剔除不显著因子;
➤ 从一个变量开始, 把变量逐个引入方程;
➤ "有进有出" 地逐步回归分析.

第四种方法, 即逐步回归分析法在筛选变量方面较为理想.

3. 逐步回归步骤

逐步回归分析是在考虑的全部自变量中按其对 y 的贡献程度大小, 由大到小逐个地引入回归方程, 而对那些对 y 作用不显著的变量则不引入回归方程. 另外, 已被引入回归方程的变量在引入新变量进行 F 检验后失去重要性时, 需要从回归方程中剔除出去.

步骤 1 计算变量均值 $\bar{x}_1, \bar{x}_2, \cdots, \bar{x}_n, \bar{y} = \dfrac{-b \pm \sqrt{b^2 - 4ac}}{2a}$ 与差平方和 $L_{11},$ $L_{22}, \cdots, L_{pp}, L_{yy}$. 记各自的标准化变量为 $u_j = \dfrac{x_j - \bar{x}_j}{\sqrt{L_{jj}}}, j = 1, \cdots, p, u_{p+1} = \dfrac{y - \bar{y}}{\sqrt{L_{yy}}}$.

步骤 2 计算 $x_1, x_2, \cdots, x_p, y$ 的相关矩阵 $R^{(0)}$.

步骤 3 设已经选上 k 个变量: $x_{i_1}, x_{i_2}, \cdots, x_{i_k}$, 且 $i_1, i_3, \cdots, i_k$ 互不相同, $R^{(0)}$ 经过变换后为 $R^{(k)} = (r_{i_j}^{(k)})$. 对 $j = 1, 2, \cdots, k$ 逐一计算标准化量 u_{i_j} 的偏回归平方和 $V_{i_j}^{(k)} = \dfrac{(r_{i_j,(p+1)}^{(k)})}{r_{i_j i_j}^{(k)}}$, 记 $V_i^{(k)} = \max\left\{V_{i_j}^{(k)}\right\}$, 作 F 检验, $F = \dfrac{V_i^{(k)}}{r_{(p+1)(p-1)}^{(k)}/(b-k-1)}$, 对给定的显著水平 α, 拒绝域为 $F < F_{1-\alpha}(1, n-k-1)$.

步骤 4 将步骤 3 循环, 直至最终选上了 t 个变量 $x_{i_1}, x_{i_2}, \cdots, x_{i_t}$, 且 $i_1, i_2, \cdots, i_t$ 互不相同, $R^{(0)}$ 经过变换后为 $R^{(t)} = (r_{i_j}^{(t)})$, 则对应的回归方程为

$$\frac{\hat{y} - \bar{y}}{\sqrt{L_{yy}}} = r_{i_j,(p+1)}^{(k)} \frac{x_{i_1} - \bar{x}_{i_1}}{\sqrt{L_{i_1 i_1}}} + \cdots + r_{i_j,(p+1)}^{(k)} \frac{x_{i_k} - \bar{x}_{i_k}}{\sqrt{L_{i_k i_k}}} \tag{4-47}$$

通过代数运算可得: $\hat{y} = b_0 + b_{i_1}x_{i_1} + \cdots + b_{ik}x_{ik}.$

4. 逐步回归的 MATLAB 方法

逐步回归的计算实施过程可以利用 MATLAB 软件在计算机上自动完成, 我们要求关心应用的读者一定要通过前面的叙述掌握逐步回归方法的思想, 这样才能用对用好逐步回归法.

在 MATLAB 工具箱中用做逐步回归的命令是 Stepwise, 它提供一个交互画面, 通过该工具你可以自由地选择变量, 进行统计分析, 其通常用法是

$$\text{Stepwise}\,(\text{X}, \text{Y}, \text{in}, \text{pentcr}, \text{premove})$$

其中 X 是自变量数据, Y 是因变量数据, 分别为 $n \times p$ 和 $n \times 1$ 的矩阵, in 是矩阵 X 的列数的指标, 给出初始模型中包括的子集, 默认设定为全部自变量不在模型中, pentcr 为变量进入时显著性水平, 默认值为 0.05, premove 为变量剔除时显著性水平, 默认值为 0.10.

注意　应用 Stepwise 命令做逐步回归, 数据矩阵 X 的第一列不需要人工加一个常数为 1 的向量, 程序会自动求出回归方程的常数项 (Intercept).

下面通过一个例子说明 Stepwise 的用法.

例题 11　某种水泥在凝固时放出的热量 Y(单位: 卡/克①) 与水泥中 4 种化学成品所占的百分比有关: $X_1 : 3\text{CaO} \cdot \text{Al}_2\text{O}_3, X_2 : 3\text{CaO} \cdot \text{SiO}_2, X_3 : 3\text{CaO} \cdot \text{SiO}_2 \cdot \text{Fe}_2\text{O}_3, X_4 : 2\text{CaO} \cdot \text{SiO}_2.$ 现在生产中测得 12 组数据如表 4-27 所示, 试建立 Y 关于这些因子的 "最优" 回归方程.

表 4-27　水泥生产的数据

次数	1	2	3	4	5	6	7	8	9	10	11	12
X_1	7	1	11	11	7	11	3	1	2	21	1	11
X_2	26	29	56	31	52	55	71	31	54	47	40	66
X_3	6	15	8	8	6	9	17	22	18	4	23	9
X_4	60	52	20	47	33	22	6	44	22	26	34	12
Y	78.5	74.3	104.3	87.6	95.9	109.2	102.7	72.5	93.1	115.9	83.8	113.3

对于例题中的问题, 可以使用多元线性回归、多元多项式回归, 但也可以考虑使用逐步回归. 从逐步回归的原理来看, 逐步回归是以上两种回归方法的结合, 可以自动使得方程的因子设置最合理. MATLAB 软件使用 Stepwise 函数进行逐步回归, 得到初始窗口界面如图 4-20 所示.

图 4-20 显示变量 X_1, X_2, X_3, X_4 均保留在模型中, 窗口的右侧按钮上方提示: 将变量 X_3 剔除回归方程 (Move, X3, out), 单击 "下一步" 按钮, 即进行下一步运

---

① 1 卡/克 = 4.184 焦/克.

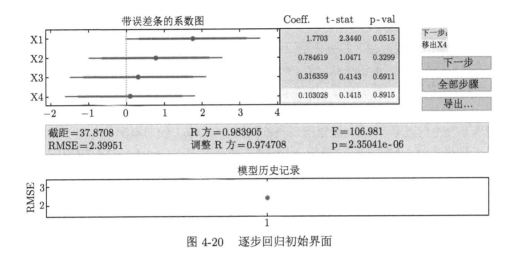

图 4-20 逐步回归初始界面

算, 将第 3 列数据对应的变量 X_3 剔除回归方程. 单击 "下一步" 按钮后, 剔除的变量 X_3 所对应的行用红色表示, 同时又得到提示: 将变量 X_4 剔除回归方程 (移除 X_4), 单击 "下一步" 按钮, 这样一直重复操作, 直到 "下一步" 按钮变灰, 表明逐步回归结束, 此时得到的模型即为逐步回归最终的结果, 运行结果如图 4-21 所示.

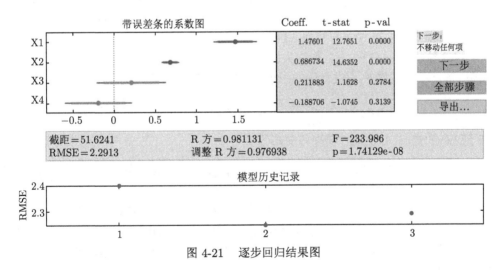

图 4-21 逐步回归结果图

从最后的运行结果来看, 所得的回归模型为

$$y = 51.6241 + 1.47601 \cdot x_1 + 0.686734 \cdot x_2 \tag{4-48}$$

水泥在凝固时放出热量占比主要的成分为 $X_1 : 3\mathrm{CaO} \cdot \mathrm{Al_2O_3}$ 和 $X_2 : 3\mathrm{CaO} \cdot \mathrm{SiO_2}$.

4.5.5　Logistic 回归

Logistic 模型：在回归分析中, 因变量 y 可能有两种情形.

(1) y 是一个定量的变量, 这时就用通常的 regress 函数对 y 进行回归.

(2) y 是一个定性的变量, 比如 $y=0$ 或 1, 这时就不能用通常的 regress 函数对 y 进行回归, 而是使用所谓的 Logistic 回归. Logistic 方法主要应用在研究某些现象发生的概率 p, 比如股票涨还是跌, 公司成功或失败的概率.

除此之外, 本章还讨论概率 p 与哪些因素有关. Logistic 回归模型的基本形式为

$$p(Y=1|x_1, x_2, \cdots, x_k) = \frac{\exp(\beta_0 + \beta_1 x_1 + \cdots + \beta_k x_k)}{1 + \exp(\beta_0 + \beta_1 x_1 + \cdots + \beta_k x_k)} \tag{4-49}$$

其中, $\beta_0 + \beta_1 x_1 + \cdots + \beta_k x_k$ 为类似于多元线性回归系数.

该式表示当变量为 $x_1, x_2, \cdots, x_k$ 时, 自变量 β 为 1 的概率. 对该式进行对数变换, 可得

$$\ln \frac{p}{1-p} = \beta_0 + \beta_1 x_1 + \cdots + \beta_k x_k \tag{4-50}$$

至此, 我们就会发现, 只要对因变量 p 按照 $\ln(p/(1-p))$ 的形式进行对数变换, 就可以将 Logistic 回归问题转化为线性回归问题, 此时就可以按照多元线性回归的方法很容易地得到回归参数. 但很快又会发现, 对于定性实践, p 的取值只有 0,1, 这就导致 $\ln(p/(1-p))$ 形式失去意义. 为此, 在实际应用 Logistic 模型的过程中, 常常不是直接对 p 进行回归, 而是先定义一种单调连续的概率函数 π, 令

$$\pi = p(Y=1|x_1, x_2, \cdots, x_k), \quad 0 < \pi < 1 \tag{4-51}$$

有了这样的定义, Logistic 模型可变形为

$$\ln \frac{\pi}{1-\pi} = \beta_0 + \beta_1 x_1 + \cdots + \beta_k x_k, \quad 0 < \pi < 1 \tag{4-52}$$

虽然形式相同, 但此时的 π 为连续函数. 然后只需要对原始数据进行合理的映射处理, 就可以用线性回归方法得到回归系数. 最后再由 π 和 p 的映射关系进行反映射而得到 p 的值. 下面以一个实例来更具体地介绍如何用 MATLAB 进行 Logistic 回归分析.

例题 12　企业到金融商业机构贷款, 金融商业机构需要对企业进行评估. 评估结果为 0, 1 两种形式, 0 表示企业两年后破产, 将拒绝贷款, 而 1 表示企业两年后具备还款能力, 可以贷款. 数据如表 4-28 所示, 已知前 20 家企业的三项评价指标值和评估结果, 试建立模型对其他 5 家企业 (企业 21~25) 进行评估. X_1, X_2, X_3 为三项评价指标, Y 为评估结果.

表 4-28　企业还款能力评价表

企业编号	X_1	X_2	X_3	Y
1	−62.8	−89.5	1.7	0
2	3.3	−3.5	1.1	0
3	−120.8	−103.2	2.5	0
4	−18.1	−28.8	1.1	0
5	−3.8	−50.6	0.9	0
6	−61.2	−56.2	1.7	0
7	−20.3	−17.4	1	0
8	−194.5	−25.8	0.5	0
9	20.8	−4.3	1	0
10	−106.1	−22.9	1.5	0
11	43	16.4	1.3	1
12	47	16	1.9	1
13	−3.3	4	2.7	1
14	35	20.8	1.9	1
15	46.7	12.6	0.9	1
16	20.8	12.5	2.4	1
17	33	23.6	1.5	1
18	26.1	10.4	2.1	1
19	68.6	13.8	1.6	1
20	37.3	33.4	3.5	1
21	−49.2	−17.2	0.3	待评定
22	−19.2	−36.7	0.8	待评定
23	40.6	5.8	1.8	待评定
24	34.6	26.4	1.8	待评定
25	19.9	26.7	2.3	待评定

对于该问题, 很明显可以用 Logistic 模型来求解. 但需要首先确定概率函数 π 和评价结果 p 之间的映射关系. 此时 π 表示企业两年后具备还款能力的概率, 且 $0 < \pi < 1$. 另外, 对于已知结果的 20 个可用作回归的数据, 有 10 个为 0, 10 个为 1, 数量相等, 所以可取分界值为 0.5, 即 π 到 p 的映射关系为

$$p = \begin{cases} 0, & \pi \leqslant 0.5 \\ 1, & \pi > 0.5 \end{cases} \tag{4-53}$$

这样归类相当于模糊数学中的 "截集", 把连续的变量划分成离散的.

对于已知评价结果的前 20 家企业, 我们只知道它们最终的评价结果 p 值, 但并不知道对应的概率函数 π 的值. 但是为了能够进行参数回归, 我们需要知道这 20 家企业对应的 π 值. 于是, 为了方便做回归运算, 我们取区间的中值作为 π 的值, 即

$$对于 \ p = 0, \quad \pi = (0 + 0.5)/2 = 0.25$$

$$对于 \ p \neq 0, \quad \pi = (0.5 + 1)/2 = 0.75$$

有了这样的映射关系, 就可以利用 MATLAB 进行求解, 求解得出 Logistic 模型方程为

$$
\begin{cases}
\pi = \dfrac{e^{-0.6366+0.0041x_1+0.0163x_2+0.533x_3}}{1+e^{-0.6366+0.0041x_1+0.0163x_2+0.533x_3}} \\
p = \begin{cases} 0, & \pi \leqslant 0.5 \\ 1, & \pi > 0.5 \end{cases}
\end{cases}
\tag{4-54}
$$

检验模型计算结果与评估结果对比并评估其余 5 家企业结果如表 4-29 所示.

表 4-29   模型求解结果与原始数据对比

企业编号	X_1	X_2	X_3	Y	模型计算结果
1	−62.8	−89.5	1.7	0	0
2	3.3	−3.5	1.1	0	0
3	−120.8	−103.2	2.5	0	0
4	−18.1	−28.8	1.1	0	0
5	−3.8	−50.6	0.9	0	0
6	−61.2	−56.2	1.7	0	0
7	−20.3	−17.4	1	0	0
8	−194.5	−25.8	0.5	0	0
9	20.8	−4.3	1	0	0
10	−106.1	−22.9	1.5	0	0
11	43	16.4	1.3	1	1
12	47	16	1.9	1	1
13	−3.3	4	2.7	1	1
14	35	20.8	1.9	1	1
15	46.7	12.6	0.9	1	1
16	20.8	12.5	2.4	1	1
17	33	23.6	1.5	1	1
18	26.1	10.4	2.1	1	1
19	68.6	13.8	1.6	1	1
20	37.3	33.4	3.5	1	1
21	−49.2	−17.2	0.3	待评定	0
22	−19.2	−36.7	0.8	待评定	0
23	40.6	5.8	1.8	待评定	1
24	34.6	26.4	1.8	待评定	1
25	19.9	26.7	2.3	待评定	1

将模型求解的结果与原始数据的评价结果进行对比, 前 20 家企业模型结果与实际结果完全一致, 说明该模型的准确率较高, 可以用来预测新企业的还款能力.

逐步回归与 Logistic 回归模型中例题 11 和例题 12 由 MATLAB 软件求解程序如程序清单 4-12 所示.

程序清单 4-12　逐步回归与 Logistic 回归

程序文件 code4_10.m

```matlab
%%逐步回归例题 11
X=[7,26,6,60;1,29,15,52;11,56,8,20;
  11,31,8,47;7,52,6,33;11,55,9,22;
  3,71,17,6;1,31,22,44;2,54,18,22;
21,47,4,26;1,40,23,34;11,66,9,12];%自变量数据
Y =[78.5,74.3,104.3,87.6,95.9,109.2,102.7,72.5,93.1,115.9,83.8,113.3];%因变
量数据
stepwise (X,Y,[1,2,3,4],0.05,0.10 ) %in=[1,2,3,4] 表示 X1、X2、X3、X4 均保留
在模型中
%%Logistic 回归模型
[data,~,raw] = xlsread('企业还款能力评价表.xlsx','Sheet1','A1:E26');
%数据转化和参数回归
for i=1:20
  if data(i,5)==0
    data(i,6)=0.25;
  else
    data(i,6)=0.75;
  end
end
X1=[ones(20,1),data([1:20],[2 3 4])];%构建回归项
Y1=log(data([1:20],6)./(1-data([1:20],6)));
b=regress(Y1,X1);
%模型验证的应用
XE=data(:,[2 3 4]);i=1;
for i=1:size(XE,1)
pai0=exp(b(1)+b(2)*XE(i,1)+b(3)*XE(i,2)+b(4)*XE(i,3))/(1+exp(b(1)+b(2)*XE(i,1)
+b(3)*XE(i,2)+b(4)*XE(i,3)));
  if(pai0<=0.5)
    P(i)=0;
  else
    P(i)=1;
  end
end
%回归结果
disp(['回归系数: 'num2str(b') ' ']);
disp(['评估结果: 'num2str(P) ' ']);
```

4.6　聚类分析

4.6.1　聚类分析简介

我们所研究的样品或指标之间存在程度不同的相似性, 以样品间距离衡量. 于是根据一批样品的多个观测指标, 具体找出一些能够度量样品或指标之间相似程度的统计量, 以这些统计量为划分类型的依据. 把一些相似程度较大的样品聚合为一类, 把另外一些彼此之间相似程度较大的样品又聚合为另一类, 直到把所有的样品聚合完毕, 这就是分类的基本思想. 在聚类分析中, 通常我们将根据分类对象的不同分为 Q 型聚类分析和 R 型聚类分析两大类. R 型聚类分析是对变量进行分类处理, Q 型聚类分析是对样本进行分类处理.

聚类分析是数据分析中的一种重要技术, 它的应用极为广泛. 许多领域中都会涉及聚类分析方法的应用与研究工作. 商业上聚类分析是细分市场的有效工具, 基于消费者行为来发现不同类型的客户群, 并刻画不同客户群的特征; 在保险行业中, 聚类分析通过消费特征来鉴定汽车保险单持有者的分组; 在房地产行业中, 聚类分析根据住宅类型、价值和地理位置等特征来鉴定一个城市的房产分组.

从统计学的观点看, 聚类分析是通过数据建模简化数据的一种方法. 作为多元统计分析的主要分支之一, 聚类分析方法包括系统聚类法、动态聚类法、有序样品聚类等, 主要的度量是距离或相似度.

1. 距离概念

按照远近程度来聚类需要明确两个概念: 一个是点和点之间的距离, 一个是类和类之间的距离.

点间距离有很多定义方式, 最简单的是欧氏距离. 当然还有一些和距离相反但起同样作用的概念, 比如相似性等, 两点相似度越大, 就相当于距离越短.

由一个点组成的类是最基本的类; 如果每一类都由一个点组成, 那么点间的距离就是类间距离. 但是如果某一类包含不止一个点, 那么就要确定类间距离, 类间距离是基于点间距离定义的: 比如两类之间最近点之间的距离可以作为这两类之间的距离, 也可以用两类中最远点之间的距离或各类的中心之间的距离作为类间距离.

在计算时, 各种点间距离和类间距离的选择是通过统计软件的选项实现的. 不同的选择的结果会不同, 但一般不会差太多.

2. 分类问题

人类认识世界往往首先将被认识的对象进行分类, 因此分类学便成为人类认识世界的基础科学. 在社会生活的众多领域中都存在着大量的分类问题.

(1) 经济领域.

对住宅区进行聚类, 确定自动提款机 ATM 的安放位置;

股票市场板块分析, 找出最具活力的板块龙头股;

企业信用等级分类.

(2) 生物学领域.

推导植物和动物的分类: 门、纲、目、科等;

对基因分类, 获得对种群的认识.

(3) 数据挖掘领域.

作为其他数学算法的预处理步骤, 获得数据分布状况, 集中对特定的类做进一步的研究. 问题的本质是希望找到一种合理的方法将一批研究对象按其所属特性分门别类.

统计学上用于解决分类问题的主要方法:

➤ 聚类分析: 把总体中性质相近的归为一类, 把性质不相近的归为其他类. 总体共分为几类不清楚.

➤ 判别分析: 已知总体分类, 判别样本属于总体中的哪一类.

4.6.2 K-均值聚类法

K-均值聚类算法是著名的划分聚类分割方法. 划分方法的基本思想是: 给定一个有 N 个元组或者记录的数据集, 分裂法将构造 K 个分组, 每一个分组就代表一个聚类, $K < N$. 而且这 K 个分组满足下列条件: ①每一个分组至少包含一个数据记录; ②每一个数据记录属于且仅属于一个分组. 对于给定的 K, 算法首先给出一个初始的分组方法, 然后通过反复迭代的方法改变分组, 使得每一次改进之后的分组方案都较前一次好, 而所谓好的标准就是: 同一分组中的记录已经收敛, 反复迭代至组内数据几乎无差异, 而不同分组中的记录越远越好.

例题 13 某商店的五位售货员的销售量和受教育程度如表 4-30 所示.

表 4-30 五位售货员的销售量和受教育程度表

售货员	1	2	3	4	5
销售量/千件	1	1	6	8	8
受教育程度	1	2	3	2	0

在生活中, 我们去对一类事物进行分类, 往往要从多个角度去考量, 从而得到更加全面和更有说服力的结论. 如上所示, 在销售量和教育程度两个不同的指标下, 要如何对这五位售货员分类?

(1) 选择凝聚点.

计算各样品点两两之间的距离, 得到样品点距离矩阵如表 4-31 所示.

表 4-31　样品点距离矩阵

售货员	1	2	3	4	5
1	0	1	$\sqrt{29}$	$\sqrt{50}$	$\sqrt{50}$
2		0	$\sqrt{26}$	$\sqrt{49}$	$\sqrt{53}$
3			0	$\sqrt{5}$	$\sqrt{13}$
4				0	$\sqrt{4}$
5					0

　　通过观察两点之间的距离, 选取距离最大的一点作为凝聚点, 再对其进行分类, 通过观察样品点矩阵得知为最大 $d_{25} = \sqrt{53}$. 因此, 可选取 2 号和 5 号作为凝聚点再对其进行分类.

　　(2) 初始分类.

　　对于取定的凝聚点, 视每个凝聚点为一类, 将每个样品根据定义的距离, 向最近的凝聚点归类, 如表 4-32 所示.

表 4-32　凝聚点归类

	②G_1	⑤G_2
①	1	$\sqrt{50}$
③	$\sqrt{26}$	$\sqrt{13}$
④	$\sqrt{49}$	$\sqrt{4}$

　　经过计算, 得到初始分类为: $G_1\{1,2\}$, $G_2\{3,4,5\}$. 修改分类, 计算 G_1 和 G_2 的重心: G_1 的重心 $(1,1.5)$, G_2 的重心 $(7.33,1.67)$, 以这两个重心点作为凝聚点, 再按最小距离原则重新聚类, 如表 4-33 所示.

表 4-33　聚类结果

	G_1	G_2
1	$\sqrt{0.25}$	$\sqrt{40.52}$
2	$\sqrt{0.25}$	$\sqrt{40.18}$
3	$\sqrt{27.25}$	$\sqrt{3.54}$
4	$\sqrt{49.15}$	$\sqrt{0.56}$
5	$\sqrt{51.52}$	$\sqrt{3.24}$

　　得到的分类结果: $G_1\{1,2\}$, $G_2\{3,4,5\}$. 修改前后所分的类相同, 故可停止修改. 5 个售货员可以分为两类: $\{1,2\}$ 和 $\{3,4,5\}$.

　　例题 14　现有 2016 年至 2020 年全国各省份农林牧渔业总产值数据, 用 K-均值聚类法研究其农林牧渔业总产值情况, 并聚类出农林牧渔业生产总值高、中、低省份. 部分数据如表 4-34 所示.

表 4-34　部分省份农林牧渔业总产值数据

地区	2020 年	2019 年	2018 年	2017 年	2016 年	五年平均生产总值
北京市	263.43	281.7	296.77	308.32	338.06	297.656
天津市	476.44	414.35	390.5	382.07	395.57	411.786
河北省	6742.49	6061.46	5707	5373.38	5299.66	5836.798
山西省	1935.84	1626.54	1460.64	1418.73	1429.91	1574.332
内蒙古自治区	3472.36	3176.34	2985.32	2813.54	2803.55	3050.222
辽宁省	4582.56	4368.25	4061.93	3851.62	3764.09	4125.69
吉林省	2976	2442.73	2184.34	2064.29	2167.89	2367.05
黑龙江省	6438.11	5929.97	5624.29	5586.63	5202.87	5756.374
上海市	279.82	284.84	289.58	292.61	300.84	289.538

MATLAB 软件中的 kmeans 函数可进行 K-均值聚类, 其格式为 $[\mathrm{idx}, \mathrm{C}] =$ kmeans (X, k). 其中 X 为所需聚类依据数据, k 为聚类数, idx 为聚类结果, C 为聚类中心. 将省份聚类为农林牧渔业生产总值高、中、低省份, 则 k 值为 3. 根据计算结果绘制出聚类结果分析如图 4-22 所示.

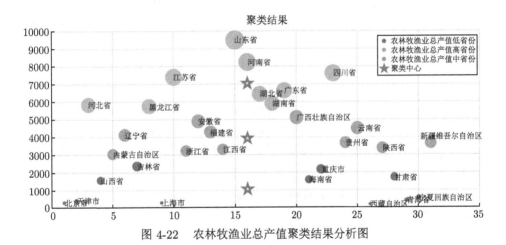

图 4-22　农林牧渔业总产值聚类结果分析图

由表 4-34 可知 2016 年至 2020 年数据各省份都在逐年变化, 为了避免数据不稳定影响结果, 计算五年平均生产总值用于聚类分析. 图 4-22 中红五角星形为计算出的聚类中心, 图中的散点气泡大小与生产总值成比例, 根据聚类结果将生产总值高、中、低以不同颜色划分开来, 直观地看出各省份农林牧渔业总产值高低情况.

➤ **K-均值聚类优缺点**

● 优点: 简单、高效、快速收敛, 可处理大数据集, 高效可伸缩, 复杂度经常以局部最优结束, 尝试找出使平方误差函数值最小的 K 个划分. 当簇是密集的、球状或团状的, 而簇与簇之间区别明显时, 它的聚类效果很好.

● 缺点：样品的最终分类很大程度上依赖于最初的分类，或聚点的选择不够稳定．对离群点和噪声点敏感只能聚凸的数据集，即聚类的形状一般只能是球状的，不能推广到任意的形状．

> **应注意的问题**

(1) 在聚类分析中，应根据不同的目的选用不同的指标．

例如选拔运动员所用的指标如身体形态、身体素质、心理素质、生理功能与分课外活动小组所选用的指标不相同，对啤酒按价格分类与按成分分类所用的指标也不相同．一般来说，选择哪些变量应该具有一定的理论支持，但在实践中往往缺乏这样强有力的理论基础，一般根据实际工作经验和所研究问题的特征人为地选择变量，这些变量应该和分析的目标密切相关，反映分类对象的特征，在不同研究对象上的值具有明显差异，变量之间不应该高度相关．选变量时并不是加入的变量越多，得到的结果越客观．有时，加入一两个不合适的变量就会使分类结果大相径庭．变量之间高度相关相当于加权，此时，有两种处理方法：

(i) 变量聚类，从每类中选一代表性变量，再进行样品聚类；

(ii) 主成分分析或因子分析，降维，使之成为不相关的新变量，再进行样品聚类．

(2) 标准化问题：指标选用的度量单位将直接影响聚类分析的结果．

例如，将高度的单位由米改为英寸，或者将重量单位由千克改为磅，可能产生非常不同的聚类结构．一般来说，所用度量单位越小，变量的值域就越大，对聚类结果的影响也越大．为了避免对变量单位选择的依赖，数据应当标准化．数据量纲不同时，必须进行标准化；但如果量纲相同，可数量级相差很大，这时也应该进行标准化．

使用 MATLAB 软件以例题 14 为例进行 K-均值聚类分析程序如程序清单 4-13 所示．

程序清单 4-13　K-均值聚类

程序文件 code4_11.m

```
%%聚类分析案例分析例题 14
%从 Excel 文件中读取数据
[data,~,raw] = xlsread('农林牧渔业总产值.xls','分省年度数据','A2:F33');
%计算各省份五年农林牧渔平均生产总值
data(:,6)=mean(data(:,[1:5]),2)%data 变量中第 6 列为平均值
X=data(:,6);k=3%根据生产总值将省份聚为三类
[cls C]= kmeans(X,k);%进行聚类
province=raw([2:end],1);%省份
figure(1)
```

```
Legends = {'m.','c.','g.'};
grid on
hold on
for i = 1:3
  scatter(find(cls==i),X(find(cls==i),1),X(find(cls==i),1), Legends{i})
  cluster{i,1}=i;
  cluster{i,2}=province(find(cls==i),1);
end
for ii=1:size(province,1)
  text(ii,X(ii),province(ii),'FontSize',12)
end
plot([16;16;16],C(:,1),'rp', 'MarkerSize',15,'LineWidth',3)
hold off
title('聚类结果')
```

4.6.3 系统聚类法

系统聚类法的基本思想

在聚类分析的开始, 每个样本自成一类; 然后, 按照某种方法度量所有样本之间的亲疏程度, 并把最相似的样本首先聚成一小类; 接下来, 度量剩余的样本和小类间的亲疏程度, 并将当前最接近的样本与小类聚成一类; 再接下来, 再度量剩余的样本和小类间的亲疏程度, 并将当前最接近的样本与小类聚成一类. 如此反复, 直到所有样本聚成一类为止.

过程介绍

假设总共有 n 个样品, 第一步将每个样品独自聚成一类, 共有 n 类; 第二步根据所确定的样品 "距离" 公式, 把距离较近的两个样品聚合为一类, 其他的样品仍各自聚为一类, 共聚成 $n-1$ 类; 第三步将 "距离" 最近的两个类进一步聚成一类, 共聚成 $n-2$ 类; $\cdots$, 以上步骤一直进行下去, 最后将所有的样品全聚成一类.

步骤

(1) 将 n 个样品各自形成一类;

(2) 计算这 n 个类两两之间的距离;

(3) 计算比较各类间距离, 将距离最小的两个类合并为新的一类;

(4) 重复步骤 (3), 每次减少一个类, 直到 n 个类都归一个总类为止.

系统聚类法不仅需要度量个体与个体之间的距离, 还要度量类与类之间的距离. 由类间距离定义的不同产生了 8 种不同的系统聚类法. 它们的归类步骤基本是一致的. 主要差异是类间距离的计算方法不同.

以下用 d_{ij} 表示样品 $X_{(i)}$ 和 $X_{(j)}$ 之间的距离, 当样品的亲属关系采用相似系数 C_{ij} 时, 令

$$d_{ij} = 1 - |C_{ij}| \quad 或 \quad d^2 = 1 - C_{ij}^2 \tag{4-55}$$

以下采用 $D_{(p,q)}$ 表示类 G_p 和 G_q 之间的距离.

(1) 类间距离的度量方法.

- 最短距离法 (nearest neighbor).
- 最长距离法 (further neighbor).
- 中间距离法.
- 重心法 (centroid clustering).
- 类平均法 (group average method).
- 离差平方和法 (Ward's method).
- 可变类平均法.
- 可变法.

(2) 最短距离法.

定义类与类之间的距离为两类最近样品的距离, 即

$$D_{pq} = \min_{j \in G_p, l \in G_q} \{d_{jl}\}$$

设类 G_p 与 G_q 合并成一新类记为 G_r, 则任一类 G_k 与 G_r 的距离为

$$D_{kr} = \min_{j \in G_k, l \in G_r} \{d_{jl}\}$$
$$= \min\{\min_{i \in G_p, j \in G_k} d_{ji}, \min_{i \in G_q, j \in G_k} d_{ji}\}$$
$$= \min\{D_{kp}, D_{kq}\} \tag{4-56}$$

最短距离法进行聚类分析的步骤如下:

(i) 定义样品之间的距离;

(ii) 将距离写成 $n \times n$ 距离矩阵, 在此矩阵非对角元素中找到最短距离 $D_{pq} = \min_{j \in G_p, l \in G_q} \{d_{jl}\}$, 将 G_p, G_q 合并成一新类记为 G_r, 记为 $G_r = \{G_p, G_q\}$;

(iii) 按 (4-56) 式计算新类与其他之间的距离, 这样就得到一个新的 $(n-1)$ 阶的距离矩阵;

(iv) 重复 (ii),(iii) 的步骤, 直到将所有元素并成一类为止, 如果某一步距离最小的元素不止一个, 则将对应这些最小元素的类可以同时合并;

(v) 画出聚类图;

(vi) 决定类的个数和类.

(3) 最长距离法.

定义类与类之间的距离为两类最近样品的距离, 即

$$D_{pq} = \min_{j \in G_p, l \in G_q} \{d_{jl}\}$$

最长距离法与最短距离法的聚类步骤完全一致.

$$D_{kr} = \max_{j \in G_k, l \in G_r} \{d_{jl}\}$$

$$= \max\{\max_{i \in G_p, j \in G_k} d_{ji}, \max_{i \in G_q, j \in G_k} d_{ji}\}$$

$$= \max\{D_{kp}, D_{kq}\} \tag{4-57}$$

最长距离与最短距离如图 4-23 所示.

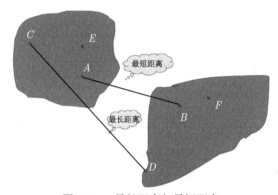

图 4-23　最长距离与最短距离

例题 15　现有全国各省份的城镇居民家庭平均每个人全年消费性支出的 8 个主要变量数据, 部分数据如表 4-35 所示. 使用系统聚类法根据消费性支出 8 个数据对各省份进行聚类分析.

表 4-35　部分省份城镇居民家庭消费性支出

地区	食品	衣着	居住	家庭设备用品及服务	医疗保健	交通和通信	教育文化娱乐服务	杂项商品和服务
北京	4934.05	1512.88	1246.19	981.13	1294.07	2328.51	2383.96	649.66
天津	4249.31	1024.15	1417.45	760.56	1163.98	1309.94	1639.83	463.64
河北	2789.85	975.94	917.19	546.75	833.51	1010.51	895.06	266.16
山西	2600.37	1064.61	991.77	477.74	640.22	1027.99	1054.05	245.07
内蒙古	2824.89	1396.86	941.79	561.71	719.13	1123.82	1245.09	468.17
辽宁	3560.21	1017.65	1047.04	439.28	879.08	1033.36	1052.94	400.16
吉林	2842.68	1127.09	1062.46	407.35	854.8	873.88	997.75	394.29
黑龙江	2633.18	1021.45	784.51	355.67	729.55	746.03	938.21	310.67

　　首先, 在聚类之前应先将数据标准化处理, 使用 clusterdata 函数进行一步聚类; 其次, 样品间距离采用欧氏距离, 利用类平均法将原始样品聚为 3 类; 最后, 利用类平均法创建系统聚类树如图 4-24 所示.

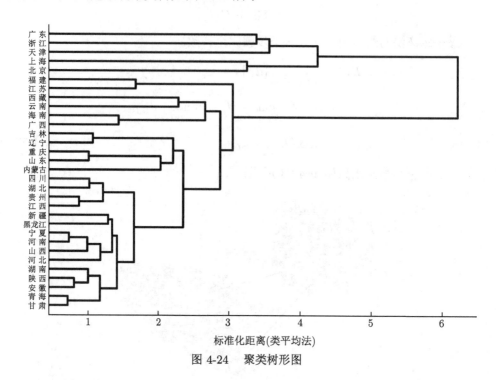

图 4-24　聚类树形图

　　MATLAB 软件进行计算距离和间距方法聚类如表 4-36 所示.

表 4-36　距离计算和聚类函数

调用格式	描述
d=pdist(A)	计算数据中各行之间欧氏距离
d= pdist(A,'cityblock')	计算数据中各行之间绝对距离
d=pdist(A,'minkowski',r)	计算数据中各行之间闵氏距离
d= pdist(A,'seuclid')	计算数据中方差加权距离
d= pdist(A,'mahal')	计算数据中各行之间马氏距离
D= squareform(d)	将计算出的距离向量生成距离矩阵
D= tril(squareform(d))	将计算出的距离向量生成三角阵
z= linkage(d)	按最短距离进行聚类
z= linkage(d,'complete')	按最长距离进行聚类
z= linkage(d,'centroid')	按中间距离进行聚类
z= linkage(d,'average')	按重心距离进行聚类
z= linkage(d,'ward')	按离差平方和进行聚类
H=dendrogram(z,d)	绘制出谱系图

使用 MATLAB 软件对例题 15 进行聚类分析并绘制谱系图程序如程序清单 4-14 所示.

程序清单 4-14 系统聚类法程序

程序文件 code4_12.m

```
%%%系统聚类分析例题 15
%从 Excel 文件中读取数据
[data,~,raw]=xlsread('各省份城镇居民家庭消费支出.xls','Sheet1','A1:I32');
X=data;
X=zscore(X); %数据标准化处理
province=raw([2:end],1);
Taverage = clusterdata(X,'linkage','average','maxclust',3);
for i = 1:3
  cluster{i,1}=i;
  cluster{i,2}=province(find(Taverage==i),1);
end
y = pdist(X); %计算样品间欧氏距离, y 为距离向量
Z = linkage(y,'average'); %利用类平均法创建系统聚类树
obslabel = province; %提取城市名称, 为后面聚类做准备
%绘制聚类树形图, 方向从右至左, 显示所有叶节点, 用城市名作为叶节点标签, 叶节点标
签在左侧
H = dendrogram(Z,0,'orientation','right','labels',obslabel); %返回线条句柄 H
set(H,'LineWidth',2,'Color','k'); %设置线条宽度为 2, 颜色为黑色
xlabel('标准化距离 (类平均法)') %为 X 轴加标签
inconsistent0 = inconsistent(Z,40) %计算不一致系数, 计算深度为 40
```

4.6.4 模糊聚类法

模糊集理论的提出为划分提供了有力的分析工具, 用模糊数学的方法来处理聚类问题, 被称为模糊聚类分析. 由于模糊聚类得到了样本属于各个类别的不确定性程度, 表达了样本类属的中介性, 因此更能客观地反映现实世界, 从而成为聚类分析研究的主流.

模糊聚类已经在诸多领域获得了广泛的应用, 如模式识别、图像处理、信道均衡、向量量化编码、神经网络的训练、参数估计、医学诊断、天气预报、食品分类、水质分析等.

常用的模糊聚类分析方法大致可分为两大类. 其一是基于模糊关系的聚类分析方法, 而作为其中核心步骤的模糊分类, 有下述的主要方法: 模糊传递闭包法、直接聚类法、最大树法和编网法. 其二是基于目标函数的聚类分析方法, 称为模糊 C 均值 (FCM) 聚类算法.

模糊关系的传递闭包

设 X,Y 是非空经典集, X 到 Y 的一个模糊关系 R 是指 $X \times Y$ 上的一个模糊集 $R: X \times Y \to [0,1]$, X 到 Y 的模糊关系称为 X 上的模糊关系.

设 R 是 X 上的模糊关系, 即 $R \in F(X \times X)$. 称 R 是自反的, 如果 $R(x,x) = 1, \forall x \in X$, 称 R 是对称的, 如果 $R(x,y) = R, \forall x, y \in X$.

若 R 是 X 上的自反、对称的模糊关系, 则称 R 是 X 上的模糊相似关系.

某家庭子女和父母外貌相像关系为 R, 父母和祖父母、外祖父母相像关系为 S, 它们分别用以下模糊矩阵确定, 计算其 $\max - \min$ 合成.

设 $R \in F(X \times X)$, 称 R 是传递的, 如果对任意 $\lambda \in [0,1]$ 及任意 $x, y, z \in X$ 成立:

$$R(x,y) > \lambda, \quad R(y,z) \geqslant \lambda \Rightarrow R(x,z) \geqslant \lambda$$

若 R 是 X 上的自反、对称、传递的模糊关系, 则称 R 是 X 上的模糊等价关系.

设 $R \in F(X \times X)$, 则

(1) R 是自反的 $\Leftrightarrow I \subseteq R$, 这里 I 是恒等关系, 即当 $x = y$ 时 $I(x,y) = 1$, 当 $x = y$ 时 $I(x,y) = 0$.

(2) R 是对称的 $\Leftrightarrow R = R^{-1}$.

(3) R 是传递的 $\Leftrightarrow R^2 \subseteq R$.

设 $R \in F(X \times X)$, 则 R 是模糊等价关系当且仅当对任意 $\lambda \in [0,1]$, R_λ 是等价关系.

论域 X 上的经典等价关系可以导出 X 的一个分类. 论域 X 上的一个模糊等价关系 R 对应一簇经典等价关系 $\{R_\lambda : \lambda \in [0,1]\}$. 这说明模糊等价关系给出 X 的一个分类的系列. 在实际应用问题中可以选择 "某个水平" 上的分类结果, 这就是模糊聚类分析的理论基础.

实际问题中建立的模糊关系常常不是等价关系而是相似关系, 这就需要将模糊相似关系改造为模糊等价关系, 传递闭包正是这样一种工具.

定义　设 $R \in F(X \times X)$, 若 $R_1 \in F(X \times X)$ 是传递的且满足:

(1) $R \subseteq R_1$;

(2) 若 S 是 X 上的模糊传递关系且 $R \subseteq S$, 必有 $R_1 \subseteq S$,

则称 R_1 为 R 的传递闭包, 记为 $t(R)$.

根据上述定义, 模糊关系 R 的传递闭包是包含 R 的最小传递关系.

定理　设 $R \in F(X \times X)$, 则 $t(R) = \bigcup_{n=1}^{\infty} R^n$.

证明 容易验证 $\forall A, B \in F(X \times X)$,

$$A \circ \bigcup_{i=1}^{\infty} B_i = \bigcup_{i=1}^{\infty} (A \circ B_i), \quad \left(\bigcup_{i=1}^{\infty} B_i\right) \circ A = \bigcup_{i=1}^{\infty} (B_i \circ A)$$

据此可以证明 $\bigcup_{n=1}^{\infty} R^n$ 是传递的.

计算有限论域上自反模糊关系 R 的传递闭包的方法: 从 R 出发, 反复自乘, 依次计算出 $R^2, R^4, \cdots$, 当第一次出现 $R^k \circ R^k = R^k$ 时, 得 $t(R) = R^k$.

定理 设 $R \in F(X \times X)$, 则 R 的传递闭包 $t(R)$ 具有以下性质:

(1) 若 $I \subseteq R$, 则 $I \subseteq t(R)$;

(2) $(t(R))^{-1} = t(R^{-1})$;

(3) 若 $R = R^{-1}$, 则 $(t(R))^{-1} = t(R)$.

上述结论表明: 自反关系的传递闭包是自反的, 对称关系的传递闭包是对称的. 于是, 模糊相似关系的传递闭包是模糊等价关系.

例题 16 设 $|X| = 5$, R 是 X 上的模糊关系, R 可表示为如下的 5×5 模糊矩阵. 求 R 的传递闭包为

$$R = \begin{pmatrix} 1 & 0.1 & 0.8 & 0.5 & 0.3 \\ 0.1 & 1 & 0.1 & 0.2 & 0.4 \\ 0.8 & 0.1 & 1 & 0.3 & 0.1 \\ 0.5 & 0.2 & 0.3 & 1 & 0.6 \\ 0.3 & 0.4 & 0.1 & 0.6 & 1 \end{pmatrix}$$

容易看出 R 是自反的对称模糊相似关系. 依次计算 R^2, R^4, R^8 知: $R^8 = R^4$, $R^4 = R^4$, 所以 R 的传递闭包 $t(R) = R^4$.

$$R = \begin{pmatrix} 1 & 0.1 & 0.8 & 0.5 & 0.3 \\ 0.1 & 1 & 0.1 & 0.2 & 0.4 \\ 0.8 & 0.1 & 1 & 0.3 & 0.1 \\ 0.5 & 0.2 & 0.3 & 1 & 0.6 \\ 0.3 & 0.4 & 0.1 & 0.6 & 1 \end{pmatrix}, \quad R^2 = \begin{pmatrix} 1 & 0.3 & 0.8 & 0.5 & 0.5 \\ 0.3 & 1 & 0.2 & 0.4 & 0.4 \\ 0.8 & 0.2 & 1 & 0.5 & 0.3 \\ 0.5 & 0.4 & 0.5 & 1 & 0.6 \\ 0.5 & 0.4 & 0.3 & 0.6 & 1 \end{pmatrix}$$

$$R^4 = \begin{pmatrix} 1 & 0.4 & 0.8 & 0.5 & 0.5 \\ 0.4 & 1 & 0.4 & 0.4 & 0.4 \\ 0.8 & 0.4 & 1 & 0.5 & 0.3 \\ 0.5 & 0.4 & 0.5 & 1 & 0.6 \\ 0.5 & 0.4 & 0.3 & 0.6 & 1 \end{pmatrix}, \quad R^8 = \begin{pmatrix} 1 & 0.4 & 0.8 & 0.5 & 0.5 \\ 0.4 & 1 & 0.4 & 0.4 & 0.4 \\ 0.8 & 0.4 & 1 & 0.5 & 0.3 \\ 0.5 & 0.4 & 0.5 & 1 & 0.6 \\ 0.5 & 0.4 & 0.3 & 0.6 & 1 \end{pmatrix}$$

基于模糊关系的聚类分析的一般步骤: 首先, 数据规格化; 其次, 构造模糊相似矩阵; 最后, 模糊分类.

上述第三步又有不同的算法, 以下先介绍利用模糊传递闭包进行模糊分类的方法.

设被分类对象的集合为 $X = \{x_1, x_2, \cdots, x_n\}$, 每一个对象 x_i 有 m 个特性指标, 即反映对象特征的主要指标, 即 x_i 可由如下 m 维特性指标向量来表示:

$$x_i = (x_{i1}, x_{i1}, \cdots, x_{im}), \quad i = 1, 2, \cdots, n$$

其中 x_{ij} 表示第 i 个对象的第 j 个特性指标. 则 n 个对象的所有特性指标构成一个矩阵, 记作 $X^* = (x_{ij})_{n \times m}$, 称 X^* 为 X 的特性指标矩阵.

$$X^* = \begin{pmatrix} x_{11} & x_{12} & \cdots & x_{1m} \\ x_{21} & x_{22} & \cdots & x_{2m} \\ \vdots & \vdots & & \vdots \\ x_{n1} & x_{n2} & \cdots & x_{nm} \end{pmatrix}$$

步骤一 数据规格化.

由于 m 个特性指标的量纲和数量级不一定相同, 故在运算过程中可能突出某数量级特别大的特性指标对分类的作用, 而降低甚至排除了某些数量级很小的特性指标的作用. 数据规格化使每一个指标值统一于某种共同的数值特性范围.

数据规格化的方法有:

➤ 标准化方法: 对特性指标矩阵 X^* 的第 j 列, 计算均值和方差, 然后作变换

$$x'_{ij} = \frac{x_{ij} - \overline{x}_j}{\sigma_j}, \quad i = 1, 2, \cdots, n, \ j = 1, 2, \cdots, m \tag{4-58}$$

其中 $\overline{x}_j = \frac{1}{n} \sum_{i=1}^{n} x_{ij}$,

$$\sigma^2 = \frac{1}{n} \cdot \sum_{i=1}^{n} (x_{ij} - \bar{x}_j)^2, \quad j = 1, 2, \cdots, m \tag{4-59}$$

➤ 均值规格化方法: 对特性指标矩阵 X^* 的第 j 列, 计算标准差 σ_j, 然后作变换 $x'_{ij} = x_{ij}/\sigma_j, i = 1, 2, \cdots, n, j = 1, 2, \cdots, m$.

➤ 中心规格化方法: 对特性指标矩阵 X^* 的第 j 列, 计算平均值 x_j, 然后作变换 $x'_{ij} = x_{ij} - \bar{x}_j, i = 1, 2, \cdots, n, j = 1, 2, \cdots, m$.

➤ 最大值规格化方法：对特性指标矩阵 X^* 的第 j 列，计算最大值 $M_j = \max\{x_{1j}, x_{2j}, \cdots, x_{nj}\}, j = 1, 2, \cdots, m$. 然后作变换 $x'_{ij} = x_{ij}/M_j, i = 1, 2, \cdots, n$, $j = 1, 2, \cdots, m$.

步骤二 构造模糊相似矩阵.

聚类是按某种标准来鉴别 X 中元素间的接近程度，把彼此接近的对象归为一类. 为此，用 $[0, 1]$ 中的数 r_{ij} 表示 X 中的元素 x_i 与 x_j 的接近或相似程度. 经典聚类分析中的相似系数以及模糊集之间的贴近度，都可作为相似程度 (相似系数).

设数据 $x_{ij}(i = 1, 2, \cdots, n, j = 1, 2, \cdots, m)$ 均已规格化，$x_i = (x_{i1}, x_{i2}, \cdots, x_{im})$ 与 $x_j = (x_{j1}, x_{j2}, \cdots, x_{jm})$ 之间的相似程度记为 $r_{ij} \in [0, 1]$，于是得到对象之间的模糊相似矩阵 $R = (r_{ij})_{n \times n}$.

对于相似程度 (相似系数) 的确定有多种方法，常用的有：

➤ **数量积法**

$$r_{ij} = \begin{cases} 1, & i = j, \\ \dfrac{1}{M} x_i \cdot x_j, & i \neq j, \end{cases} \qquad x_i \cdot x_j = \sum_{k=1}^{m} x_{ik} \cdot x_{jk} \qquad (4\text{-}60)$$

其中 $M > 0$ 为适当选择的参数且满足 $M \geqslant \max\{x_i \cdot x_j | i \neq j\}$. 这里，$x_i \cdot x_j$ 为 x_i 与 x_j 的数量积.

➤ **夹角余弦法**

$$r_{ij} = \frac{|x_i \cdot x_j|}{||x_i| \cdot |x_j||}, \quad ||x_i|| = \left(\sum_{k=1}^{m} x_{ik}^2\right)^{\frac{1}{2}}, \quad i = 1, 2, \cdots, n \qquad (4\text{-}61)$$

➤ **相关系数法**

$$r_{ij} = \frac{\displaystyle\sum_{k=1}^{m} |x_{ik} - \bar{x}_i| \ |x_{jk} - \bar{x}_j|}{\sqrt{\displaystyle\sum_{k=1}^{m} (x_{ik} - \bar{x}_i)^2} \cdot \sqrt{\displaystyle\sum_{k=1}^{m} (x_{jk} - \bar{x}_j)^2}}, \quad \bar{x}_i = \frac{1}{m} \sum_{k=1}^{m} x_{ik}, \quad \bar{x}_j = \frac{1}{m} \sum_{k=1}^{m} x_{jk}$$

$$(4\text{-}62)$$

➤ **贴近度法**

当对象 x_i 的特性指标向量 $x_i = (x_{i1}, x_{i2}, \cdots, x_{im})$ 为模糊向量，即 $x_{ik} \in [0, 1] \ (i = 1, 2, \cdots, n; k = 1, 2, \cdots, m)$ 时，x_i 与 x_j 的相似程度 r_{ij} 可看作模糊子集 x_i 与 x_j 的贴近度. 在应用中，常见的确定方法有：最大最小法、算术平均最小法、

几何平均最小法:

$$r_{ij} = \frac{\sum\limits_{k=1}^{m}(x_{ik}\wedge x_{jk})}{\sum\limits_{k=1}^{m}(x_{ik}\vee x_{jk})}; \quad r_{ij} = \frac{\sum\limits_{k=1}^{m}(x_{ik}\wedge x_{jk})}{\frac{1}{2}\sum\limits_{k=1}^{m}(x_{ik}+x_{jk})}; \quad r_{ij} = \frac{\sum\limits_{k=1}^{m}(x_{ik}\wedge x_{jk})}{\sum\limits_{k=1}^{m}\sqrt{x_{ik}\cdot x_{jk}}}$$

➢ **距离法**

利用对象 x_i 与 x_j 的距离也可以确定它们的相似程度 r_{ij}, 这是因为 $d(x_i,x_j)$ 越大, r_{ij} 就越小. 一般地, 取 $r_{ij}=1-c(d(x_i,x_j))^{\alpha}$, 其中 c 和 α 是两个适当选取的正数, 使 $r_{ij}\in[0,1]$. 在实际应用中, 常采用如下的距离来确定 r_{ij}:

$$d(x_i,x_j)=\max_{1\leqslant k\leqslant m}|x_{ik}-x_{jk}| \quad (\text{Chebyshev})$$

$$d(x_i,x_j)=\sum_{k=1}^{m}|x_{ik}-x_{jk}| \quad (\text{Hamming})$$

$$d(x_i,x_j)=\left(\sum_{k=1}^{m}(x_{ik}-x_{jk})^2\right)^{\frac{1}{2}} \quad (\text{Euclid})$$

$$d(x_i,x_j)=\left(\sum_{k=1}^{m}(x_{ik}-x_{jk})^p\right)^{\frac{1}{p}} \quad (p\geqslant 1,\text{Minkowski})$$

➢ **绝对值倒数法**

如下所示, 其中 c 是适当选取的正数, 使 $r_{ij}\in[0,\ 1]$:

$$r_{ij}=\begin{cases}1, & i=j\\ \dfrac{c}{\sum\limits_{k=1}^{m}|x_{ik}-x_{jk}|}, & i\neq j\end{cases} \tag{4-63}$$

➢ **主观评定法**

在一些实际问题中, 被分类对象的特性指标是定性指标, 即特性指标难以用定量数值来表达. 这时, 可请专家和有实际经验的人员用评分的办法来主观评定被分类对象间的相似程度.

步骤三 模糊分类.

由于由上述各种方法构造出的对象与对象之间的模糊关系矩阵 $R=(r_{ij})_{n\times n}$,

一般说来只是一个模糊相似矩阵, 而不一定具有传递性. 因此, 要从 R 出发构造一个新的模糊等价矩阵, 然后以此模糊等价矩阵作为基础, 进行动态聚类.

如上所述, 模糊相似矩阵 R 的传递闭包 $t(R)$ 就是一个模糊等价矩阵. 以 $t(R)$ 为基础而进行分类的聚类方法称为模糊传递闭包法.

具体步骤如下:

(1) 利用平方自合成方法求出模糊相似矩阵 R 的传递闭包 $t(R)$;

(2) 适当选取置信水平值 $\lambda \in [0, 1]$, 求出 $t(R)$ 的 λ 截矩阵 $t(R)_\lambda$, 它是 X 上的一个等价的 Boole 矩阵. 然后按 $t(R)_\lambda$ 进行分类, 所得到的分类就是在 λ 水平上的等价分类.

如上所述, 模糊相似矩阵 R 的传递闭包 $t(R)$ 就是一个模糊等价矩阵. 以 $t(R)$ 为基础而进行分类的聚类方法称为模糊传递闭包法.

具体步骤如下:

(1) 利用平方自合成方法求出模糊相似矩阵 R 的传递闭包 $t(R)$.

(2) 适当选取置信水平值 $\lambda \in [0, 1]$, 求出 $t(R)$ 的 λ 截矩阵 $t(R)_\lambda$, $t(R)_\lambda$ 是 X 上的一个等价的 Boole 矩阵. 然后按 $t(R)_\lambda$ 进行分类, 所得到的分类就是在 λ 水平上的等价分类.

设 $t(R) = (r'_{ij})_{n\times n}, t(R)_\lambda = (r'_{ij}(\lambda))_{n\times n}$, 则 $r'_{ij}(\lambda) = \begin{cases} 1, & r'_{ij} \geqslant \lambda, \\ 0, & r'_{ij} < \lambda. \end{cases}$

对于 $x_i, x_j \in X$, 若 $r'_{ij}(\lambda)=1$, 则在 λ 水平上将对象 x_i 和对象 x_j 归为同一类.

(3) 画动态聚类图: 为了能直观地看到被分类对象之间的相关程度, 通常将 $t(R)$ 中所有互不相同的元素按从大到小的顺序编排: $1 = \lambda_1 > \lambda_2 > \cdots$ 得到按 $t(R)_\lambda$ 进行的一系列分类. 将这一系列分类画在同一个图上, 即得动态聚类图.

例题 17 考虑某个环保部门对该地区 5 个环境区域 $X = \{x_1, x_2, x_3, x_4, x_5\}$ 按污染情况进行分类. 设每个区域包含空气、水分、土壤、作物 4 个要素.

环境区域的污染情况由污染物在 4 个要素中的含量超标程度来衡量. 设这 5 个环境区域的污染数据为 $x_1 = (80, 10, 6, 2)$, $x_2 = (50, 1, 6, 4)$, $x_3 = (90, 6, 4, 6)$, $x_4 = (40, 5, 7, 3)$, $x_5 = (10, 1, 2, 4)$. 试用模糊传递闭包法对 X 进行分类.

解 由题设知特性指标矩阵为

$$X^* = \begin{pmatrix} 80 & 10 & 6 & 2 \\ 50 & 1 & 6 & 4 \\ 90 & 6 & 4 & 6 \\ 40 & 5 & 7 & 3 \\ 10 & 1 & 2 & 4 \end{pmatrix}$$

(1) 数据规格化: 采用最大值规格化, 作变换 $x'_{ij} = x_{ij}/M_j$, $i = 1, 2, \cdots, 5$, $j = 1, 2, \cdots, 4$. 可将 X^* 规格化为

$$X_0 = \begin{pmatrix} 0.89 & 1 & 0.86 & 0.33 \\ 0.56 & 0.10 & 0.86 & 0.67 \\ 1 & 0.60 & 0.57 & 1 \\ 0.44 & 0.50 & 1 & 0.50 \\ 0.11 & 0.10 & 0.29 & 0.67 \end{pmatrix}$$

(2) 构造模糊相似矩阵: 采用最大最小法来构造模糊相似矩阵 $R = (r_{ij})_{5 \times 5}$, 这里

$$r_{ij} = \frac{\displaystyle\sum_{k=1}^{4}(x_{ik} \wedge x_{jk})}{\displaystyle\sum_{k=1}^{4}(x_{ik} \vee x_{jk})}, \quad R = \begin{pmatrix} 1 & 0.54 & 0.62 & 0.63 & 0.24 \\ 0.54 & 1 & 0.55 & 0.70 & 0.53 \\ 0.62 & 0.55 & 1 & 0.56 & 0.37 \\ 0.63 & 0.70 & 0.56 & 1 & 0.38 \\ 0.24 & 0.53 & 0.37 & 0.38 & 1 \end{pmatrix}$$

(3) 利用平方自合成方法求传递闭包 $t(R)$.

依次计算 R^2, R^4, R^8, 由于 $R^8 = R^4$, 所以 $t(R) = R^4$.

$$R^2 = \begin{pmatrix} 1 & 0.63 & 0.62 & 0.63 & 0.53 \\ 0.63 & 1 & 0.56 & 0.70 & 0.53 \\ 0.62 & 0.56 & 1 & 0.62 & 0.53 \\ 0.63 & 0.70 & 0.62 & 1 & 0.53 \\ 0.53 & 0.53 & 0.53 & 0.53 & 1 \end{pmatrix}$$

$$R^4 = \begin{pmatrix} 1 & 0.63 & 0.62 & 0.63 & 0.53 \\ 0.63 & 1 & 0.62 & 0.70 & 0.53 \\ 0.62 & 0.62 & 1 & 0.62 & 0.53 \\ 0.63 & 0.70 & 0.62 & 1 & 0.53 \\ 0.53 & 0.53 & 0.53 & 0.53 & 1 \end{pmatrix}$$

(4) 选取适当的置信水平值 $\lambda \in [0, 1]$, 按 λ 截矩阵 $t(R)_\lambda$ 进行动态聚类. 把 $t(R)$ 中的元素从大到小的顺序编排如下: $1 > 0.70 > 0.63 > 0.62 > 0.53$. 依次取

$\lambda = 1, 0.70, 0.63, 0.62, 0.53$ 得

$$t(R)_1 = \begin{pmatrix} 1 & 0 & 0 & 0 & 0 \\ 0 & 1 & 0 & 0 & 0 \\ 0 & 0 & 1 & 0 & 0 \\ 0 & 0 & 0 & 1 & 0 \\ 0 & 0 & 0 & 0 & 1 \end{pmatrix}$$

这时 X 被分类成 5 类：$\{x_1\}, \{x_2\}, \{x_3\}, \{x_4\}, \{x_5\}$.

$$t(R)_{0.70} = \begin{pmatrix} 1 & 0 & 0 & 0 & 0 \\ 0 & 1 & 0 & 1 & 0 \\ 0 & 0 & 1 & 0 & 0 \\ 0 & 1 & 0 & 1 & 0 \\ 0 & 0 & 0 & 0 & 1 \end{pmatrix}$$

这时 X 被分类成 4 类：$\{x_1\}, \{x_2, x_4\}, \{x_3\}, \{x_5\}$.

$$t(R)_{0.63} = \begin{pmatrix} 1 & 1 & 0 & 1 & 0 \\ 1 & 1 & 0 & 1 & 0 \\ 0 & 0 & 1 & 0 & 0 \\ 1 & 1 & 0 & 1 & 0 \\ 0 & 0 & 0 & 0 & 1 \end{pmatrix}$$

这时 X 被分类成 3 类：$\{x_1, x_2, x_4\}, \{x_3\}, \{x_5\}$.

$$t(R)_{0.62} = \begin{pmatrix} 1 & 1 & 1 & 1 & 0 \\ 1 & 1 & 1 & 1 & 0 \\ 1 & 1 & 1 & 1 & 0 \\ 1 & 1 & 1 & 1 & 0 \\ 0 & 0 & 0 & 0 & 1 \end{pmatrix}$$

这时 X 被分类成 2 类：$\{x_1, x_2, x_3, x_4\}, \{x_5\}$.

$$t(R)_{0.53} = \begin{pmatrix} 1 & 1 & 1 & 1 & 1 \\ 1 & 1 & 1 & 1 & 1 \\ 1 & 1 & 1 & 1 & 1 \\ 1 & 1 & 1 & 1 & 1 \\ 1 & 1 & 1 & 1 & 1 \end{pmatrix}$$

这时 X 被分类成 1 类：$\{x_1, x_2, x_3, x_4, x_5\}$.

使用 MATLAB 软件对例题 17 计算绘制聚类图程序如图 4-25 所示. 使用 MATLAB 软件进模糊聚类计算例题 17 程序如程序清单 4-15 所示.

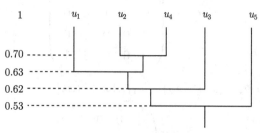

图 4-25   动态聚类图

程序清单 4-15   模糊聚类计算

程序文件 code4_13.m

```
%数据规格化 MATLAB 程序
  a=[80 10 6 2;50 1 6 4;90 6 4 6
    40 5 7 3;10 1 2 4];
mu=max(a)
for i=1:5
  for j=1:4
    r(i,j)=a(i,j)/mu(j);
  end
end
%采用最大最小法构造相似矩阵
r=[0.8889 1.0000 0.8571 0.3333
  0.5556 0.1000 0.8571 0.6667
  1.0000 0.6000 0.5714 1.0000
  0.4444 0.5000 1.0000 0.5000
  0.1111 0.1000 0.2857 0.6667];
b=r';
for i=1:5
  for j=1:5
    R(i,j)=sum(min([r(i,:);b(:,j)']))/sum(max([r(i,:);b(:,j)']));
  end
end
R=[ 1.0000 0.5409 0.6206 0.6299 0.2432
  0.5409 1.0000 0.5478 0.6985 0.5339
  0.6206 0.5478 1.0000 0.5599 0.3669
```

```
   0.6299 0.6985 0.5599 1.0000 0.3818
   0.2432 0.5339 0.3669 0.3818 1.0000];
R1=hech (R)
R2=hech (R1)
R3=hech (R2)
bh=zeros(5);
bh(find(R2>0.7))=1
function rhat=hech(r);
n=length(r);
for i=1:n
  for j=1:n
rhat(i,j)=max(min([r(i,:);r(:,j)']));
  end
end
    end
```

4.7 判别分析

4.7.1 判别分析简介

判别分析是利用原有的分类信息, 得到体现这种分类的函数关系式, 称为判别函数, 一般是与分类相关的若干个指标的线性关系式, 然后利用该函数去判断未知样品属于哪一类. 或者可以说判别分析是在已知研究对象分成若干类型, 并已取得各种类型的一批已知样品的观测数据的基础上根据某些准则建立判别式, 然后对未知类型的样品进行判别分类.

判别分析有着非常广泛的应用, 比如在考古学上, 根据出土的样品判别墓葬年代、墓主的身份以及性别; 在医学上, 根据患者的临床症状和化验结果判断患者所患疾病的类型; 在经济学上, 根据各项经济发展指标判断一个国家经济发展水平所属类型; 在模式识别领域,用来进行文字识别、语音识别、指纹识别等.

4.7.2 距离判别

1. 判别分析的基本思想及意义

1) 欧氏距离

欧几里得距离也称欧氏距离, 是一个通常采用的距离定义, 指在 n 维空间中两个点之间的真实距离, 或者向量的自然长度即该点到原点的距离. 在二维和三维空间中的欧氏距离就是两点之间的实际距离.

设有 n 维向量 $x = (x_1, x_2, \cdots, x_n), y = (y_1, y_2, \cdots, y_n)$, 则称 $d(x, y) =$
$\sqrt{\sum\limits_{i=1}^{n}(x_i - y_i)^2}$ 为 n 维向量 x, y 之间的欧氏距离.

2) 绝对距离

绝对距离为平面直角坐标系中, 两点的横坐标的差的绝对值与纵坐标的差的绝对值的和, 叫做这两点的绝对距离.

设有 n 维向量 $x = (x_1, x_2, \cdots, x_n)$, $y = (y_1, y_2, \cdots, y_n)$, 则称 $d(x, y) =$
$\sum\limits_{i=1}^{n}|x_i - y_i|$ 为 n 维向量 x, y 之间的绝对距离.

3) 闵可夫斯基距离

设有 n 维向量 $x = (x_1, x_2, \cdots, x_n)$, $y = (y_1, y_2, \cdots, y_n)$, 则称 $d(x, y) =$
$\left[\sum\limits_{i=1}^{n}|x_i - y_i|^r\right]^{1/r}$ 为 n 维向量 x, y 之间的闵可夫斯基距离. 显然, 当 $r = 2$ 和 1
时闵可夫斯基距离分别为欧氏距离和绝对距离.

4) 马氏距离

马氏距离是由印度统计学家马哈拉诺比斯提出的, 由于马氏距离具有统计意义, 在距离判别分析时经常应用马氏距离.

(1) 同一总体的两个向量之间的马氏距离.

设有 n 维向量 $x = (x_1, x_2, \cdots, x_n)$, $y = (y_1, y_2, \cdots, y_n)$, 则称

$$d(x, y) = \sqrt{(x - y)\Sigma^{-1}(x - y)^{\mathrm{T}}} \tag{4-64}$$

为 n 维向量 x, y 之间的马氏距离, 其中 Σ 为总体协方差矩阵. 显然, 当 Σ 为单位矩阵时马氏距离就是欧氏距离.

(2) 一个向量到一个总体的马氏距离.

设 x 是取自均值向量为 μ、协方差矩阵为 Σ 的总体 G 的一个行向量, 则称

$$d(x, G) = \sqrt{(x - \mu)\Sigma^{-1}(x - \mu)^{\mathrm{T}}} \tag{4-65}$$

为 n 维向量 x 与总体 G 的马氏距离.

(3) 两个总体之间的马氏距离.

设有两个总体 G_1, G_2, 总体的均值向量分别为 μ_1, μ_2, 协方差矩阵相等, 皆为 Σ, 两个总体之间的马氏距离为

$$d(G_1, G_2) = \sqrt{(\mu_1 - \mu_2)\Sigma^{-1}(\mu_1 - \mu_2)^{\mathrm{T}}} \tag{4-66}$$

注意 通常, 在判别分析中不采用欧氏距离的原因在于, 该距离与量纲有关.

2. 两个总体的距离判别

由于马氏距离与总体的协方差矩阵有关, 所以利用马氏距离进行判别分析需要分别考虑两个总体的协方差矩阵是否相等.

1) 线性判别函数 I

设有两个总体 G_1, G_2, 总体的均值向量分别为 μ_1, μ_2, 协方差矩阵相等, 皆为 Σ, 考虑样品 x 到两个总体的马氏距离平方差.

距离判别法:

设有两个协方差相同的总体 $\Sigma_1 = \Sigma_2 = \Sigma, G_1 \sim (\mu_1, \Sigma), G_2 \sim N_p(\mu_2, \Sigma)$, 一个新样品要判定它来自哪一个总体, 有一个很直观的方法:

计算:

$$d(x, G_1), \quad d(x, G_2)$$

若 $d^2(x, G_1) \leqslant d^2(x, G_2)$, 则 $x \in G_1$, 否则 $x \in G_2$.

$$
\begin{aligned}
& d^2(x, G_2) - d^2(x, G_1) \\
&= (x - \mu_2)^{\mathrm{T}} \Sigma^{-1} (x - \mu_2) - (x - \mu_1)^{\mathrm{T}} \Sigma^{-1} (x - \mu_1) \\
&= x^{\mathrm{T}} \Sigma^{-1} x - 2\mu_2^{\mathrm{T}} \Sigma^{-1} x + \mu_2^{\mathrm{T}} \Sigma^{-1} \mu_2 - (x^{\mathrm{T}} \Sigma^{-1} x - 2\mu_1^{\mathrm{T}} \Sigma^{-1} x + \mu_1^{\mathrm{T}} \Sigma^{-1} \mu_1) \\
&= -2\mu_2^{\mathrm{T}} \Sigma^{-1} x + \mu_2^{\mathrm{T}} \Sigma^{-1} \mu_2 + 2\mu_1^{\mathrm{T}} \Sigma^{-1} x - \mu_1^{\mathrm{T}} \Sigma^{-1} \mu_1 \\
&= -2\left[\left(\mu_2^{\mathrm{T}} \Sigma^{-1} x - \frac{1}{2} \mu_2^{\mathrm{T}} \Sigma^{-1} \mu_2 \right) - \left(\mu_1^{\mathrm{T}} \Sigma^{-1} x - \frac{1}{2} \mu_1^{\mathrm{T}} \Sigma^{-1} \mu_1 \right) \right] \\
&= -2[w_2(x) - w_1(x)]
\end{aligned}
\tag{4-67}
$$

其中

$$w_1(x) = \mu_1^{\mathrm{T}} \Sigma^{-1} x - \frac{1}{2} \mu_1^{\mathrm{T}} \Sigma^{-1} \mu_1 \tag{4-68}$$

$$w_2(x) = \mu_2^{\mathrm{T}} \Sigma^{-1} x - \frac{1}{2} \mu_2^{\mathrm{T}} \Sigma^{-1} \mu_2 \tag{4-69}$$

于是判别准则为

$$
\begin{cases}
x \in G_1, & w_1(x) \geqslant w_2(x) \\
x \in G_2, & w_1(x) < w_2(x)
\end{cases}
\tag{4-70}
$$

2) 线性判别函数 II

$$d^2(x, G_2) - d^2(x, G_1)$$

$$= (x - \mu_2)^{\mathrm{T}} \Sigma^{-1} (x - \mu_2) - (x - \mu_1)^{\mathrm{T}} \Sigma^{-1} (x - \mu_1)$$

$$= x^{\mathrm{T}} \Sigma^{-1} x - 2\mu_2^{\mathrm{T}} \Sigma^{-1} x + \mu_2^{\mathrm{T}} \Sigma^{-1} \mu_2 - (x^{\mathrm{T}} \Sigma^{-1} x - 2\mu_1^{\mathrm{T}} \Sigma^{-1} x + \mu_1^{\mathrm{T}} \Sigma^{-1} \mu_1)$$

$$= -2\mu_2^{\mathrm{T}} \Sigma^{-1} x + \mu_2^{\mathrm{T}} \Sigma^{-1} \mu_2 + 2\mu_1^{\mathrm{T}} \Sigma^{-1} x - \mu_1^{\mathrm{T}} \Sigma^{-1} \mu_1$$

$$= 2(\mu_1^{\mathrm{T}} - \mu_2^{\mathrm{T}}) \Sigma^{-1} x + \mu_2^{\mathrm{T}} \Sigma^{-1} \mu_2 - \mu_1^{\mathrm{T}} \Sigma^{-1} \mu_1 + \mu_1^{\mathrm{T}} \Sigma^{-1} \mu_2 - \mu_2^{\mathrm{T}} \Sigma^{-1} \mu_1 \tag{4-71}$$

因为实数的转置为实数的自身, 故有

$$(\mu_1^{\mathrm{T}} - \mu_2^{\mathrm{T}}) \Sigma^{-1} x = x^{\mathrm{T}} \Sigma^{-1} (\mu_1 - \mu_2) \tag{4-72}$$

$$\mu_1^{\mathrm{T}} \Sigma^{-1} \mu_2 = \mu_2^{\mathrm{T}} \Sigma^{-1} \mu_1 \tag{4-73}$$

$$d^2(x, G_2) - d^2(x, G_1)$$

$$= 2x^{\mathrm{T}} \Sigma^{-1} (\mu_1 - \mu_2) - (\mu_1 + \mu_2)^{\mathrm{T}} \Sigma^{-1} (\mu_1 - \mu_2)$$

$$= 2 \left[x^{\mathrm{T}} \Sigma^{-1} (\mu_1 - \mu_2) - \frac{1}{2} (\mu_1 + \mu_2)^{\mathrm{T}} \Sigma^{-1} (\mu_1 - \mu_2) \right]$$

$$= 2 \left[\left(x^{\mathrm{T}} - \frac{1}{2} (\mu_1 + \mu_2)^{\mathrm{T}} \right) \Sigma^{-1} (\mu_1 - \mu_2) \right]$$

$$= 2 \left[\left(x - \frac{1}{2} (\mu_1 + \mu_2) \right)^{\mathrm{T}} \Sigma^{-1} (\mu_1 - \mu_2) \right] \tag{4-74}$$

令

$$\frac{1}{2} (\mu_1 + \mu_2) = \bar{\mu} \Rightarrow \left(x - \frac{1}{2} (\mu_1 + \mu_2) \right)^{\mathrm{T}} \Sigma^{-1} (\mu_1 - \mu_2) = (x - \bar{\mu})^{\mathrm{T}} \Sigma^{-1} (\mu_1 - \mu_2) \tag{4-75}$$

注意到

$$(x - \bar{\mu})^{\mathrm{T}} \Sigma^{-1} (\mu_1 - \mu_2) = (\mu_1 - \mu_2)^{\mathrm{T}} \Sigma^{-1} (x - \bar{\mu})$$

可得

$$d^2(x, G_2) - d^2(x, G_1) = 2(\mu_1 - \mu_2)^{\mathrm{T}} \Sigma^{-1} (x - \bar{\mu})$$

记 $a = \Sigma^{-1} (\mu_1 - \mu_2) \Rightarrow a^{\mathrm{T}} = (\mu_1 - \mu_2)^{\mathrm{T}} \Sigma^{-1}$,

$$w(x) = a^{\mathrm{T}} (x - \bar{\mu}) \Rightarrow d^2(x, G_2) - d^2(x, G_1) = 2w(x) \tag{4-76}$$

于是距离判别准则简化为

$$\begin{cases} x \in G_1, & w(x) \geqslant 0 \\ x \in G_2, & w(x) < 0 \end{cases}$$

在实际问题中, 由于总体的均值、协方差矩阵通常是未知的, 数据资料来自两个总体的训练样本, 于是用样本的均值、样本的协方差矩阵代替总体的均值与协方差.

注意 若 S_1, S_2 分别为两个样本的协方差矩阵, 则在 $\Sigma_1 = \Sigma_2 = \Sigma$ 时, 总体的协方差矩阵估计量

$$S = \hat{\Sigma} = \frac{(n_1 - 1)S_1 + (n_2 - 1)S_2}{n_1 + n_2 - 2} \tag{4-77}$$

其中 n_1, n_2 分别为两个样本的容量.

3. 距离判别中的 classify 函数

MATLAB 统计工具箱中提供了 classify 函数, 用来对未知类别的样品进行判别, 可以进行距离判别和先验分布为正态分布的贝叶斯判别. 其调用格式如下:

$$\text{class} = \text{classify}(\text{sample}, \text{training}, \text{group})$$

将 sample 中的每一个观测归入 training 中观测所在的某个组. 输入参数 sample 是待判别的样本数据矩阵, training 是用于构造判别函数的训练样本数据矩阵, 它们的每一行对应一个观测, 每一列对应一个变量, sample 和 training 具有相同的列数. 参数 group 是与 training 相应的分组变量, group 和 training 具有相同的行数, group 中的每一个元素指定了 training 中相应观测所在的组. group 可以是一个分类变量、数值向量、字符串数组或字符串元胞数组, 输出参数 class 是一个行向量, 用来指定 sample 中各观测所在的组, class 与 group 具有相同的数据类型.

classify 函数把 group 中的 NaN 或空字符作为缺失数据, 从而忽略 training 中相应的观测. class = classify(sample,training,group,tbype) 允许用户通过 type 参数指定判别函数的类型, type 的可能取值如表 4-37 所示.

表 4-37 classify 函数支持的判别函数类型

Type 参数的可能值	说明
Linear	线性判别函数 (默认情况). 假定 $G_i \sim N_p(\mu_i, \Sigma)$, $i = 1, 2, \cdots$, 即各组的先验函数分布均为协方差矩阵相同的 p 元正态分布, 此时由样本得出协方差矩阵的联合估计 $\hat{\Sigma}$
diaglinear	与 linear 类似, 此时用一个对角矩阵作为协方差矩阵的估计
quadratic	二次判别函数. 假定各组的先验分布均为 p 元正态分布, 但是协方差矩阵并不完全相同. 此时分别得出各个协方差矩阵的估计 $\hat{\Sigma}_i$, $i = 1, 2, \cdots, k$
diagquadratic	与 quadratic 类似. 此时用对角矩阵作为各个协方差矩阵的估计
mahalanobis	各组的协方差矩阵不全相等并未知时的距离判别. 此时分别得出各组的协方差矩阵的估计

注意   当 type 参数取前四种取值时, classify 函数可用来贝叶斯判别, 此时可以通过第 3 种调用格式中的 prior 参数给定先验概率; 当 type 参数取值为 mahalanobis 时, classify 函数用来距离判别, 此时先验概率只是用来计算误判概率.

例题 18   对 21 个破产的企业收集它们在破产前两年的年度财务数据, 同时对 25 个财务良好的企业也收集同一时期的数据. 数据涉及 4 个变量: $x_1 = $ 现金流量 / 总债务, $x_2 = $ 收入 / 总资产, $x_3 = $ 流动资产 / 流动债务, $x_4 = $ 流动资产/净销售额. 部分数据如表 4-38 所示, 其中 1 组为破产企业, 2 组为非破产企业. 现有 4 个未判企业, 它们的相关数据位于表 4-38 的最后 4 行, 试根据距离判别法, 对这 4 个未判企业进行判别.

表 4-38   年度财务数据

企业编号	组别	x_1	x_2	x_3	x_4
1	1	-0.45	-0.41	1.09	0.45
2	1	-0.56	-0.31	1.51	0.16
3	1	0.06	0.02	1.01	0.4
4	1	-0.07	-0.09	1.45	0.26
47	未判	-0.16	-0.1	1.45	0.51
48	未判	0.41	0.12	2.01	0.39
49	未判	0.13	-0.09	1.26	0.34
50	未判	0.37	0.08	3.65	0.43

通过 MATLAB 软件计算出判别结果和误判率, 得知共有 3 个观测发生了误判, 分别为第 15, 16 和 34 号观测, 其中第 15 和 16 号观测由第 1 组误判为第 2 组, 而第 34 号观测则由第 2 组误判为第 1 组. 用 $P(j|i)\,(i=1,2)$ 表示原本属于第 i 组的样品被误判为第 j 组的概率, 则误判概率的估计值分别为

$$\hat{P}(2|1) = \frac{2}{21} = 0.0952, \quad \hat{P}(1|2) = \frac{1}{25} = 0.04 \tag{4-78}$$

设两组的先验概率均为 0.5, 则

$$\text{err} = 0.5\hat{P}(2|1) + 0.5\hat{P}(1|2) = 0.0676 \tag{4-79}$$

也就是说 classify 函数这样求误判概率: 首先求训练样本 (training) 的误判百分比, 然后用先验概率加权求和, 即得到最后返回的误判概率.

表 4-38 中的第 47~50 号观测为未知组别的样品. 由上面的结果可知, 第 47 和第 49 号观测被判归第 1 组, 它们为破产企业; 第 48 和第 50 号观测被判归第 2 组, 它们为非破产企业.

使用 MATLAB 软件计算例题 18 程序如程序清单 4-16 所示.

程序清单 4-16 判别分析计算程序

程序文件 code4_14.m

```
[data,~,raw]= xlsread('年度财务数据.xls','Sheet1','C2:F51');
sample =data
training = xlsread('年度财务数据.xls','','C2:F47');
group = xlsread('年度财务数据.xls','','B2:B47');
obs = [1 : 50]'; %企业的编号
%距离判别, 判别函数类型为 mahalanobis, 返回判别结果向量 C 和误判概率 err
[C,err] = classify(sample,training,group,'mahalanobis');
[obs, C] %查看判别结果
err %查看误判概率
```

4.7.3 贝叶斯判别

1. 贝叶斯判别思想

距离判别只要求知道总体的数字特征, 不涉及总体的分布函数, 当参数和协方差未知时, 就用样本的均值和协方差矩阵来估计. 距离判别方法简单实用, 但没有考虑到每个总体出现的机会大小, 即先验概率, 没有考虑到错判的损失. 贝叶斯判别法正是为了解决这两个问题提出的判别分析方法.

一个好的判别方法, 既要考虑到各个总体出现的先验概率, 又要考虑到错判造成的损失, 贝叶斯判别就具有这些优点.

贝叶斯公式是一个我们熟知的公式

$$P(B_i|A) = \frac{P(A|B_i)P(B_i)}{\sum P(A|B_i)P(B_i)} \qquad (4\text{-}80)$$

2. 贝叶斯判别准则

(1) 后验概率最大原则.

设有总体 $G_i(i = 1, 2, \cdots, k)$, G_i 具有概率密度函数 $f_i(x)$, 并且根据以往的统计分析, 知道 G_i 出现的概率为 P_i. 即当样本 x_0 发生时, 求它属于某类的概率. 由贝叶斯公式计算后验概率有: $P(G_i|x_0) = \max \dfrac{p_i f_i(x_0)}{\sum p_j f_j(x_0)} (1 \leqslant i \leqslant k)$, 则 x_0 判给 G_l.

(2) 平均误判最小原则.

设有总体 $G_i(i = 1, 2, \cdots, k)$, G_i 具有概率密度函数 $f_i(x)$, 且根据以往的统计分析, 知道 G_i 出现的概率为 p_i, 且 $\displaystyle\sum_{i=1}^{k} p_i = 1$, 又 $D_1, D_2, \cdots, D_k$ 是 $R^{(p)}$ 的一

个分划, 则判别法则为: 当样品 X 落入 D_i 时, 判 $X \in D_i(i = 1, 2, \cdots, k)$. 关键的问题是寻找 $D_1, D_2, \cdots, D_k$ 分划, 这个分划应该使平均错判率最小.

(3) 平均错判损失最小.

用 $p(j|i)$ 表示将来自总体 G_i 的样品错判到总体 G_j 的条件概率. $p(j|i) = P(X \in D_j|G_i) = \int_{D_j} f_i(x)dx(i \neq j)$, $C(j|i)$ 表示相应错判所造成的损失. 则平均错判损失为: $\mathrm{ECM} = \sum_{i=1}^{k} p_i \sum_{j \neq i} C(j|i)P(j|i)$, 使 ECM 最小的分划, 是贝叶斯判别分析的解.

(4) 两个总体的贝叶斯判别.

考虑两个 p 元总体 G_1, G_2, 分别具有概率密度函数 $f_1(x), f_2(x)$, 设出现的先验概率为: $p_1 = P(G_1)$, $p_2 = P(G_2)$, 且 $p_1 + p_2 = 1$. 一个划分 $R = (R_1, R_2)$ 相当于一个判别准则, 在判别准则 R 下将来自 G_1 的样品误判为 G_2 的概率是 $P(2|1, R) = \int_{R_2} f_1(x)dx$, 而将来自 G_2 的样品误判为 G_1 的概率是 $P(1|2, R) = \int_{R_1} f_2(x)dx$, 平均误判率为 $p_1 P(2|1, R) + p_2 P(1|2, R)$. 平均误判损失 $L = c(2|1)p_1 \cdot P(2|1, R) + c(1|2)p_2 P(1|2, R)$. 其中 $c(2|1)$ 是将 G_1 的样品误判为 G_2 的损失, $c(1|2)$ 是将来自 G_2 的样品误判为 G_1 的损失.

我们首先考虑 $c(2|1) = c(1|2)$ 的情况, 并且总假定 $c(1|1) = c(2|2) = 0$, 对于一个 p 元样本 $x = (x_1, x_2, \cdots, x_p)^{\mathrm{T}}$, 根据贝叶斯公式, 可以得到该样品属于 G_1, G_2 的后验概率分别为

$$P(G_1|x) = \frac{p_1 f_1(x)}{p_1 f_1(x) + p_2 f_2(x)}, \quad P(G_2|x) = \frac{p_2 f_2(x)}{p_1 f_1(x) + p_2 f_2(x)}$$

当 $c(2|1) = c(1|2)$ 时, 两总体贝叶斯判别的一个最优划分是

$$\begin{cases} R_1 = \{x : P(G_1|x) \geqslant P(G_2|x)\} \\ R_2 = \{x : P(G_1|x) < P(G_2|x)\} \end{cases}$$

$P(G_1|x) \geqslant P(G_2|x) \Leftrightarrow p_1 f_1(x) \geqslant p_2 f_2(x)$, 于是得到两个总体的贝叶斯判别法则为

$$\begin{cases} x \in G_1, \quad P(G_1|x) \geqslant P(G_2|x) \\ x \in G_2, \quad P(G_1|x) < P(G_2|x) \end{cases}$$

定理 若 $c(2|1) = c(1|2) = c$, 则存在最优划分 $\begin{cases} R_1 = \{x : P(G_1|x) \geqslant P(G_2|x)\}, \\ R_2 = \{x : P(G_1|x) < P(G_2|x)\}, \end{cases}$
使得平均误判概率 $p^* = p_1 P(2|1, R) + p_2 P(1|2, R)$ 达到最小.

证明

$$p^* = p_1 P(2|1, R) + p_2 P(1|2, R) = p_1 \int_{R_2} f_1(x)dx + p_2 \int_{R_1} f_2(x)dx$$

$$= \int_{R_1} p_2 f_2(x)dx - \int_{R_1} p_1 f_1(x)dx + \int_{R_1} p_1 f_1(x)dx + \int_{R_2} p_1 f_1(x)dx$$

$$= \int_{R_1} [p_2 f_2(x) - p_1 f_1(x)]dx + \int_{R^p} p_1 f_1(x)dx$$

$$= \int_{R_1} [p_2 f_2(x) - p_1 f_1(x)]dx + p_1$$

显然, 若取 $R_1 = \{x : p_2 f_2(x) \leqslant p_1 f_1(x)\}$, 则可以使得 P^* 达到最小, 这时 $R_2 = \{x : p_2 f_2(x) > p_1 f_1(x)\}$.

推论 若 $c(2|1) = c(1|2) = c$, 则存在最优划分 $\begin{cases} R_1 = \{x : P(G_1|x) \geqslant P(G_2|x)\}, \\ R_2 = \{x : P(G_1|x) < P(G_2|x)\}, \end{cases}$
使得平均误判损失达到最小.

由于 $c(2|1) = c(1|2) = c$, 于是平均误判损失为: cp^*, 因此存在最优划分 R, 使得 cp^* 达到最小等价于使得 p^* 达到最小.

当 $c(2|1) \neq c(1|2)$ 时, 关于先验概率 p_1, p_2, 误判造成的平均损失为

$$L = (2|1)p_1 P(2|1, R) + c(1|2)p_2 P(1|2, R)$$

$$= c(2|1)p_1 \int_{R_2} f_1(x)dx + c(1|2)p_2 \int_{R_1} f_2(x)dx$$

$$= c(1|2) \int_{R_1} p_2 f_2(x)dx - c(2|1) \int_{R_1} p_1 f_1(x)dx$$

$$\quad + c(2|1) \int_{R_1} p_1 f_1(x)dx + c(2|1) \int_{R_2} p_1 f_1(x)dx$$

$$= \int_{R_1} [c(1|2)p_2 f_2(x) - c(2|1) p_1 f_1(x)] dx + c(2|1) \int_{R^p} p_1 f_1(x)dx$$

$$= \int_{R_1} [c(1|2)p_2 f_2(x) - c(2|1) p_1 f_1(x)] dx + c(2|1)p_1$$

于是, 当 L 取得最小值时有最优划分为

$$\begin{cases} R_1 = \{x : c(1|2)p_2f_2(x) \leqslant c(2|1)\,p_1f_1(x)\} \\ R_2 = \{x : c(1|2)p_2f_2(x) > c(2|1)\,p_1f_1(x)\} \end{cases}$$

3. 两个正态总体的贝叶斯判别

在 $c(1|2) = c(2|1)$ 的条件下, 我们首先考虑两个总体协方差矩阵相等的情形. 设总体 G_1, G_2 的协方差矩阵相等且为 Σ, 概率密度函数为

$$f_j(x) = \frac{1}{2\pi^{\frac{p}{2}}|\Sigma|^{\frac{1}{2}}} \exp^{-\frac{1}{2}(x-\mu_j)^\mathrm{T}\Sigma^{-1}(x-\mu_j)} \quad (j = 1, 2)$$

上式两边取自然对数得: $\ln f_j(x) = -\dfrac{p}{2}\ln(2\pi) - \dfrac{1}{2}\ln|\Sigma| - \dfrac{1}{2}(x - \mu_j)^\mathrm{T}\Sigma^{-1}(x - \mu_j)$, 这时

$$\begin{aligned} R_1 &= \{x : p_2f_2(x) \leqslant p_1f_1(x)\} \\ &= \{x : \ln p_2 + \ln f_2(x) \leqslant \ln p_1 + \ln f_1(x)\} \\ &= \Big\{x : \ln p_2 - \frac{1}{2}\ln|\Sigma_2| - \frac{1}{2}(x - \mu_2)^\mathrm{T}\Sigma_2^{-1}(x - \mu_2) \\ &\qquad \leqslant \ln p_1 - \frac{1}{2}\ln|\Sigma_1| - \frac{1}{2}(x - \mu_1)^\mathrm{T}\Sigma_1^{-1}(x - \mu_1)\Big\} \\ &= \Big\{x : \ln p_2 - \frac{1}{2}\ln|\Sigma_2| - \frac{1}{2}\mathrm{mahal}(x, G_2) \leqslant \ln p_1 - \frac{1}{2}\ln|\Sigma_1| - \frac{1}{2}\mathrm{mahal}(x, G_1)\Big\} \end{aligned}$$

于是, 判别函数为

$$d(x) = \frac{1}{2}\mathrm{mahal}(x, G_1) - \frac{1}{2}\mathrm{mahal}(x, G_2) + \ln(p_2/p_1) + \frac{1}{2}\ln(|\Sigma_1|/|\Sigma_2|)$$

判别准则为: 若 $d(x) \leqslant 0$, 则判别 x 属于第一类; 若 $d(x) > 0$, 则判别 x 属于第二类.

4. 多个总体的贝叶斯判别

设有 k 个总体 $G_1, G_2, \cdots, G_k$ 的概率密度为 $f_j(x)$, 各总体出现的先验概率为 $p_j = p(G_j), j = 1, 2, \cdots, k$, 满足 $\displaystyle\sum_{j=1}^{k} p_j = 1$, 一个判别准则就是空间 R^p 的

一个不相重叠的划分 $R_1, R_2, \cdots, R_k$, 满足 $\bigcup\limits_{j=1}^{k} R_j = R^p, \bigcap\limits_{j=1}^{k} R_j = \varnothing$, 记 $R = (R_1, R_2, \cdots, R_k)$, 则 R 代表一个判别准则.

在判别准则 $R = (R_1, R_2, \cdots, R_k)$ 下, 将来自 G_i 的样品误判为 G_j 的概率为 $P(j|i, R) = \int_{R_j} f_i(x)dx, j = 1, 2, \cdots, k$ 且 $j \neq i$. 设来自 G_i 的样品误判为 G_j 的损失记为 $c(j|i)$, 于是得到损失矩阵:

$$\begin{pmatrix} 0 & c(2|1) & \cdots & c(k|1) \\ c(1|2) & 0 & \cdots & c(k|2) \\ \vdots & \vdots & & \vdots \\ c(1|k) & c(2|k) & \cdots & 0 \end{pmatrix}$$

于是来自 G_i 的样品误判为来自其他总体的概率: $\sum\limits_{j \neq i} P(j|i, R) = \sum\limits_{j \neq i} \int_{R_j} f_i(x)dx$.

当 G_j 出现的概率为 $p_j, j = 1, 2, \cdots, k$ 时, 误判的平均的概率是 $p^* = \sum\limits_{i=1}^{k} p_i \left(\sum\limits_{j=1}^{k} p_i \left(\sum\limits_{j \neq i} P(j|i, R) \right) \right) = \sum\limits_{i=1}^{k} p_i \left(\sum\limits_{j \neq i} \int_{R_j} f_i(x)dx \right)$, 于是来自 G_i 的样品误判为来自其他总体的损失 $\left(\sum\limits_{j \neq i} P(j|i, R) \right) = \sum\limits_{i=1}^{k} p_i \left(\sum\limits_{j \neq i} \int_{R_j} f_i(x)dx \right)$, 来自 G_i 的样品误判为来自其他总体的平均损失为 $L = \sum\limits_{i=1}^{k} p_i l_i = \sum\limits_{i=1}^{k} \sum\limits_{j=1}^{k} p_i P(j|i, R)c(j|i)$.

在多个总体的判别中, 仍然是考虑平均损失最小, 即后验概率最大的作为判别准则.

4.8 主成分分析

4.8.1 主成分分析简介

主成分分析 (principal component analysis) 又称主分量分析, 是由皮尔逊 (Pearson) 于 1901 年首先引入, 后来由霍特林 (Hotelling) 于 1933 年进行了发展, 主成分分析是一种通过降维技术把多个变量化为少数几个主成分即综合变量的多元统计方法, 这些主成分能够反映原始变量的大部分信息, 通常表示为原始变量的线性组合, 为使得这些主成分所包含的信息互不重叠, 要求各主成分之间互不相关. 主成分分析在很多领域有着广泛的应用, 一般来说, 当研究的问题涉及很多变量, 并且变量间相关性明显, 以及包含的信息有所重叠时, 可以考虑用主成分分析的方法, 这样更容易抓住事物的主要矛盾, 使得问题得到简化.

4.8.2 从总体协方差矩阵出发求解主成分

设 $x = (x_1, x_2, \cdots, x_p)^{\mathrm{T}}$ 为一个 p 维总体, 假定 x 的期望和协方差矩阵均存在并已知, 记 $E(x) = \mu, \mathrm{var}(x) = \Sigma$, 考虑如下线性变换

$$\begin{cases} y_1 = a_{11}x_1 + a_{12}x_2 + \cdots + a_{1p}x_p = a_1^{\mathrm{T}}x \\ y_2 = a_{21}x_1 + a_{22}x_2 + \cdots + a_{2p}x_p = a_2^{\mathrm{T}}x \\ \qquad\qquad \cdots\cdots \\ y_p = a_{p1}x_1 + a_{p2}x_2 + \cdots + a_{pp}x_p = a_p^{\mathrm{T}}x \end{cases} \tag{4-81}$$

其中 $a_1, a_2, \cdots, a_p$ 均为单位向量. 下面求 a_1 使得 y_1 的方差达到最大.

设 $\lambda_1 \geqslant \lambda_2 \geqslant \cdots \geqslant \lambda_p \geqslant 0$ 为 Σ 的 p 个特征值, $t_1, t_2, \cdots, t_p$ 为相应的正交单位特征向量, 即

$$\Sigma t_1 = \lambda_i t_i, \quad t_i^{\mathrm{T}}t_i = 1, \quad t_i^{\mathrm{T}}t_j = 0, \quad i \neq j; \quad i, j = 1, 2, \cdots, p \tag{4-82}$$

由矩阵知识可知

$$\Sigma = TAT^{\mathrm{T}} = \sum_{i=1}^{p} \lambda_i t_i t_i^{\mathrm{T}}$$

其中 $T = (t_1, t_2, \cdots, t_p)$ 为正交矩阵, A 是对角线元素为 $\lambda_1, \lambda_2, \cdots, \lambda_p$ 的对角阵, 考虑 y_1 的方差:

$$\mathrm{var}(y_1) = \mathrm{var}(a_1^{\mathrm{T}}x) = c_1^{\mathrm{T}}\mathrm{var}(x)a_1 = \sum_{i=1}^{p} \lambda_i a_1^{\mathrm{T}} t_i t_i^{\mathrm{T}} a_1$$

$$= \sum_{i=1}^{p} \lambda_i (a_1^{\mathrm{T}}t_1)^2 \leqslant \lambda_1 \sum_{i=1}^{p} (a_1^{\mathrm{T}}t_i)^2$$

$$= \lambda_1 a_1^{\mathrm{T}} \left(\sum_{i=1}^{p} t_i t_i^{\mathrm{T}} \right) a_1 = \lambda_1 a_1^{\mathrm{T}} TT' a_1 = \lambda_1 a_1^{\mathrm{T}} a_1 = \lambda_1 \tag{4-83}$$

由式可知, 当 $a_1 = t_1$ 时, $y_1 = t_i^{\mathrm{T}}x$ 的方差达到最大, 最大值为 λ_1. 称 $y_1 = t_1^{\mathrm{T}}x$ 为第一主成分. 如果第一主成分从原始数据中提取的信息还不够多, 还应考虑第二主成分. 下面求 a_2, 在 $\mathrm{cov}(y_1, y_2) = 0$ 条件下, 使得 y_2 的方差达到最大.

由 $\mathrm{cov}(y_1,y_2) = \mathrm{cov}(t_1^{\mathrm{T}}x, a_2^{\mathrm{T}}x) = t_1^{\mathrm{T}}\Sigma a_2 = a_2^{\mathrm{T}}\Sigma t_1 = \lambda_1 a_2^{\mathrm{T}} t_1 = 0$, 可得 $a_2^{\mathrm{T}}t_1 = 0$, 于是

$$\mathrm{var}(y_2) = \mathrm{var}(a_2^{\mathrm{T}}x) = a_2^{\mathrm{T}}\mathrm{var}(x)a_2 = \sum_{i=1}^{p}\lambda_i a_2^{\mathrm{T}} t_1 t_i^{\mathrm{T}} a_2$$

$$= \sum_{i-2}^{p}\lambda_i(a_2^{\mathrm{T}}t_i)^2 \leqslant \lambda_2 \sum_{i=2}^{p}(a_2^{\mathrm{T}}t_i)^2$$

$$= \lambda_2 a_2^{\mathrm{T}}\left(\sum_{i=1}^{p}t_i t_i^{\mathrm{T}}\right) a_2 = \lambda_2 a_2^{\mathrm{T}}TT^{\mathrm{T}}a_2 = \lambda_2 a_2^{\mathrm{T}}a_2 = \lambda_2 \qquad (4\text{-}84)$$

由式 (4-84) 可知, 当 $a_2 = t_2$ 时, $y_2 = t_2^{\mathrm{T}}x$ 的方差达到最大, 最大值为 λ_2, 称 $y_2 = t_2^{\mathrm{T}}x$ 为第二主成分. 类似地, 在约束 $\mathrm{cov}(y_k,y_1) = 0(k = 1,2,\cdots,i-1)$ 下可得, 当 $a_i = t_i$ 时 $y_1 = t_i^{\mathrm{T}}x$ 的方差达到最大, 最大值为 λ_i, 称 $y_i = t_i^{\mathrm{T}}x(i = 1,2,\cdots,p)$ 为第 i 主成分.

4.8.3 主成分的性质

(1) 主成分向量的协方差矩阵为对角阵, 记

$$y = \begin{pmatrix} y_1 \\ y_2 \\ \vdots \\ y_p \end{pmatrix} = \begin{pmatrix} t_1^{\mathrm{T}}x \\ t_2^{\mathrm{T}}x \\ \vdots \\ t_p^{\mathrm{T}}x \end{pmatrix} = (t_1, t_2, \cdots, t_p)^{\mathrm{T}}x = T^{\mathrm{T}}x \qquad (4\text{-}85)$$

则

$$E(y) = E(T^{\mathrm{T}}x) = T^{\mathrm{T}}\mu, \quad \mathrm{var}(y) = \mathrm{var}(T^{\mathrm{T}}x) = T^{\mathrm{T}}\mathrm{var}(x)T = T^{\mathrm{T}}\Sigma T = A$$

即主成分向量的协方差矩阵为对角阵.

(2) 主成分的总方差等于原始变量总方差.

设协方差矩阵 $\Sigma = (\sigma_{ij})$, 则 $\mathrm{var}(x_i) = \sigma_{ii}(i = 1,2,\cdots,p)$, 于是

$$\sum_{i=1}^{p}\mathrm{var}(y_i) = \sum_{i=1}^{p}\lambda_i = \mathrm{tr}(\Sigma) = \sum_{i=1}^{p}\sigma_{ii} = \sum_{i=1}^{p}\mathrm{var}(x_i) \qquad (4\text{-}86)$$

由此可见, 原始数据的总方差等于 p 个互不相关的主成分的方差之和, 也就是说 p 个互不相关的主成分包含了原始数据中的全部信息, 但是主成分所包含的信息更为集中.

总方差中第 i 个主成分 y_i 的方差所占的比例 $\lambda_i\big/\sum\limits_{j=1}^{p}\lambda_j\,(i=1,2,\cdots,p)$ 称为主成分 y_i 的贡献率. 主成分的贡献率反映了主成分综合原始变量信息的能力, 也可理解为解释原始变量的能力. 由贡献率可知, p 个主成分的贡献率依次递减, 即综合原始变量信息能力依次递减. 第一个主成分的贡献率最大, 即第一个主成分综合原始变量信息的能力最强.

前 $m(m\leqslant p)$ 个主成分的贡献率之和 $\sum\limits_{i=1}^{m}\lambda_i\big/\sum\limits_{j=1}^{p}\lambda_j$ 称为前 m 个主成分的累积贡献率, 它反映了前 m 个主成分综合原始变量信息或解释原始变量的能力. 由于主成分分析的主要目的是降维, 所以需要在信息损失不太多的情况下, 用少数几个主成分来代替原始变量 $x_1, x_2, \cdots, x_p$, 以进行后续的分析. 究竟用几个主成分来代替原始变量才合适呢? 通常的做法是取较小的 m, 使得前 m 个主成分的累积贡献率不低于某一水平, 如 85%, 这样就达到了降维的目的.

(3) 由公式 (4-85) 可知 $x=Ty$, 于是

$$x_i = t_{i1}y_1 + t_{i2}y_2 + \cdots + t_{ip}y_p \tag{4-87}$$

从而

$$\mathrm{cov}(x_i,y_j) = \mathrm{cov}(t_{ij}y_j,y_j) = t_{ij}\mathrm{cov}(y_j,y_j) = t_{ij}\lambda \tag{4-88}$$

$$\rho(x_i,y_i) = \frac{\mathrm{cov}(x_i,y_i)}{\sqrt{\mathrm{var}(x_i)}\sqrt{\mathrm{var}(y_i)}} = \frac{\sqrt{\lambda_j}}{\sqrt{\sigma_\mu}}t_{ij}, \quad i,j=1,2,\cdots,p \tag{4-89}$$

(4) 前 m 个主成分对变量 x_i 的贡献率.

$$\sum_{j=1}^{m}\rho^2(x_i,y_j) = \frac{1}{\sigma_\mu}\sum_{j=1}^{m}\lambda_j t_{ij}^2 \tag{4-90}$$

为前 m 个主成分对变量 x_i 的贡献率, 这个贡献率反映了前 m 个主成分从变量 x_i 中提取的信息的多少.

由式 (4-87) 可知 $\sigma_{ii} = \lambda_1 t_{i1}^2 + \lambda_2 t_{i2}^2 + \cdots + \lambda_p t_{ip}^2$, 故所有 p 个主成分对变量 x_i 的贡献率为

$$\sum_{j=1}^{m}\rho^2(x_i,y_j) = \frac{1}{\sigma_\mu}\sum_{j=1}^{m}\lambda_j t_{ij}^2 = 1 \tag{4-91}$$

(5) 原始变量对主成分 y_i 的贡献.

主成分 y_i 的表达式为

$$y_j = t_j^{\mathrm{T}} x = t_{1j} x_1 + t_{2j} x_2 + \cdots + t_{pj} x_p, \quad j = 1, 2, \cdots, p \tag{4-92}$$

称 t_{ij} 为第 j 个主成分 y_j 在第 i 个原始变量 x_i 上的载荷, 它反映了 x_i 对 y_j 的重要程度. 在实际问题中, 通常根据载荷 t_{ij} 解释主成分的实际意义.

4.8.4 从总体相关系数矩阵出发求解主成分

当总体各变量取值的单位或数量级不同时, 从总体协方差矩阵出发求解主成分就显得不合适了, 此时应将每个变量标准化. 记标准化变量为

$$x_i^* = \frac{x_i - E(x_i)}{\sqrt{\mathrm{var}(x_i)}}, \quad i = 1, 2, \cdots, p \tag{4-93}$$

则可以从标准化总体 $x^* = (x_1^*, x_2^*, \cdots, x_p^*)^{\mathrm{T}}$ 的协方差矩阵出发求解主成分, 即从总体 x 的相关系数矩阵出发求解主成分, 因为总体 x^* 的协方差矩阵就是总体 x 的相关系数矩阵.

设总体 x 的相关系数矩阵为 R, 从 R 出发求解主成分的步骤与从 Σ 出发求解主成分的步骤一样. 设 $\lambda_1^* \geqslant \lambda_2^* \geqslant \cdots \geqslant \lambda_p^* \geqslant 0$ 为 R 的 ρ 个特征值, $t_1^*, t_2^*, \cdots, t_p^*$ 为相应的正交单位特征向量, 则 p 个主成分为

$$y_i^* = t_i^{*\mathrm{T}} x^*, \quad i = 1, 2, \cdots, p \tag{4-94}$$

记

$$y^* = \begin{pmatrix} y_1^* \\ y_2^* \\ \vdots \\ y_p^* \end{pmatrix} = \begin{pmatrix} t_1^{*\mathrm{T}} x^* \\ t_2^{*\mathrm{T}} x^* \\ \vdots \\ t_p^{*\mathrm{T}} x^* \end{pmatrix} = (t_1^*, t_2^*, \cdots, t_p^*)^{\mathrm{T}} x^* = T^{*\mathrm{T}} x^* \tag{4-95}$$

则有以下结论

$$E(y^*) = 0, \quad \mathrm{var}(y^*) = A^* = \mathrm{diag}(\lambda_1^*, \lambda_2^*, \cdots, \lambda_p^*) \tag{4-96}$$

$$\sum_{i=1}^{p} \lambda_i^* = \mathrm{tr}(R) = p \tag{4-97}$$

$$\rho(x_i^*, y_j^*) = \frac{\mathrm{cov}(x_i^*, y_j^*)}{\sqrt{\mathrm{var}(x_i^*)} \sqrt{\mathrm{var}(y_j^*)}} = \sqrt{\lambda_i^*} t_{ij}^*, \quad i, j = 1, 2, \cdots, p \tag{4-98}$$

此时前 m 个主成分的累积贡献率为 $\dfrac{1}{p}\sum\limits_{i=1}^{m}\lambda_i^*$.

MATLAB 软件中 pcacov 函数用来根据协方差矩阵或相关系数矩阵进行主成分分析, 调用格式为

$$[\text{COEFF}, \text{latent}, \text{explained}] = \text{pcacov}(\text{V})$$

以上调用中的输入参数 V 是总体或样本的协方差矩阵或相关系数矩阵, 对于 p 维总体, V 是 $p\times p$ 的矩阵. 输出参数 COEFF 是 p 个 COEFF 主成分的系数矩阵, 它是 $p\times p$ 的矩阵, 它的第 i 列是第 i 个主成分的系数向量. 输出参数 latent 是 p 个主成分的方差构成的列向量, 即 V 的 p 个特征值构成的向量. 输出参数 explained 是 p 个主成分的贡献率向量, 已经转化为百分比.

根据样本观测值矩阵 X 进行主成分分析则用 princomp 函数, 调用格式为: $[\text{COEFF}, \text{SCORE}] = \text{princomp}(\text{X})$. 输入参数 X 是 n 行 p 列的矩阵, 每一行对应一个观测, 每一列对应一个变量. 输出参数 COEFF 是 p 个主成分的系数矩阵, 它是 p 的矩阵, 它的第 i 行是第 i 个主成分的系数向量. 输出参数 SCORE 是 n 个样品的 p 个主成分得分矩阵, 它是 n 行 p 列的矩阵, 每一行对应一个观测, 每一列对应一个主成分, 第 i 行第 j 列元素是第 i 个样品的第 j 个主成分得分.

调用格式为 $[\text{COEFF}, \text{SCORE}, \text{latent}] = \text{princomp}(\text{X})$, 则返回样本协方差矩阵的特征值向量 latent, 它是由 p 个特征值构成的列向量, 其中特征值按降序排列.

调用格式为 $[\text{COEFF}, \text{SCORE}, \text{latent}, \text{tsquare}] = \text{princomp}(\text{X})$, 返回一个包含 p 个元素的列向量 tsquare, 它的第 i 个元素是第 i 观测对应的霍特林 (Hotelling) T^2 统计量, 描述了第 i 个观测与数据集样本观测矩阵的中心之间的距离, 可用来寻找远离中心的极端数据.

设 $\lambda_1 \geqslant \lambda_2 \geqslant \cdots \geqslant \lambda_p \geqslant 0$ 为样本协方差矩阵的 p 个特征值, 并设第 i 个样品的第 j 个主成分得分为 $y_{ij}(i=1,2,\cdots,p; j=1,2,\cdots,p)$, 则第 i 个样品对应的霍特林 (Hotelling) T^2 统计量为

$$T_i^2 = \sum_{j=1}^{p}\frac{y_{ij}^2}{\lambda_j}, \quad i=1,2,\cdots,n \tag{4-99}$$

注意 princomp 函数对样本数据进行了中心化处理, 即把其中的每一个元素减去其所在列的均值, 相应地, princomp 函数返回的主成分得分就是中心化的主成分得分.

当 $n \leqslant p$, 即观测的个数小于或等于维数时, SCORE 矩阵的第 n 列到第 p 列元素均为 0, latent 的第 n 到第 p 个元素均为 0.

例题 19 在制定服装标准的过程中, 对 128 名成年男子的身材进行了测量, 每人测了六项指标: 身高 (x_1)、坐高 (x_2)、胸围 (x_3)、手臂长 (x_4)、肋围 (x_5) 和腰围 (x_6), 样本相关系数矩阵如表 4-39 所示. 试根据样本相关系数矩阵进行主成分分析.

表 4-39 128 名成年男子身材的六项指标的样本相关系数矩阵

变量	身高 (x_1)	坐高 (x_2)	胸围 (x_3)	手臂长 (x_4)	肋围 (x_5)	腰围 (x_6)
身高 (x_1)	1	0.79	0.36	0.76	0.25	0.51
坐高 (x_2)	0.79	1	0.31	0.55	0.17	0.35
胸围 (x_3)	0.36	0.31	1	0.35	0.64	0.58
手臂长 (x_4)	0.76	0.55	0.35	1	0.16	0.38
肋围 (x_5)	0.25	0.17	0.64	0.16	1	0.63
腰围 (x_6)	0.51	0.35	0.58	0.38	0.63	1

使用 MATLAB 软件中的 pcacov 函数根据相关系数矩阵作主成分分析, 计算特征值、贡献率等结果如表 4-40 所示.

表 4-40 主成分贡献率分析表

变量	特征值	差值	贡献率	累积贡献率
身高 (x_1)	3.2872	1.881	54.7867	54.7867
坐高 (x_2)	1.4062	0.9471	23.4373	78.224
胸围 (x_3)	0.4591	0.0328	7.6516	85.8756
手臂长 (x_4)	0.4263	0.1315	7.1057	92.9813
肋围 (x_5)	0.2948	0.1685	4.9133	97.8946
腰围 (x_6)	0.1263		2.1054	100

为了结果看上去更加直观, 计算结果时定义了两个元胞数组: result1 和 result2, 用 result1 存放特征值、贡献率和累积率等数据, 用 result2 存放前三个主成分表达式的系数数据.

两个元胞数组 result1 和 result2 存放计算结果数据, 表 4-41 存放 result1 结果, 表 4-42 存放 result2 结果.

表 4-41 result1(特征值、贡献率和累积贡献率)

特征值	差值	贡献率	累积贡献率
3.287201	1.880961	54.78668	54.78668
1.40624	0.947145	23.43733	78.22401
0.459095	0.032753	7.651585	85.8756
0.426342	0.131542	7.105696	92.98129
0.2948	0.168478	4.913336	97.89463

表 4-42　　result2(前三个主成分表达式)

标准化变量	Prin1	Prin2	Prin3
身高 (x_1)	0.468906	−0.36476	−0.09221
坐高 (x_2)	0.403726	−0.39661	−0.61301
胸围 (x_3)	0.39357	0.3968	0.27887
手臂长 (x_4)	0.40764	−0.36484	0.704801
肋围 (x_5)	0.337472	0.569214	−0.16425
腰围 (x_6)	0.426822	0.308369	−0.11926

结果分析

从 result1 的结果看来, 前三个主成分的累积贡献率达到了 85.8756%, 因此可以只用前三个主成分进行后续的分析, 这样做虽然会有一定的信息损失, 但是损失不大, 不影响整体. result2 中列出了前三个主成分的相关结果, 可知前三个主成分的表达式分别为

$$y_1 = -0.4689x_1^* - 0.4037x_2^* - 0.3936x_3^* - 0.4076x_4^* - 0.3375x_5^* - 0.4268x_6^* \quad (4\text{-}100)$$

$$y_2 = -0.3648x_1^* - 0.3966x_2^* + 0.3968x_3^* - 0.3648x_4^* + 0.5692x_5^* + 0.3084x_6^* \quad (4\text{-}101)$$

$$y_3 = 0.0922x_1^* + 0.6130x_2^* - 0.2789x_3^* - 0.7048x_4^* + 0.1643x_5^* + 0.1193x_6^* \quad (4\text{-}102)$$

从第一主成分 y_1 的表达式来看, 它在每个标准化变量上有相近的负载量, 说明每个标准化变量 y_1 对的重要性都差不多. 当一个人的身材魁梧, 也就是说又高又胖时, $x_1^*, x_2^*, \cdots, x_6^*$ 都比较大, 此时 y_1 的值就比较小, 反之, 当一个人又矮又瘦时, $x_1^*, x_2^*, \cdots, x_6^*$ 都比较小, 此时 y_1 的值就比较大, 所以可以认为第一主成分 y_1 是身材的综合成分.

从第二主成分 y_2 的表达式来看, 它在标准化变量 x_1^*, x_2^* 和 x_4^* 上有相近的负载量, 在 x_3^*, x_5^* 和 x_6^* 上有相近的正载量, 说明当 x_1^*, x_2^* 和 x_4^* 增大时, y_2 的值减小, 当 x_3^*, x_5^* 和 x_6^* 增大时, y_2 的值增大. 当一个人的身材瘦高时, y_2 的值比较小, 当一个人的身材比较矮胖时, y_2 的值比较大, 所以可认为第二主成分 y_2 是身材的高矮和胖瘦的协调成分.

从第三主成分 y_3 的表达式来看, 它的标准变量 x_2^* 上有比较大的正载量, 在 x_4^* 上有比较大的负载量, 在其他变量上的载荷比较小, 说明 x_2^*(坐高) 和 (手臂长) 对 y_3 的影响比较大, 也就是说 y_3 反映了坐高与手臂长之间的协调关系, 所以可认为第三主成分 y_3 是手臂长成分.

使用 MATLAB 软件对例题 19 进行主成分分析程序如程序清单 4-17 所示.

程序清单 4-17 主成分分析程序

程序文件 code4_15.m

```
%%%定义相关系数矩阵
PHO = [
1.00 0.79 0.36 0.76 0.25 0.51
0.79 1.00 0.31 0.55 0.17 0.35
0.36 0.31 1.00 0.35 0.64 0.58
0.76 0.55 0.35 1.00 0.16 0.38
0.25 0.17 0.64 0.16 1.00 0.63
0.51 0.35 0.58 0.38 0.63 1.00 ];
%调用 pcacov 函数根据相关系数矩阵作主成分分析
%返回主成分表达式的系数矩阵 COEFF，返回相关系数矩阵的特征值向量 latent 和主成分
贡献率向量 explained
[COEFF,latent,explained] = pcacov(PHO)
%为了更加直观，以元胞数组形式显示结果
result1(1,:) = {'特征值', '差值', '贡献率', '累积贡献率'};
result1(2:7,1) = num2cell(latent);
result1(2:6,2) = num2cell(-diff(latent));
result1(2:7,3:4) = num2cell([explained, cumsum(explained)])
%以元胞数组形式显示主成分表达式
s = {'标准化变量';'x1: 身高';'x2: 坐高';'x3: 胸围';'x4: 手臂长';'x5: 肋围
';'x6: 腰围'};
result2(:,1) = s ;
result2(1, 2:4) = {'Prin1', 'Prin2', 'Prin3'};
result2(2:7, 2:4) = num2cell(COEFF(:,1:3))
```

第 5 章　数据建模案例

案例 1　公共自行车服务系统的运行

摘　　要

公共自行车作为一种绿色环保的出行方式, 已经面向全国并得到了迅速地推广与普及. 合理提高系统的运行效率与用户的满意度, 有着较大的实际意义. 本文围绕公共自行车系统的运行问题, 基于统计分析的方法, 依据用户借还车频次及用车时长分布情况判断出了公共自行车服务系统的运行规律, 并针对站点设置和锁桩数量的配置做出了评价, 并且提出了改进建议.

对题目中给定的 20 天借还车位置时间原始数据进行预处理, 筛选出合格数据. 然后检验数据合格率, 若数据合格率高, 则表明数据质量好, 通过计算得出的结果准确度高.

针对问题一, 要求分别统计 20 天内各站点借还车频次, 分析每次用车时长的分布情况. 首先, 利用 SPSS 软件对有效数据进行统计, 分别得出各站点每天的借还车频次与各站点 20 天累积的总借还车频次, 并依据累积借车频次对各站点进行排序; 其次, 统计出了用车时长在有效服务时间内的用车频次, 并绘制出了相应的频次直方图; 最后, 结合统计数据与用车时长频次直方图, 发现大多数用户的用车时长都为 5~10 分钟, 且用车频次为 159315 次, 占总用车频次的 25.78%.

针对问题二, 要求统计各天借车卡数量与每张借车卡累积借车次数的分布情况. 首先, 依据题中所给的 20 天借还车数据, 统计出了 20 天中各天使用公共自行车的借车卡数量, 并对不同借车卡对应的借车次数分布进行分析, 然后统计其借车卡对应借车次数规律, 进行数据可视化, 最后, 得知每张借车卡使用的次数的最多人数为 1~10 次占比 52.82%, 大部分借车卡使用次数都在 20 次以下.

针对问题三, 找出了合计使用公共自行车次数最大的一天为第 20 天, 且次数为 41255 次. 首先, 以平均借车时长定义两站点之间的距离, 得出自行车用车的借还车站点之间最短距离和最长距离; 对借还车是同一站点用车时长均在 1 分钟以上的借还车频次和对应百分比进行了统计分析. 其次, 得出了第二十天借车频次最高的站点为街心花园、还车频次最高的站点为五马美食林, 利用 SPSS 统计出两站点借还车时刻和用车时长的分布图, 并统计出借还车高峰期为每天的上午 8

点到 9 点和下午 17 点到 18 点. 最后, 基于 "K-均值聚类" 的方法对借车高峰时段与还车高峰时段的站点进行合理归类.

针对问题四, 将公共自行车服务系统站点设置和锁桩数量评价指标分别确定为平均借还车频次、站点的锁桩数量和高峰时段借还车数量. 构建各站点的相应指标数矩阵, 并作归一化处理, 采用 "K-均值聚类" 的方法, 得到站点设置评价程度为差、良、优的站点个数分别为 23 个、95 个和 62 个, 以及各站点设置与锁桩数量的配置评价表.

关键词: 公共自行车系统; 统计分析; 聚类分析

1　问 题 重 述

1.1　问题的背景

公共自行车作为一种低碳、环保、节能、健康的出行方式, 正在全国许多城市迅速推广普及. 最开始公共自行车这一概念起源于欧洲, 荷兰是第一个尝试使用公共自行车的国家, 但尝试的结果并不理想, 之后使用的丹麦、巴黎和里昂也没有达到一个很好的效果. 公共自行车最重要的是系统的运营效率和用户的满意度, 因此自行车租赁站点的位置以及各站点自行车锁桩和自行车数量的配置显得尤为重要.

利用给定的浙江省温州市鹿城区公共自行车管理中心提供的某 20 天借车和还车的原始数据、所有自行车租赁站点的地理位置, 以及对公共自行车服务模式和使用规则了解的基础上, 建立数学模型, 并针对所提出的问题进行分析.

1.2　提出问题

问题一: 分别统计各站点 20 天中每天及累积的借车频次和还车频次, 并对所有站点按累积的借车频次和还车频次分别给出它们的排序. 另外, 试统计分析每次用车时长的分布情况.

问题二: 试统计 20 天中各天使用公共自行车的不同借车卡数量, 并统计数据中出现过的每张借车卡累积借车次数的分布情况.

问题三: 找出所有已给站点合计使用公共自行车次数最大的一天, 并讨论以下问题:

(1) 请定义两站点之间的距离, 并找出自行车用车的借还车站点之间非零最短距离与最长距离. 对借还车是同一站点且使用时间在 1 分钟以上的借还车情况进行统计.

(2) 选择借车频次最高和还车频次最高的站点, 分别统计分析其借还车时刻的分布及用车时长的分布.

(3) 找出各站点的借车高峰时段和还车高峰时段, 在地图上标注或列表给出高峰时段各站点的借车频次和还车频次, 并对具有共同借车高峰时段和还车高峰时段的站点分别进行归类.

问题四: 请说明上述统计结果携带了哪些有用的信息, 由此对目前公共自行车服务系统站点设置和锁桩数量的配置做出评价.

2   问 题 分 析

2.1   问题背景分析

近几年兴起的公共自行车出行不仅有效解决公交出行的 "最后一千米" 问题, 而且有效缓解交通堵塞现象. 公共自行车服务系统主要针对站点设置以及自行车对应锁桩配置问题进行调整分析, 进而提高系统运行效率与用户满意度. 本文针对公共自行车服务系统的设计问题, 利用所给数据, 分别对自行车租赁站点位置的设置和自行车锁桩及数量的配置问题进行研究, 并对该系统的改进提供有效的建议.

2.2   数据预处理分析

附件 1 是温州市鹿城区 20 天内的公共自行车使用数据, 通过观察后发现内部存在少量异常数据, 因此, 在对具体问题进行讨论之前, 需先对数据进行预处理和有效性检验.

首先, 在该地区所统计出的 20 天中公共自行车每天的使用情况数据的基础上, 因为有借车, 就会有还车, 所以, 可以利用 SPSS 软件剔除只借不还的自行车使用记录; 其次, 由于鹿城区公共自行车的服务时间规定只能在每天的 7:00~21:00 这一时间段进行借车, 即在此时间段之外的借车视为不合理使用记录, 仍需将其剔除; 最后, 计算剩余数据的有效占比, 从而检验其有效数据的合理性.

2.3   问题一的分析

针对问题一, 要求分别统计 20 天中每天及累积的借车频次和还车频次, 并分析每次用车时长的分布情况. 对进行异常处理后的有效数据进行分析, 首先, 以附件 1 鹿城区 20 天公共自行车使用记录按照车辆借出站点的编号进行归类, 进一步分别对每一个借出站点中借车和还车频次进行统计, 并统计 20 天的累计情况. 其次, 以各站点累积借还车的频次为依据, 对各租赁站点进行排序, 并分析出每一个站点的排序情况. 最后, 将 20 天每天用车时长汇总, 后分别统计得出各用车时长的频次, 通过各用车时长的频次绘制直方图, 并对用车时长的分布情况进行分析.

2.4   问题二的分析

针对问题二, 要求统计各天使用公共自行车的借车人数量及每个借车人累积的借车次数分布情况. 首先, 根据附件中所提供的数据统计 20 天中每一天使用不同借车卡的数量, 所涉及的站点共 180 个, 每一张借车卡在一天内的使用次数没有限制, 因此存在借车记录中借车卡的信息重叠, 也即理解为该张借车卡在一天中借车多次. 其次, 通过观察借车卡类型, 可知借车卡分为普通会员卡和 VIP 会员卡两种, 进一步探究每一类型的借车卡一天的使用次数, 并统计出对应类型卡在 20 天内每天的使用频次, 之后统计出同一类型的借车卡 20 天中累积用车频次. 最后, 通过统计出这 20 天内每张借车卡累积的借车次数分布情况来分析温州市市民对公共自行车的需求大小.

2.5　问题三分析

首先, 针对第一个问题先根据每个借出站点到任意的站点的借车时间, 求每个站点平均借车时间, 其可以反映出该站点相对其他站点的一个远近程度, 可以根据站点数量求得对应数量的平均借车时间, 在其中寻找出最大平均借车时间与最小平均借车时间所对应的站点, 由此可以说明相对于其他的站点而言, 该站点距离其他站点最远或最近, 进而根据平均借车时间最大的站点到其他任意站点的用车时间均值, 即到任意站点之间的距离, 找出最大用车时间所对应的目的地, 即得到距离最长的两站点, 同时可以得到站点之间的距离. 同样的方法可以对平均借车时间最短的借出站点到其他任意站点的用车时间均值进行求解, 找出最小的均值所对应的站点, 即得到距离最短的两站点, 同时得出站点之间的距离.

2.6　问题四分析

在自行车服务系统中, 系统的运行效率与用户的满意程度对系统的好坏有着重要影响. 根据前个问题给出的信息, 需要对公共自行车服务系统的站点设置和锁桩数量的配置进行评价. 首先, 在已知各站点的借还频次、每次用车时长、借车人数量、每张借车卡次数分布、两站点之间的距离、同站点借同站点还且用时一分钟以上、借还车频次最高站点、借还时刻高低峰、借还时段分布的前提下, 对这些数据进行分析. 其次, 筛选出对自行车服务系统有影响的因素, 用筛选出的数据对自行车服务系统进行评价, 从效率和满意度出发, 给出相应的结论. 最后, 根据评价结果, 给出对现有的站点设置和锁桩数量配置新的建议.

3　模型假设

(1) 假设自行车在行驶过程中都是匀速行驶, 行驶过程中不会停留;

(2) 假设用户只在规定服务时间内记录借车数据为有效数据;

(3) 假设用户在使用自行车从出发点到目的地记录数据均是在该系统正常运作情况下记录.

4   符 号 说 明

符号	说明	单位
t_{ij}	第 i 个借车站点到第 j 个还车站点的用车时间	分钟
k	对应借出站点 i 到还车站点 j 的个数	——
v	用户的平均骑行速度	——
S	站点 a 与站点 b 之间的距离	——
n	用户的借还车总次数	次

注: 其余出现的符号在文中另给说明.

5   模型建立与求解

本文结合浙江省温州市鹿城区某 20 天的公共自行车使用记录, 针对公共自行车的使用情况建立相应的数学模型, 解决公共自行车服务系统所涉及的一系列问题, 同时对公共自行车服务系统提供合理的建议. 因此, 充分利用附件中数据, 分析出每个自行车租赁站点的借还车情况, 以及每张借车卡的使用频次. 进一步统计出公共自行车 20 天内每一天的用车频率, 从而探究各个站点的自行车数量以及对应锁桩数量中蕴含的配置规律, 并对此做出评价.

5.1   数据预处理

对附件 1 浙江省温州市鹿城区公共自行车管理中心提供数据进行观察, 结合鹿城区公共自行车服务时间标准, 发现 20 天的公共自行车使用数据中存在少量异常数据, 对此本文在对不同问题进行讨论之前, 对数据进行处理和检验.

5.1.1   数据的清洗

观察附件 1 中数据, 发现自行车在使用过程中存在还车时间及还车站点空白的情况, 这显然是不合理的, 由于异常或无效数据可能会对后期探究数据规律造成一定的影响, 现对异常情况进行清洗处理.

依据公共自行车的骑行规则, 将存在借车时间与借车站点, 但无还车记录的数据认为是不合理数据. 以附件 1 中第一天的公共自行车原始数据为例, 在还车车站的编号应该为大于 0.

从题中给定的鹿城区公共自行车原始数据中存在用车时长过长的数据, 若以自行车平均车速每小时 15 千米计算, 当用户用车时长超过 100 分钟时可行驶 25 千米. 用车时长不正常, 故将用车时长超过 100 分钟数据视为异常数据.

5.1.2   数据质量分析检验

对附件 1 数据的合理性进行检验, 而公共自行车用户借车时间均应在公共自行车服务时间标准内, 由于鹿城区公共自行车的服务时间规定只能在每天的

7:00~21:00 这一时间段进行借车, 即在此时间段之外的借车视为不合理使用记录
需将其剔除. 综合计算统计分析数据的完整率, 有效数据在总数据量中的占比即
有效数据的完整率应大于 90%, 即

$$\eta = \frac{A - B}{A} \tag{5-1}$$

A 表示的是统计分析数据的总个数, B 表示的是不合理数据的个数.

　　利用 SPSS 软件对附件中异常数据进行清洗, 并计算出数据合格率, 进而检测
数据质量的好坏情况, 数据预处理质量分析表如表 5-1 所示.

表 5-1　数据质量分析表

数据类型	不合理数据	合理数据	数据总量
数据数量/条	19595	617946	637541
数据占比/%	3.07	96.93	100

　　根据附件 1 总数据可知, 统计分析数据的总个数为 637541 条, 将不合理数据
删除后仍然有 617946 条数据, 通过软件利用上式对数据完整率进行求解, 求解结
果为 96.93%, 由此说明数据合格率较高且数据的有效性较强, 用于数据挖掘建模
得出结果有效高及说服力强.

5.2　使用频次及时长分布的分析

　　本问题要求统计各站点的每天借还车频次和累积频次, 并对各站点 20 天内累
积借车和还车频次对站点进行排序, 再对每次用车的时长分布情况进行统计分析.
根据题意, 首先统计 20 天中每天各个站点的借车频次和还车频次, 其次依据已统
计数据对各个站点累积借车频次和还车频次进行统计, 并依据统计结果对站点进
行排序, 最后对每次用车时长分布进行统计分析.

5.2.1　不同站点的自行车使用频次

　　依据所提供的 20 天公共自行车用户的用车记录, 其数据主要显示每次使用
自行车的借车卡号与借还车时间, 由于站点的自行车使用频次包括借车频次与还
车频次, 因此各站点的自行车使用频次为各站点的借还车频次之和.

5.2.2　不同站点借还车频次的分析

　　通过观察附件 1 中所给出的数据, 可知 20 天中每一天的站点借还车情况, 且
可分别统计出各站点每天、每周或 20 天内的借还车频次. 结合各个站点的编号
描述其累积借还车频次, 运用 MATLAB 软件对各站点的借车和还车频次进行统
计, 后根据站点号升序排序统计结果如表 5-2 所示, 论文中只给出部分结果, 具体
数据见附件.

表 5-2　部分站点的借车和还车频次

站点号		1	2	3	4	5	6	7
第一天	借车	90	112	177	228	136	101	106
	还车	89	114	171	221	148	112	105
第二天	借车	144	109	187	275	161	92	109
	还车	140	105	183	293	148	95	105
第三天	借车	32	23	46	80	64	48	13
	还车	44	24	63	106	76	40	21

根据表 5-2 的统计结果可知, 第二十天累积借还车频数最高, 累积借还车频数都为 41130 次, 第十天累积借还车频数最低频数为 6744 次. 根据每日借还车统计数据表绘制出第一天各车站借车频次直方图如图 5-1 所示, 还车频次直方图如图 5-2 所示. 通过 MATLAB 软件对 20 天的各个站点的频次描述以此重复, 可以得到 20 天中每天各个站点的借车频次和还车频次.

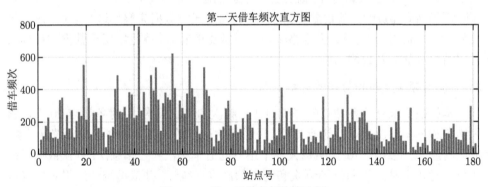

图 5-1　第一天借车频次直方图

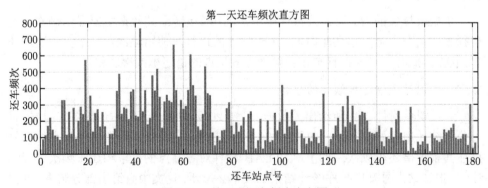

图 5-2　第一天还车频次直方图

结果分析: 由表 5-2 的具体数据, 可知第一天借还车频次最高的站点均为 56 号站点, 且借车频次 628 次, 占总借车频次的 1.8%, 还车频次为 668 次, 占总还车频次的 1.9%. 对该 56 号站点借还车频次最高分析其原因, 56 号站点也即指五马美食林, 从公共自行车的使用者年龄这一角度来说大多为青少年, 因此普遍存在对美食的爱好和追求.

由表 5-2 和直方图图 5-1 及图 5-2 可知, 借车频率较高的站点主要集中在 30～70 号站点; 还车频率较高的站点主要集中在 30～70 号站点, 据此分析可知, 这些站点可能集中在地铁站、学校、商业街等人群密度较大的地区, 对公共自行车的需求量偏高.

综上可知, 借还车频次最高的站点为同一点, 可有效降低公共自行车调度服务, 因此可通过在该站点适量增加公共自行车数量或相应增加锁桩数量提高用户的满意度, 间接提高该站点公共自行车借出频率.

5.2.3　不同站点累积的借还车频次

通过以上统计出的 20 天中每天各站点的借还车频次, 对各个站点 20 天累积借还车频次进行统计分析, 进而分别利用各站点的累积借还车频次对站点进行降序排列. 利用 MATLAB 软件进行累积计算, 得到各站点的累积借车频次如表 5-3 所示, 由于表格数据较多, 论文中只给出部分.

表 5-3　部分站点累积借车频次表

站点	频次	站点	频次	站点	频次	站点	频次	站点	频次
1	1705	2	1703	3	2657	4	5122	5	2367
6	1686	7	1660	8	1521	9	6230	10	5710
11	1872	12	3873	13	1999	14	4688	15	1610
...	...	...	...	...	...	...	...	...	...
173	1780	174	2268	175	2243	176	3019	177	3589
178	1361	179	5303	180	1993	181	2267	1000	13

由表 5-3 可知, 站点数量共计 181 个, 其中 108 号站点不存在, 且不同站点的借车频次呈现无规则变化. 同理, 利用 MATLAB 软件对还车频次进行累积计算, 得到各个站点 20 天累积还车频次如表 5-4 所示. 因为表格中含有的数据多, 论文中只给出了部分, 详细数据见附件.

由表 5-4 中 20 天内各站点累积还车频次, 对比表 5-3 中各站点累积借车频次, 可知存在大致一半的站点还车频次高于借车数量, 同样也存在近一半的站点借车频次高于还车频次. 且有累积借车频次最高的站点为 42 号 (街心公园), 累积还车频次最高站点为 56 号 (五马美食林), 而累积借车和还车频次最低的站点均为 14 号 (南浦医院).

表 5-4　部分站点累积还车频次表

站点	频次	站点	频次	站点	频次	站点	频次	站点	频次
1	1745	2	1762	3	2849	4	5520	5	2542
6	1788	7	1762	8	1436	9	6315	10	5514
11	1950	12	3840	13	1484	14	4636	15	1599
...	...	...	...	...	...	...	...	...	...
171	4000	172	4308	173	1813	174	2209	175	2361
178	1361	179	5544	180	1908	181	2206	1000	13

结合表 5-3 和表 5-4 中数据, 利用 MATLAB 软件绘制出各站点累积借车和还车频次的条形图如图 5-3 和图 5-4 所示.

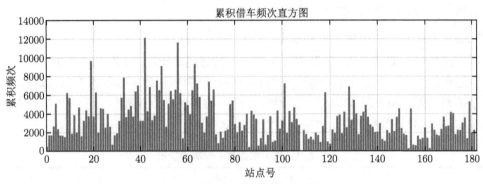

图 5-3　累积借车频次直方图

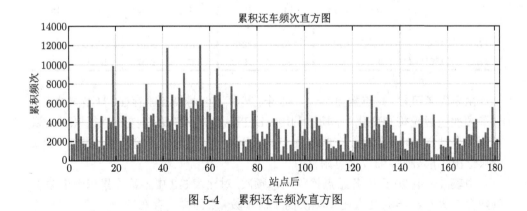

图 5-4　累积还车频次直方图

分别观察各站的借还车频次直方图, 可发现累积借车频次和累积还车频次的总体变化趋势基本吻合, 且有累积借车频次高的站点对应累积还车频次也较高.

现对各个站点的 20 天累积还车和借车频次按降序依次进行排列如表 5-5 所示，表格中数据量较多，论文只给出部分数据.

表 5-5　部分站点累积借还车频次排序表

累积借车频次			累积还车频次		
排序	站点	频次	排序	站点	频次
1	42	12137	1	56	12040
2	56	11636	2	42	11741
3	19	9659	3	19	9870
...	...	...	...	...	...
180	153	279	180	153	309
181	1000	13	181	1000	13

由站点累积借还车频次排序可知，部分站点的还车频次和借车频次的排序保持一致，且 1000 号和 118 号站点的借车频次与还车频次完全一致.

结果分析: 大多数借车频次较高的站点，还车频次也相对较高，且有较大一部分区域站点的还车和借车频次都较高，少数站点频次较低. 如 1000 号站点，分析原因可能存在该站点的设置位置较为偏僻，从该站点至周边地区的距离均较远，或者是该站点周围的路况较差，使用公共自行车出行比为不便，还有可能是该站点周围的人群密度小，不属于人群密集的地区，公民使用公共自行车的意愿较弱，公共自行车自身的宣传力度小，普及度不够等. 因此，可适度减少使用频率小的站点的自行车摆放数量以及锁桩数量.

综合表 5-3 和图 5-3 可知，30~70 号站点的累积借车频率最高，占累积总借车数量的 36.3%；综合表 5-4 和图 5-4 可知，同样是 30~70 号站点的累积还车频率最高，占累积总还车数量的 36.1%. 各个站点按累积还车频率和累积借车频率进行排序，会存在某些站点的排列次序在借还车次序中的排列序号相同.

综上可知，所有站点的还车频率与借车频率之间都会存在某种特定关系，致使从借车和还车频率整体分析可以看出，两者的变化趋势基本一致，变化大小也基本上一致. 因此，可在使用频次较高的站点摆放较多的自行车，同理使用频次较低的站点摆放较少的自行车，自行车锁桩数量亦是如此.

5.2.4　每次用车时长分布情况

附件 1 中绝大多数自行车的使用记录中都有借车时间，即还车时刻与借车时刻的差值，且默认用车时间不满 1 分钟按 0 分钟处理，同理用户的用车时长均向下取整. 因此每张借车卡在 20 天内的用车都有一个准确的用车时长，依据此用车时长数据，分析每次用车时长的分布情况. 其次，为准确探究其用户每次的用车时长分布情况, 对时长为零分钟的用车记录进行筛选并清除. 运用 MATLAB 软件对不为零的用车时长进行统计, 统计结果如表 5-6 所示, 表格中数据内容较多, 论文中给出了部分.

表 5-6　部分用车时长分布表

时长/min	1	2	3	4	5	6	7	8
频次	9551	9675	17215	24394	29187	32110	33256	32732
占比/%	1.64	1.66	2.96	4.19	5.02	5.52	5.72	5.63

经探究可知, 产生大量时长为零分钟的用车记录, 可能是使用者存在出行方式的抉择问题, 最开始选择公共自行车, 而天气状况发生改变导致改变原来的骑车计划; 也可能存在所使用的公共自行车状况较差, 出现损坏、生锈等情况, 使得用户对自行车出行产生抗拒; 更有可能是使用者开始时对出发点至目的地距离的错误判断, 致使最开始选择公共自行车, 后改变选择.

结合表 5-6 每次用车时长的分布数据, 利用 MATLAB 软件绘制每次用车时长分布图. 由各站点的借还车频次直方图, 得到每次用车时长分布如图 5-5 所示.

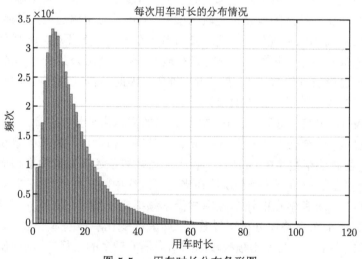

图 5-5　用车时长分布条形图

观察图 5-5 可知, 用车时长分布有明显的凸起现象, 用车时长在 10~15 分钟的占绝大多数, 说明自行车对于绝大多数用户来说都只是短距离的代步工具. 合理将时长划分为 5 分钟, 经过统计分析得出用车时长分布情况如表 5-7 所示.

以时长划分为 5 分钟后的用车频次与占比, 为形象描述用户的基本用车时长, 绘制划分时长后的用车时长分布图像如图 5-6 所示.

表 5-7　用车时长分布情况

用车时长/min	频次	占比	用车时长/min	频次	占比
1~5	97246	15.74%	40~45	8594	1.39%
5~10	159315	25.78%	45~50	5844	0.95%
10~15	129148	20.90%	50~55	3808	0.62%
15~20	88427	14.31%	55~60	2424	0.39%
20~25	54001	8.74%	60~65	1357	0.22%
25~30	32975	5.34%	65~70	890	0.14%
30~35	20205	3.27%	70~75	638	0.10%
35~40	13171	2.13%	75~80	520	0.08%

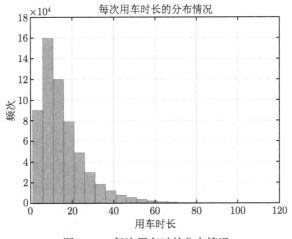

图 5-6　　每次用车时长分布情况

综合表 5-7 和图 5-6 可知, 用车时长在 5~10 分钟的频率分布较大, 在总数据量中的占比为 25.78%, 用车时长超过 70 分钟的次数就可以忽略不计, 因此, 可以根据用户 20 天内每次用车时长的主要分布情况, 鹿城区公共自行车服务系统可设定标准的自行车免费使用时间段和用车时长收费标准, 例如用车时长在 1 分钟内可视为免费骑行, 而在 2~10 分钟内, 骑行收费标准可以为 2 元, 10~15 分钟的收费为 3 元, 以此类推, 借助用车时长合理设定收费标准, 从而提高用户满意度.

5.3　借车卡累积借车数量的分布情况

要统计 20 天中各天不同借车卡的借车数量, 并统计每张借车卡累积借车次数的分布情况. 首先, 每张借车卡在一天中的借车次数是没有限制的, 数据所显示的大多数借车卡在同一天内借车的次数无明显规律, 可能存在用户在一段时间内对公共自行车的需求高或低的情况. 其次, 以天数为前提, 对每天不同借车卡的数量进行统计, 进而可依据借车卡的种类 (普通会员卡和 VIP 会员卡).

5.3.1　统计各天不同借车卡的数量

由于鹿城区的公共自行车服务系统没有限制借车卡一天的使用次数, 所以 20 天内不同借车卡使用公共自行车频次各不相同. 统计出 20 天内使用公共自行车的不同借车卡数量, 可先分别统计出每天的不同借车卡数量. 对比两类的借车卡的使用次数. 最后, 结合所提供的每张借车卡的借车记录, 统计描述出每张借车卡的累积借车次数分布. 各天累积借车卡的借车次数如表 5-8 所示.

表 5-8　各天借车卡使用数量

天数	借车卡数	天数	借车卡数	天数	借车卡数	天数	借车卡数
1	16540	6	18407	11	14880	16	11036
2	17142	7	18569	12	17908	17	15288
3	9328	8	10101	13	19198	18	15097
4	14468	9	7009	14	19167	19	18905
5	17656	10	4046	15	18395	20	19758

由表 5-8 可知, 各天的借车卡数量均较多, 且数量基本都趋于 1.4 万 ~1.9 万张, 也存在个别几天借车卡数量在 1 万张以下. 结合各天的借车卡数量, 统计得 20 天借车卡的总数量为 302898 张, 且几乎每一天公共自行车的使用人数都占总人数的 50 以上, 由此可以说明公共自行车服务系统的运营效率较高.

结合所给的 20 天用车记录, 利用 MATLAB 软件进行求解, 分别得到每天的借车卡使用数量, 紧接着绘制出各天借车卡的数量折线图如图 5-7 所示.

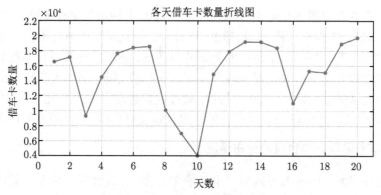

图 5-7　各天借车卡的数量折线图

　　结合表 5-8 与图 5-7 可知, 这 20 天的用车记录中第 20 天的借车卡数最多,
且为 19758; 第 10 天的借车卡数最少, 且为 4066, 可能是因为该天的天气状况不
佳, 道路湿滑, 不适合骑行外出.

　　进一步, 根据借车卡分为两种类型, 分别对不同类型的借车卡在 20 天中的累
积使用次数进行统计, 得到不同类型借车卡使用数量所占总数量的百分比. 利用
SPSS 软件制表, 实现对 20 天内两种类型借车卡累积使用次数的统计, 统计结果
如表 5-9 所示.

　　根据表 5-9 可知, 在 20 天中 VIP 会员卡的累积使用次数较少, 累积使用次
数在总使用次数占总数量的百分比为 1.9%, 可推断出 VIP 会员卡的用户相对较
少, 使用公共自行车的总频次也较低, 所以可以针对 VIP 会员卡实施相应的优惠
方案, 从而响应持有 VIP 会员卡用户积极用车.

表 5-9　不同类型借车卡累积使用频率及占比

类型	频率	占比/%
普通会员卡	608144	98.1
VIP 会员卡	11822	1.9
总计	619966	100.0

　　结合表 5-9 可得出, 使用普通会员卡的数量较多, 由此说明用户对普通会员卡
的满意度及需求量更高, 且使用次数多, 频率大. 公共自行车服务的对象主要为普
通民众, 且收入状况良好, 较少存在高收入人群使用公共自行车, 且使用普通会员
卡的用户对公共自行车的使用满意度较多, 因此使用次数较多, 而持有 VIP 会员
卡的用户往往只占少数居民, 所以看似总使用次数低, 实际可以发现每一个持有
VIP 会员卡的用户用车频率都是非常高的, 所以为提高公共自行车服务系统的用
车频次, 可对 VIP 会员卡实施优惠方案, 相应 VIP 会员卡用户积极用车的同时提
高 VIP 会员卡的办卡率.

5.3.2　每张卡累积借车次数分布情况分析

　　每张借车卡都有一定的借车次数, 不同借车卡的借车次数不同, 且公共自行
车服务系统对每张借车卡的借车次数没有上限和下限的控制, 因此每一张借车卡
都可以无限次地借车. 要求统计出现过的每张借车卡在 20 天的累积使借车次数,
并讨论其分布情况, 因此, 可先统计出每张借车卡的累积借车次数, 从而分析其分
布情况.

　　利用 SPSS 软件交叉表功能对每一张借车卡的累积使用次数进行统计并以表
格形式进行展示, 20 天内每一张借车卡的累积借车次数的统计结果如表 5-10 所
示, 由于表格含有较多的数据, 论文中只给出部分.

表 5-10   部分卡号及对应累积使用次数

卡号	用车次数	卡号	用车次数	卡号	用车次数	卡号	用车次数
5017	16	5020	1	5023	9	5024	5
5025	3	5026	12	5028	30	5030	6
5032	10	5034	3	5035	9	5038	2
...	...	...	...	...	...	...	...
412777	8	412778	5	412779	35	412780	29
412781	22	412782	5	412783	16	412803	7

由表 5-10 可知, 存在大量累积借车次数较少的借车卡, 甚至有些借车卡的用车记录只有 1 到 5 次, 这类情况是不容乐观的.

进一步分析每张卡在 20 天的累积借车次数分布情况, 统计出累积借车次数相同的借车卡数量, 如表 5-11 所示.

表 5-11   部分借车次数及对应借车卡数量

借车次数	卡数	借车次数	卡数	借车次数	卡数	借车次数	卡数
1	3138	2	3113	3	2926	4	2676
5	2467	6	2155	7	2079	8	1951
9	1790	10	1670	11	1554	12	1432
...	...	...	...	...	...	...	...
130	1	132	1	135	1	137	1
140	1	166	2	261	1	650	1

由表 5-11 可知, 使用借车卡累积借车次数最多为 650 次, 最少为 1 次, 且累积借车次数越多, 借车卡的数量越少, 借车卡数量随借车次数增加逐渐减少. 为探究借车卡数量与每张卡借车数量之间的关系, 运用 MATLAB 软件进行绘图, 得到不同借车次数借车卡数量条形图如图 5-8 所示.

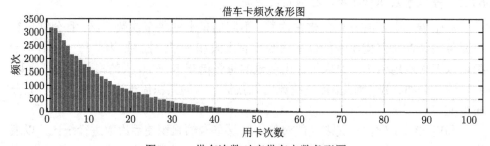

图 5-8   借车次数对应借车卡数条形图

观察图 5-8 可发现, 借车卡数多对应借车次数多集中于低次数段, 且在借车次数为 1~5 次, 相对于借车次数整体而言, 主要集中于 1~45 次, 对应借车卡的数量在 100 人以上, 在总借车卡数量中的占比为 97.2%; 20 天内总用借车次数大于 45 次的占比只有 2.8%, 占比比较少, 说明只有少部分人在 20 天累积使用借车 45 次以上.

再探究其公共自行车在该地区 20 天内的普遍借车次数, 对每张卡累积借车次数进行分析, 结果如表 5-12 所示.

表 5-12 累积借车次数分布情况

平均值	中位数	众数	方差	范围	总和	百分比/%		
13.66	9.74	1	175.694	1~650	619966	25	50	75
						4.32	9.74	19.06

由表 5-12 可知, 20 天借车卡累积借车次数为 1 次的借车卡数量较多, 45375 张卡在 20 天内平均使用次数为 13.66 次, 借车卡累积使用最多为 650 次, 平均在一天内使用 32.5 次, 根据数据显示结果可发现一些用户的借车频次明显不太符合实际, 对不合理借车卡进行分析, 可能由于该使用者的职业需求或工作特殊性.

再对借车次数分布区间进行分析, 利用表 5-8 中的数据, 以相邻两个借车次数中借车卡的数量相差 500 张, 统计分析借车次数分布情况, 统计结果如表 5-13 所示.

表 5-13 累积借车次数区间分布表

借车次数	1~2	3~4	5~7	8~11	12~16	17~26	27~650
占比/%	13.78	12.35	14.77	15.35	13.60	16.27	13.88

根据表 5-13 可以看出, 虽然各借车次数区间中借车次数的极差均不相同, 但每个借车区间的借车卡数量几乎相等, 因此占比也基本保持一致. 利用 MATLAB 软件绘制出借车次数区间的占比饼图如图 5-9 所示.

结合表 5-11 中所统计的不同借车次数的借车卡数量, 在累积借车次数区间分布的基础上, 以 10 次为区间间隔, 分别统计出每个借车次数区间的借车卡数量占比如表 5-14 所示, 并绘制图形如图 5-10 所示.

根据 5-14 可以知道, 借车次数在 1~10 次中借车卡的数量较多, 且占总借车卡数量的 52.82%, 由此说明该地区的居民对公共自行车的使用较少, 进一步可以说明用户对公共自行车的满意度不高, 可能是站点设置不够合理导致的.

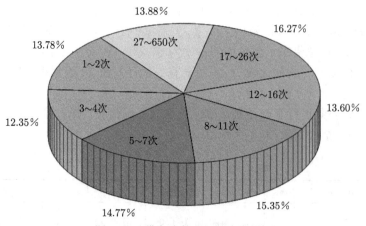

图 5-9　借车次数区间的占比饼图

表 5-14　累积借车次数分布表

借车次数	1~10	11~20	21~30	31~40	41~50
占比/%	52.82	24.78	12.33	5.72	2.43
借车次数	51~60	61~70	71~80	81~90	91~650
占比/%	1.08	0.43	0.22	0.09	0.10

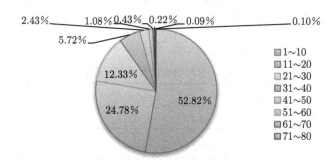

图 5-10　借车次数区间的借车卡数量占比图

5.4　对使用频次最高的一天进行探究

根据问题一的探究结果可知, 使用自行车总次数最大的一天为第 20 天, 现针对该天的用车情况进行统计分析, 并提取内部的统计规律.

5.4.1　两站点之间距离的定义

结合附件中的原始数据与生活中的日常经验可知, 从同一个站点到另一站点之间的距离是固定的, 但每个人在该路程中所花费的时间是不固定, 考虑到站点位置是一个固定值, 现分别结合同一借车地点与同一还车地点的用车时间记录, 取平均借车时间作为判断两个站点之间的距离的主要依据. 即

$$t_{ab} = \frac{1}{n} \sum_{i=1}^{n} t_{ij} \quad (i, j = 1, 2, \cdots, 181, \text{且 } i \neq j) \tag{5-2}$$

$$S_{ab} = t_{ab} \cdot v \tag{5-3}$$

上式中, t_{ab} 表示站点 a 与站点 b 所有用户用车时长记录的平均值, n 表示两站点间用车次数, S 表示站点 a 与站点 b 之间的距离, v 表示用户的平均骑行速度.

5.4.2　最短和最长距离站点的确定

根据两站点之间距离的定义可知, 确定借还车站点之间的最短距和最长距离需分别确定任意两站点的平均借车时间, 进而依据平均借车时长间接判断各站点间的距离长短. 得到最短和最长距离站点如表 5-15 所示.

表 5-15　最短和最长距离

站号	车站	站号	车站	平均用车时长	距离
115	勤奋路市财政局	142	汤家桥北云中花园	154 分钟	$154v$
18	南浦街道	17	南浦小区	2.5 分钟	$2.5v$

由表 5-15 可知, 按所定义的距离求出第 20 天借还车站点之间的最长距离骑行时长为 $154v$, 且为站号 115 (勤奋路市财政局) 至 142 (汤家桥北云中花园), 站点间最短骑行距离为 $2.5v$, 且为站号 18 (南浦街道) 至 17 (南浦小区). 依据最长最短距离站点的具体位置可发现该自行车服务系统所涉及的骑行区域范围较小, 可能只对城区开放.

5.4.3　对借还车同站点的情况进行统计

结合第 20 天用车时长在 1 分钟以上, 同站点借同站点还的用车记录, 分别统计出各个站点的借还车频次, 如表 5-16 所示.

针对借还车是同一站点且使用时间在 1 分钟以上的用车数据进行统计, 得用车频次为 2262 次, 而第 20 天的总用车频次为 41255 次, 故而用车时长在 1 分钟以上, 同站点借同站点还的用车次数占该天总用车次数的 5.48%. 用车时长大于 1 分钟的各站点用车频次直方图如图 5-11 所示, 对应的用车时长频次直方图如图 5-12 所示.

借车频次最高的站点为 42 号站点 (街心花园), 还车频次最高的站点为 56 号站点 (五马美食林), 并且发现同一个站点中借车频次与还车频次都相差较小, 说明街心花园与五马美食林的人流量相对较高.

表 5-16　部分站点用车情况频次

站点	频次	站点	频次	站点	频次
五马美食林	49	百里路勤奋路口	15	都市花苑	10
县前头	44	过境路黄龙商贸城	15	海港大厦	10
体育中心西	37	金色家园	15	丽都大厦	10
洪殿奥康	34	南浦街道	15	鹿城区审批中心	10
街心公园	34	瓯海二高	15	南塘一组团	10
东方灯具市场	32	勤奋路花坦小区	15	区地税局	10
特警支队	29	清明桥站	15	温四中	10
阳光花苑	28	站前东小区	15	鹿城区公安局	9
均瑶宾馆对面	27	春晖路口	14	妙果寺	9
开太百货	27	鹿城路嘉乐迪	14	南郊派出所	9
墨斗小区	27	马鞍池路杏花路口	14	上村小区	9
世纪联华	27	水心过境路口	14	白鹿洲公园	8
…		…		…	
时代广场	18	温州大厦	11	市政府西	3
市二医院	18	新南亚大酒店	11	杨府山公园停车场	3
吴桥路观松楼	18	星河广场	11	妇女儿童中心	2
小南门电力局	18	绣山卫生院	11	勤奋路市财政局	2
绿洲花园农行外	17	银都花苑	11	测试点	1
人才大厦	17	云锦大厦	11	会展中心	1

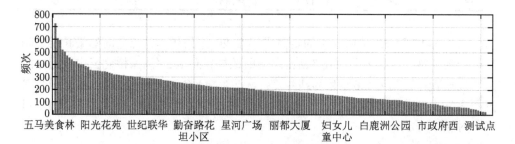

图 5-11　借还车站相同且用车时长大于 1 分钟

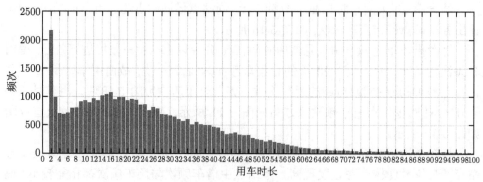

图 5-12　用车时间分布

图 5-12 表示对借还车是同一站点且用车时长大于一分钟的用车时长进行统计, 由直方图可以看出用车时长 2 分钟频次最多有 150 次, 产出的原因是用户借车后发现对该自行车并不满意, 由此又重新骑回借出点把车还了, 而借还车在同一站点普遍用车时长在一小时内.

5.4.4　借还车时刻的分布及用车时长的分布

在站点合计使用公共自行车次数最大的一天的基础上, 即第 20 天, 给出借车频次最高和还车频次最高的站点. 按照统计描述方法, 统计得出第 20 天所有站点的借车频次和还车频次, 统计结果如表 5-17 所示, 表格数据内容较多, 本论文只给出部分数据结果.

表 5-17　部分站点的借还车频次站点

站点	1	2	3	...	42	...	56	...	179	180	181
借车	89	111	180	...	817	...	754	...	394	153	182
还车	84	107	171	...	765	...	770	...	424	157	183

进一步对借车时刻和还车时刻的分布进行统计, 并将借车时刻进行划分, 根据公共自行车使用服务时间标准可知, 借车的时间为 7:00~21:00, 在此以一个小时为间隔对一天的借车时间进行划分, 可以划分出借还车时间的时刻大致分布为 14 个时段. 利用 SPSS 软件进行统计描述, 后使用 ECXEL 软件分别绘制出借还车频次最高的借车频次直方图以及用车时长分布图. 借车频次最高的街心花园在第 20 天的借还车频次直方图如图 5-13 所示, 对应的用车时长分布图如图 5-14 所示.

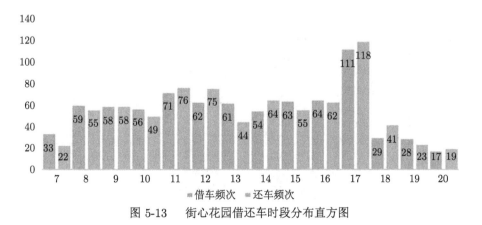

图 5-13　街心花园借还车时段分布直方图

观察图 5-13 可知, 街心花园借还车高峰大致为 17 时, 经过查询该天为工作日, 且该时刻正好为下班高峰期.

由图 5-14 可知, 街心公园的用车时长主要集中在 5 至 20 分钟, 对于较多用户而言, 公共自行车只能当作短距离的代步工具, 即可以节省时间, 又可以锻炼身体.

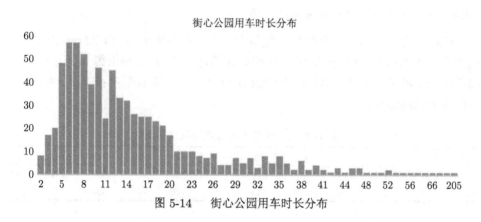

图 5-14   街心公园用车时长分布

由图 5-15 可知, 五马美食林街借车时间的高峰时段大致为上午 7 时与下午 5 时, 还车高峰大致为上午 8 时和下午 5 时, 而中午 12 时与 13 时以及傍晚 18 时以后该站点借还车频次相对较少.

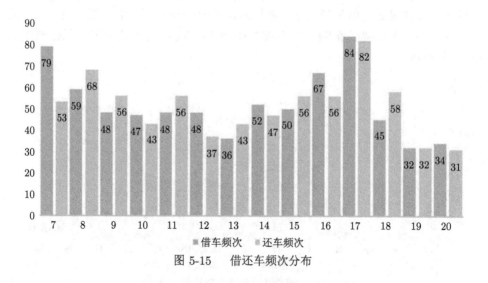

图 5-15   借还车频次分布

由图 5-16 可知, 通过对该站点用车时长分布得知该站点借车时间普遍位于 5 到 30 分钟内, 最长用车时长是 8 分钟.

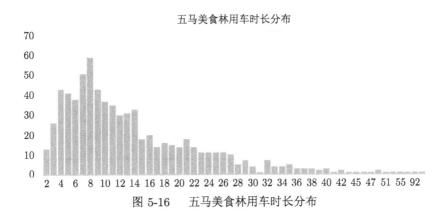

图 5-16　　五马美食林用车时长分布

综上, 建议公共自行车服务系统在街心花园与五马美食林尽可能多地增加借还车站点或站点的锁桩数量, 以便用户使用. 对用车时间进行统计分布. 因此以对用车时间进行描述统计, 利用 SPSS 软件中的制图功能, 做出第 20 天用车时长的分布情况如表 5-17 所示, 并绘制对应图像如图 5-17 所示.

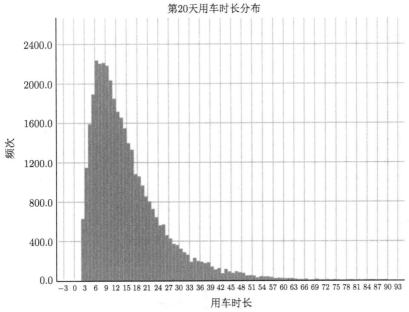

图 5-17　　第 20 天的用车时长分布图

观察图 5-17 可以知道, 大部分的用户用车时长均在 5~15 分钟, 其中用车时间为 6 分钟的次数最多. 为进一步分析第 20 天用车时间分布情况, 利用 SPSS 软件进行统计得到第 20 天不同时段各站点的借还车频次如表 5-18 所示.

表 5-18　第 20 天不同时间段的借车频次

时间段	借车频次	还车次数	时间段	借车次数	还车频次
7 时～8 时	3891	2503	8 时～9 时	3979	4680
9 时～10 时	2464	2486	10 时～11 时	2232	2269
11 时～12 时	2359	2464	12 时～13 时	1946	1969
13 时～14 时	2282	2204	14 时～15 时	2184	2151
15 时～16 时	2505	2412	16 时～17 时	3263	2899
17 时～18 时	5044	5090	18 时～19 时	2333	2787
19 时～20 时	2048	2081	20 时～21 时	1820	1791

　　由表 5-18 可知, 各站点的借还车高峰期为上午 8 时到 9 时和下午 5 时到 6 时. 采用 K-均值聚类的方法, 将借还车次数较多与较少的站点进行归类, 详情如表 5-19 所示.

表 5-19　高峰时段的站点借还车归类

高峰时段借还车次数低的站点	高峰时段借还车次数高的站点	高峰时段借还车次数低的站点	高峰时段借还车次数高的站点
安澜轮渡码头	安平大厦	宏源路数码大厦	市公安局
白鹿洲公园	大南门农贸	黄龙商贸城北	市九中
百里路勤奋路口	大士门石坦小学	会展中心	数码广场
百里小学	东阿外楼	惠民路与航标路口	水心邮电
滨江街道办事处	东方灯具市场	火车站对面	体育中心西
滨江美景园	公园去茶去	江滨路车站大道	温州十九中
测试点	公园路新华书店	江滨路府东路口	文景花苑东
春晖路口	国光大厦	金桥路桃源居	沃尔玛 (欧洲城)
粗糠桥	国际大酒店	金色家园	吴桥路观松楼
粗糠桥公交站	国际贸易中心	金迅达大厦	五马美食林
大世界超市	洪殿奥康	锦江家园	物华天宝
大自然家园	建设大厦	九山公园	县前头
东门商业步行街	街心公园	巨一花苑	小南门电力局
东南剧院	均瑶宾馆对面	科技馆	小南门立交桥
都市花苑	开太百货	拉菲度假酒店	新南亚大酒店
帆影广场对面	黎明路电信大厦	黎明街道卫生中心	学院大厦
繁华公寓	马鞍池公园北	丽都大厦	阳光花苑
方正大厦	马鞍池吴桥路口	龙方家园	医学院
府东家园公交站	墨斗小区	鹿城法院	裕达大厦农业银行
妇女儿童中心	南浦小区	鹿城路嘉乐迪	云锦大厦
工人文化宫	南浦医院	鹿城路旅集散中心	站前东小区
公共自行车中心	桥儿头交运国旅	鹿城区公安局	中山公园北
公交集团	勤奋路花坦小区	鹿城区审批中心	中西医结合医院
公交上徒门始发站	区地税局	过境路宽带路口	时代广场
广化街道	区政府西	海港大厦	世纪联华
广信大厦	上村小区	海悦名邸酒店	市二医院
过境路黄龙商贸城	上陡门住宅公交站		

由表 5-19 可知, 利用 K-均值聚类的方法将借还车频次不同的站点分为了以上两大类, 针对公共自行车服务系统的运营策略, 可参照各站点高峰时段的借还车频次, 合理改善各站点的公共自行车数量以及各区域的锁桩数量, 并且可以考虑将一些借车频次极低的站点进行合并, 正如表 5-20 所示的一些站点, 对整个公共自行车服务系统产生的经济效益极小.

表 5-20 产生较小经济效益的站点

站点名称		站点名称	
测试点	黎明街道卫生中心	会展中心	妇女儿童中心
粗糠桥	中瑞曼哈顿	绿洲花园农行外	瓯江路鹿城广场
群艺大楼	上田菜场	时代海景	汤家桥北路新田路
学院东路丰源路口	杨府山公园停车场	南浦医院	江滨路府东路口

5.5 对站点设置与锁桩数量的配置进行评价

要求对公共自行车服务系统站点设置和锁桩数量的配置做出评价, 从实际生活的角度出发, 确定出三个指标办法, 分别为平均借车频次、平均还车频次、站点的锁桩数量, 统计并记录每个站点的锁桩编号, 取锁桩编号最大的数字为每个站点的锁桩数量, 从而确立指标四, 得到合计使用公共自行车次数最大的一天高峰时段借还车数量, 其中高峰时段为每天的 7 时~8 时和 17 时~18 时. 部分站点的评估指标详情如表 5-21 所示.

表 5-21 部分站点的评估指标系数

站点	平均借车频次	平均还车频次	锁桩数量	高峰时段借还车数量
安澜轮渡码头	163	158	20	58
安平大厦	223	236	20	154
白鹿洲公园	166	160	20	77
百里路勤奋路口	96	96	20	51
百里小学	112	118	20	80
滨江街道办事处	122	113	16	91
滨江美景园	89	91	20	53
测试点	21	20	20	21
春晖路口	227	229	20	112
粗糠桥	112	114	20	82
粗糠桥公交站	54	51	20	31
大南门农贸	327	341	20	186
大士门石坦小学	209	200	20	131
...	...	...	...	...
大世界超市	141	144	20	96
大自然家园	99	106	29.5	79
东阿外楼	315	313	20	175
东方灯具市场	203	215	20	175
东门商业步行街	154	156	20	93

根据所提供的公共自行车使用记录, 以各个站点为纵轴各个指标为横轴, 即得到构造矩阵:

$$D = \begin{pmatrix} 163 & 158 & 20 & 58 \\ 223 & 236 & 20 & 154 \\ 166 & 160 & 20 & 51 \\ \vdots & \vdots & \vdots & \vdots \\ 330 & 310 & 20 & 173 \\ 274 & 267 & 20 & 139 \end{pmatrix} \tag{5-4}$$

由于各个评价指标的单位有所不同, 故对此做归一化处理, 数据处理的归一化也即是将矩阵的数据以列为单元, 按照一定比例, 映射到某一区间计算公式为

$$x_i^* = \frac{x_i - x_{\min}}{x_{\max} - x_{\min}} \tag{5-5}$$

分别以指标为单元, 其中 x_i^* 为这单元中归一化处理后的值, $x_{\min}, x_{\max}$ 为该单位内所有数值的最小值与最大值. 分别对四个指标进行归一化处理后得到归一化矩阵:

$$D = \begin{pmatrix} 1 & 0.9650 & 0 & 0.2657 \\ 0.9398 & 1 & 0 & 0.6203 \\ 1 & 0.9589 & 0 & 0.39041 \\ \vdots & \vdots & \vdots & \vdots \\ 1 & 0.9355 & 0 & 0.4935 \\ 1 & 0.9724 & 0 & 0.4685 \end{pmatrix} \tag{5-6}$$

计算出每个站点的指标平均得分, 并将其作为评价各个站点设置的优劣依据. 对各个站点的平均得分进行 K-均值聚类, 得出各个站点设置的评价情况, 如表 5-22 所示.

表 5-22　站点设置评价表

聚类分组	一	二	三
评价程度	差	良	优
数量	23	95	62
聚类中心	0.4659091	0.5933735	0.7230769

由表 5-22 可知, 进行 K-均值聚类结果的中心分别为 0.466 (差)、0.593 (良) 及 0.723 (优), 这也说明该公共自行车服务系统的站点设置普遍较优. 依据 K-均值聚类的三种分组情况, 对各个站点的设置进行评价, 部分站点评价如表 5-23 所示.

表 5-23 部分站点的评价详情

设置情况良站点	设置情况优站点	设置情况差站点
安平大厦	滨江街道办事处	安澜轮渡码头
白鹿洲公园	粗糠桥	测试点
百里路勤奋路口	大世界超市	粗糠桥公交站
百里小学	东方灯具市场	妇女儿童中心
滨江美景园	东南剧院	公共自行车中心
春晖路口	都市花苑	会展中心
大南门农贸	公交集团	科技馆
大士门石坦小学	国际贸易中心	黎明街道卫生中心
大自然家园	过境路黄龙商贸城	鹿城实验中学
东阿外楼	过境路宽带路口	绿洲花园农行外
东门商业步行街	海港大厦	瓯江路鹿城广场
帆影广场对面	宏源路数码大厦	群艺大楼
繁华公寓	洪殿奥康	上田菜场
方正大厦	惠民路与航标路口	时代海景
府东家园公交站	建设大厦	汤家桥北路新田路
工人文化宫	金迅达大厦	温州大剧院
公交上徒门始发站	巨一花苑	新田园人本超市
...	...	...
公园路去茶去	均瑶宾馆对面	星河广场
公园路新华书店	黎明路电信大厦	学院东路丰源路口
广化街道	鹿城法院	杨府山公园停车场
广信大厦	鹿城路嘉乐迪	杨府山南大门
国光大厦	鹿城区公安局	银泰百货

通过评价可以看出公共自行车站点设置的情况, 一些设置较好的自行车站点大多数处于中心地带往往能够带来更加多的收益, 这些站点每天借还车自行车人次普遍较多, 而一些设置较差的站点人流量较少, 借还车频率较低.

6 模型评价

6.1 模型的优点

(1) 针对 "公共自行车服务系统" 问题, 本文对数据进行了预处理, 并对数据进行了处理说明, 给出了数据有效性的计算模型, 增加了模型的鲁棒性;

(2) 本文通过对两站点之间骑行时间进行了合理的替换, 用平均借车时间代

替两站点之间的骑行时间, 以及对骑行速度进行了合理的假设, 从而科学合理地建立了两站点之间的距离模型;

(3) 针对 "站点设置与锁桩数量的配置评价" 问题, 本文通过选取 "平均借车频次""平均还车频次""站点的锁桩数量""高峰时段借还车数量" 四个指标, 建立了自行车站点设置合理性的评价模型, 较好地对站点设置的合理性进行了量化评价与分类.

6.2　模型的缺点

(1) 本文假设骑行速度为常量, 根据骑行时间, 进而求得两站点之间的距离. 因此, 本文采用的两站点之间的距离不是城市道路的实际距离.

(2) 本文对 "用车时长""借还车频次" 的分布分析不够深入, 没有进一步探究其准确分布、确定相应的分布参数并进行分布的假设检验.

(3) 本文的理性评价模型仅考虑了站点设置角度, 未能对站点锁桩数进行量化评价, 特别是没有建立合理的数学模型找出锁桩数设置不合理的站点.

附 录 程 序

程序清单 5-1　公共自行车使用 SPSS 软件数据预处理

SPSS 数据预处理步骤

操作 SPSS 软件利用 "数据" 菜单中 "选择个案" 命令对该变量的不合理数据作删除处理.

Step1: 选择 "数据" 选项卡 → "选择个案" 功能组菜单命令;

Step2: 选中 "如果条件满足" 复选框;

Step3: 单击 "如果" 按钮, 输入处理条件 "归还车站 ~=" "(不等于空)";

Step4: 继续;

Step5: 选中 "删除未选定个案" 单选按钮;

Step6: 确定.

其他变量的数据处理过程以此类推, 例如输入条件改为 "还车时刻 ~=" "(不等于空)," 即可完成异常数据处理.

对此采用 "数据" 菜单中 "选择个案" 命令剔除逻辑错误数据行, 如图 5-18 所示.

Step1: 选择 "数据" 选项卡 → "选择个案" 功能;

Step2: 选中 "如果条件满足" 复选框;

Step3: 单击 "如果" 按钮, 输入条件 "借车时间 >="

Step4: 继续;

Step5: 选中 "删除未选定个案" 单选按钮;

Step6: 确定.

其他数据文件的逻辑检验以此类推, 依次完成借车时间检验工作.

图 5-18　　"选择个案"对话框

使用 MATLAB 软件对每问计算程序如程序清单 5-2 所示.

程序清单 5-2　公共自行车服务系统程序

程序文件 code5_1.m

```
%%%所有数据导入
clc,clear
Excel={'第1天.xls','第2天.xls','第3天.xls','第4天.xls','第5天.xls',
  '第6天.xls'...,'第7天.xls','第8天.xls','第9天.xls','第10天.xls',
  '第11天.xls','第12天.xls'...,'第13天.xls','第14天.xls',' 第15天.xls',
  '第16天.xls','第17天.xls','第18天.xls','第19天.xls','第20天.xls'};
raw={};data=[];A=0;
for i=1:size(Excel,2)
  [∼,∼,raw{i,1}]=xlsread(Excel{i},'Sheet1');
end
%%%修正数据导入
clc,clear
[data1,∼,raw1]=xlsread('20 天 100 以下.xlsx','Sheet1','A1:O617947');
raw1{1,16}='天数';
for i=2:size(raw1,1)
  raw1{i,16}=day(raw1{i,7});
end
day={};
day(1,2:21)=num2cell(unique(cell2mat(raw1([2:end],16)))');
day(2:185,2:21)=num2cell(0);
day2=day;%还车统计表
```

```matlab
A=unique(cellstr(raw1([2:end],4)))';%借车站点位置
for j=1:size(A,2)
   day{j+1,1}=A(j);
end
%借车站点与时间交叉表
for ii=2:size(raw1,1)
   [∼,Y]=ismember(raw1{ii,16},cell2mat(day(1,[2:21])));
   [∼,X]=ismember(raw1{ii,4},A);
   day{X+1,Y+1}=day{X+1,Y+1}+1;
end
%还车站点与时间交叉表
for jj=2:size(raw1,1)
   [∼,Y]=ismember(raw1{jj,16},cell2mat(day2(1,[2:21])));
   [∼,X]=ismember(raw1{jj,8},A);
   day2{X+1,Y+1}=day2{X+1,Y+1}+1;
end
load bike.mat
%借车站点号
day3(1,2:21)=num2cell(unique(cell2mat(raw1([2:end],16)))');
day3(2:182,2:21)=num2cell(0);day4=day3;
B=unique(cell2mat(raw1([2:end],5)))';%借车站点位置号
for k=1:size(B,2)
   day3{k+1,1}=B(k);
end
day4=day3;
%借车站点号与时间交叉表
for kk=2:size(raw1,1)
   [∼,Y]=ismember(raw1{kk,16},cell2mat(day3(1,[2:21])));
   [∼,X]=ismember(raw1{kk,5},B);
   day3{X+1,Y+1}=day3{X+1,Y+1}+1;
end
%还车站点号时间交叉表
%借车站点号与时间交叉表
for u=2:size(raw1,1)
   [∼,Y]=ismember(raw1{u,16},cell2mat(day4(1,[2:21])));
   [∼,X]=ismember(raw1{u,9},B);
   day4{X+1,Y+1}=day4{X+1,Y+1}+1;
end
%第一天借车频次直方图
figure(1)
```

```
bar(B(1:end-1),cell2mat(day3([2:end-1],2)))
grid on
figure(2)
bar(B(1:end-1),cell2mat(day4([2:end-1],2)))
grid on
%%%累积计算
day3{1,22}='累积';day4{1,22}='累积';
day3([2:end],22)=num2cell(sum(cell2mat(day3([2:end],[2:21]))),2));
day4([2:end],22)=num2cell(sum(cell2mat(day4([2:end],[2:21]))),2));
figure(3)
bar(B(1:end-1),cell2mat(day3([2:end-1],22)))
grid on
figure(4)
bar(B(1:end-1),cell2mat(day4([2:end-1],22)))
grid on
%%%MATLAB 对每次用车时长分布情况统计:
clc,clear
[num,~,raw1] = xlsread('20 天 100 以下.xlsx','Sheet1','L2:L617947')%导入数据
binranges1=[1:120];%以一分钟划分间隔
binranges5=[1:5:120];%以五分钟划分间隔
[bincounts] = histc(num,binranges1);%统计计数
figure(5)
bar(binranges1,bincounts,'histc');%描绘图形
grid on
xlabel('用车时长')%添加标签
ylabel('频次')%添加标签
[bincounts2] = histc(num,binranges5);
figure(6)
bar(binranges5,bincounts2,'histc');
grid on
xlabel('用车时长')
ylabel('频次')
%%%借车卡
clc,clear
[num2,~,raw2] = xlsread('20 天 100 以下.xlsx','Sheet2','B2:B45348');%导入数据
count = hist(num2,unique(num2));
B=unique(num2);
figure(7)
bar(B([1:100]),count([1:100]));
grid on
```

```
xlabel('用卡次数')
ylabel('频次')
%%%累积借车次数分布
clc,clear
A={'1-2 次','3-4 次','5-7 次','8-11 次','12-16 次','17-26 次','27-650 次'};
A1=[13.78 12.35 14.77 15.35 13.60 16.27 13.88];
figure(8)
pie3(A1)
B={'1-10 次','11-20 次','21-30 次','31-40 次','41-50 次','51-60 次','61-70 次',
   '71-80 次','81-90 次','91-650 次'};
B1=[52.82 24.78 12.33 5.72 2.43 1.08 0.43 0.22 0.09 0.10];
figure(9)
pie(B1)
%%%借还车站相同且用车时长大于 1 分钟
clc,clear
[data1,~,raw1]=xlsread('20 天 100 以下.xlsx','Sheet1','A1:O617947');
st={};time=[];
A=unique(cellstr(raw1([2:end],4)))';%借车站点位置
for j=1:size(A,2)
  st{j,1}=A(j);
end
st(1:184,2)=num2cell(0);
for i=2:size(raw1,1)
  if raw1{i,5}==raw1{i,9} && raw1{i,12}>1
    time=[time raw1{i,12}];
    [~,X]=ismember(raw1{i,4},A);
    st{X,2}=st{X,2}+1;
  end
end
[Y,I] = sort(cell2mat(st(:,2)),'descend');
figure(8)
bar(Y)
grid on
set(gca,'XTickLabel',{'五马美食林','阳光花苑','世纪联华','勤奋路花坦小区','星河广
场','丽都大厦','妇女儿童中心','白鹿洲公园','星河广场','测试点'});
%时间分布图
B=unique(time);
count = hist(time,unique(time));
figure(9)
bar(B([1:99]),count([1:99]));
```

```
grid on
xlabel('用车时长')
ylabel('频次')
```

案例 2　百货商场会员画像描绘

摘　　要

完善会员画像描绘, 对加强对现有会员的精细化管理, 稳定会员与实体零售行业的关系, 促进实体零售行业更好发展具有重要意义. 本文针对大型百货商场会员画像描绘问题, 使用 SPSS 软件进行数据统计分析, 基于数据挖掘技术, 建立会员与商场之间联系使得商场管理者更有效地对会员进行管理.

针对问题一, 首先对所给数据信息进行预处理, 得到数据的完整率均为 94% 以上, 数据质量较好. 其次, 提取该商场会员消费数据的信息, 主要从该商场会员的性别差异、年龄差异、消费水平、时间偏好 5 个方面分析, 得出会员的消费特征. 最后, 对于会员与非会员群体的差异, 从消费总金额、购买商品数量以及一次消费金额和高消费次数频率等方面比较, 得到会员群体的购买力大于非会员群体, 会员群体给商场带来更长远的利润与价值.

针对问题二, 对于衡量每个会员购买力的模型, 构建 RFM 购买力模型, 其表达式为: $G(h_i) = 100 \times R(h_i) + 10 \times F(h_i) + M(h_i)$. 根据会员消费积分采用 "K-均值聚类" 方法将会员划分为青铜、白银、黄金、钻石和至尊会员 5 个等级, 等级越高, 说明该会员的价值越大, 5 类会员等级分别有 19231 人、17516 人、16119 人、17492 人和 17898 人.

针对问题三, 建立关于最近一次购买时间有多远、消费频率以及消费金额这三者关系的 RFM 模型. 以 3 个月为时间窗口, 根据会员群体消费情况分为活跃会员、沉默会员、睡眠会员以及流失会员, 人数分别为 8753 人、3506 人、5141 人和 14417 人, 流失会员占大多数. 为了商场管理者能够更有效地对会员进行管理, 依据 "RFM" 的三个指标, 将客户分为重要价值客户、重要保持客户、重要发展客户和重要挽留客户, 分别对 4 种类型客户制定营销策略.

针对问题四, 要求建立数学模型计算会员生命周期中非活跃会员的激活率. 首先引入 0-1 变量表示活跃会员中 3 个月的状态, 计算得出非活跃会员转变活跃会员的激活率为 9.17%, 说明有较大可能性转变为活跃会员. 其次, 定义商品消费金额与商品售价的比值为折扣率, 对每个月商品折扣率小于 30% 进行统计, 建立折扣率小于 30% 商品数量统计表. 最后以每个月折扣率达到 30% 商品数量为自变量, 会员激活率为因变量建立回归模型, 得到折扣活动对激发非活跃会员消费具有较大潜能.

　　针对问题五, 首先统计出销售数量最多的前 20 商品作为会员最受欢迎的商品, 得出购买次数最多的大多为化妆品和女装. 其次, 运用 Aprior 算法建立商品关联规则, 支持度和置信度越高的商品可作为连带商品一起出售, 建立关联商品表; 最后, 依据热门商品以及关联商品, 商家可举办相应的促销活动, 对关联商品依据就近摆放原则进行推广促销活动.

　　关键词: 会员画像; RFM 模型; 忠诚度; SPSS 软件

1　问 题 重 述

1.1　问题背景

　　在零售行业中, 会员价值体现在持续不断为零售运营商带来稳定的销售额和利润, 同时也为零售运营商策略的制定提供数据支持. 零售行业会采取各种不同的方法来吸引更多的人成为会员, 并且尽可能提高会员的忠诚度. 当前电商的发展使商场会员不断流失, 给零售运营商带来严重的损失. 此时, 运营商需要有针对性地实施营销策略来加强与会员的良好关系. 比如, 商家针对会员采取一系列的促销活动, 以此来维系会员的忠诚度. 有人认为对老会员的维系成本太高, 事实上, 发展新会员的资金投入远比采取一定措施来维系现有会员要高. 完善会员画像描绘, 加强对现有会员的精细化管理, 定期向其推送产品和服务, 与会员建立稳定的关系是实体零售行业得以更好发展的有效途径.

1.2　提出问题

　　附件中的数据给出了某大型百货商场会员的相关信息: 附件 1 是会员信息数据; 附件 2 是近几年的销售流水表; 附件 3 是会员消费明细表; 附件 4 是商品信息表, 一般来说, 商品价格越高, 盈利越高; 附件 5 是数据字典. 建立数学模型解决以下问题:

　　问题一: 分析该商场会员的消费特征, 比较会员与非会员群体的差异, 并说明会员群体给商场带来的价值.

　　问题二: 针对会员的消费情况建立能够刻画每一位会员购买力的数学模型, 以便能够对每个会员的价值进行识别.

　　问题三: 作为零售行业的重要资源, 会员具有生命周期 (会员从入会到退出的整个时间过程), 会员的状态 (比如活跃和非活跃) 也会发生变化. 试在某个时间窗口, 建立会员生命周期和状态划分的数学模型, 使商场管理者能够更有效地对会员进行管理.

问题四: 建立数学模型计算会员生命周期中非活跃会员的激活率, 即从非活跃会员转化为活跃会员的可能性, 并从实际销售数据出发, 确定激活率和商场促销活动之间的关系模型.

问题五: 连带消费是购物中心经营的核心, 如果商家将策划某次促销活动, 如何根据会员的喜好和商品的连带率来策划此次促销活动?

2   问 题 分 析

2.1   问题一分析

首先, 对题中所给的各项会员信息数据和消费信息进行数据的清洗和处理. 对附件 1 中会员信息异常数据进行剔除, 其中剔除出生年月、性别和会员入会登记时间中有缺失的数据; 出生年月处在 1938 年之前和 2018 年之后的会员进行剔除, 根据生活常理可知年龄过大和年龄过小都不合常规办理会员, 即保留 10~80 岁的会员群体进行分析.

其次, 对于该商场会员的消费特征进行分析, 可从商场会员购买商品的购买力度、不同年龄阶层的消费次数和购买金额、在性别上男女会员购买力和消费金额, 以及时间偏好等方面分别分析商场会员的消费特征; 对于比较会员与非会员群体的差异, 根据题中所给的会员信息数据和近几年的销售流水表的数据进行筛选, 由题意可知, 商家针对会员采取一系列的促销活动以维持会员忠诚度. 在附件 2 中算出商品售价与商品数量的乘积得到实际金额, 与消费金额相比较, 如果消费金额小于实际金额, 则说明此消费为会员消费; 反之, 若实际金额与消费金额相等, 可判断为非会员. 再分别根据会员与非会员的购买力、购买次数、平均消费金额以及高消费频次等方面进行比较会员与非会员的群体差异.

最后, 对于会员群体给商场带来的价值, 根据会员与非会员的群体差异比较得出会员的价值. 当商场给顾客购物时一点优惠, 创收的同时给顾客适当的分利, 会员群体带动商场的销售额, 忠诚顾客则是帮助企业运营并且稳步提升的关键点.

2.2   问题二分析

根据会员的消费情况建立能刻画每位会员购买力的数学模型, 购买力可反映会员群体的价值. 首先, 对附件 3 中会员消费明细表进行统计分析, 建立 RFM 模型, 以此体现会员的购买力. RFM 模型具有三个指标, 分别为最近一次消费距研究时段最后一天的时长、购买频次以及消费总额. 其次, 依据每个指标按会员消费情况赋予评价分数, 分数越高说明购买力越大; 最后, 根据会员的购买力积分采用 K-均值聚类方法划分会员等级.

2.3　问题三分析

首先, 明确会员生命周期的意义, 即会员生命周期是会员关系从一种状态向另一种状态运动的总体特征, 即会员从入会到退出的整个过程; 会员的状态, 即会员的活跃程度. 在问题二的基础上, 建立以 RFM 模型有关会员生命周期与会员状态的模型, 按会员价值划分会员类型, 结合 4 种会员状态, 与会员价值类型相匹配. 最后, 依据会员价值程度有效对会员进行管理.

2.4　问题四分析

在问题三的基础上, 3 个月内有消费过的会员群体为活跃会员. 同时依据 "RFM 模型" 中最近一次消费时间, 从会员消费明细表中找出最新的消费记录, 得到最新消费时间在 2018 年 1 月 3 日, 依次时间往前推, 如果超过 3 个月没有消费, 则认为是非活跃会员. 在会员生命周期中计算非会员的激活率, 非活跃会员转化为活跃会员, 可能是商场有打折促销活动, 促使非活跃会员购物, 从而成为活跃会员.

2.5　问题五分析

问题五要求根据会员的喜好和商品的连带率策划促销活动. 首先, 根据会员消费明细表与商品信息表进行匹配, 统计分析类别编码与商品名称对应所购买的次数, 可知会员的喜好; 其次, 统计出热门商品作为会员喜好商品, 对于连带消费, 从同类商品进行促销以及商品数量多的带动商品数量较少的; 最后, 根据类别编码细分商品名称、对应的类别, 得到会员群体的消费偏好.

3　模型假设

(1) 假设商场中的交易记录为每件商品的交易产生一条交易记录;

(2) 假设忽略机器设备对交易时间记录的延时, 即认为所有的交易记录均是顾客当时在该商场进行交易付款时的实时记录;

(3) 假设认为所给数据不存在大批量的缺失, 即所给的数据在时间序列上没有丢失过多的交易记录, 否则将对会员的状态、生命周期等指标造成严重影响.

4　符号说明

符号	含义	单位
E	购买力指数	—
m	消费金额	元
s	积分	分
ε	退货指数	—
Y	现有活跃会员人数	人

5　模型准备

根据题中所给的大型百货商场会员的相关信息, 结合 4 个附件中相关会员和商品基本信息, 对数据进行预处理, 清理异常数据.

5.1　数据预处理

(1) 剔除会员基本信息缺失数据.

在会员基本信息中, 首先, 对于出生年月、会员性别和会员入会登记时间缺失的数据进行剔除, 缺失数据共有 56307 个; 其次, 对出生年月处在 1938 年之前和 2018 年之后的会员进行剔除, 根据生活常理可知年龄过大和年龄过小都办理会员不符合生活实际, 即保留 10~80 岁的会员群体. 所以附件 1 中会员基本信息数据共有 194761 个, 清理剔除数据之后还剩余 136215 个有效数据.

(2) 剔除商品单据号异常数据.

在附件 2 中, 商品单据号与其他单据号有差别, 例如, 7.00E+16, 对于此类单据号认为是异常数据, 将其进行清理. 同时对于商品金额标红的数据, 其数量为负值, 认为是会员对商品进行退货处理, 此类数据另做分析, 这里不做删除处理.

(3) 清理商品编码异常数据.

在附件 2, 附件 3 和附件 4 中, 出现的商品编码与其他商品编码存在差异, 例如, 5.46E+12, 将后面位数加 10 以上的商品编码清理剔除. 其中在附件 3 会员消费明细表中商品积分出现小数, 按生活经验认为商场会员积分为整数, 所以将会员积分带有小数的数据删除.

(4) 剔除商品类目为具体数值的数据.

根据百度百科中, 对商品类目的解释: 商品类目是对商品分类, 指根据一定的管理目的, 为满足商品生产、流通、消费活动的全部或部分需要, 将管理范围内的商品集合总体, 以所选择的适当的商品基本特征作为分类标志, 逐次归纳为若干个范围更小、特质更趋一致的子集合类目. 所以商品类目是具体商品分类, 而不是具体的数值, 经统计, 商品类目为具体数值的个数有 88 个, 对其进行删除.

5.2　数据处理后质量检验

经过数据的预处理, 得到 4 个附件数据处理后的完整率, 具体信息如表 5-24 所示.

表 5-24　有效数据完整率

	附件 1	附件 2	附件 3	附件 4
原有数据/个	194761	1015366	911702	24170
处理后剩余数据/个	136215	1006416	857603	23999
数据完整率/%	69.93	99.11	94.06	99.29

根据表 5-24, 对每个附件所给数据经过处理之后, 计算其完整率, 由此可知, 附件 2、附件 3 以及附件 4 的有效数据完整率都达到 90% 以上, 所以数据质量良好. 其中, 附件 1 是会员的基本信息, 对于出生年月、会员性别和会员入会登记时间缺失, 无法对其进行补充, 同时会员年龄大于 80 岁, 小于 10 岁都不符合生活常理, 所以对其进行删除. 会员基本信息数据处理后数据完整率为 69.93%, 删除了 30.07% 数据看上去有些不合理, 由于删除的都是十分不合理的数据, 会对会员的准确刻画产生偏差, 且剩余数据具有代表性, 可用于后续建模计算过程. 对于附件 2、附件 3 以及附件 4 而言, 数据完整率都高于 90%, 能够通过检验.

6 模型的建立与求解

6.1 分析商场会员的消费特征

商场会员消费特征, 从商场会员男女的比例, 不同年龄阶层的购买金额和人数、商场会员各个年龄的平均消费, 以及会员与非会员的平均消费水平进行分析.

6.1.1 商场会员男女比例

经过对附件 1 中会员信息数据的处理, 剔除存在性别空缺的会员, 利用 SPSS 软件对男女性别比例进行统计分析, 得到商场会员男女比例关系, 如图 5-19 所示.

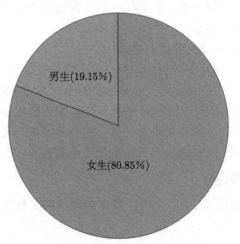

图 5-19   商场会员男女比例饼图

从图 5-19 可看出, 商场会员中女性会员占比 80.85%, 男性会员占比 19.15%. 商场女性会员占大多数, 从消费价值上看, 说明女性是商场消费的主体, 其购物欲望强烈, 同时也符合 "她经济" 的发展趋势. 根据百度百科介绍, "她经济" 即围绕女性理财、消费而形成的特有的经济圈和经济现象. 女性消费潜力的提升意味着女性的平均收入的增长, 从而有足够的资金进行消费, 成为商场经济发展的主体. 而对于男性来说, 购买的欲望不是很强烈, 一般属于"一次购足"的目标式购物, 相较于女性会员而言, 男性消费能力较弱.

6.1.2　不同年龄阶层的消费人数和购买金额

根据会员的基本信息情况, 即出生年月以及会员消费明细表进行综合整理分析, 可得到会员的年龄和消费情况. 找出在附件 1 中会员卡号与附件 3 中会员卡号一一对应的会员, 因会员卡号是会员唯一的标志, 可认为一个卡号即为一名会员; 有的卡号在附件 1 中找不到对应会员, 是由于该会员是其他分店的会员到本店消费, 所以会员信息不在附件 1 中, 对于此种情况不予以考虑, 只对附件 1 的会员进行管理.

利用 SPSS 软件对商场会员年龄与人数进行统计分析, 得到商场会员不同年龄阶层与人数分布的直方图, 以及不同年龄段的消费金额, 如图 5-20 所示.

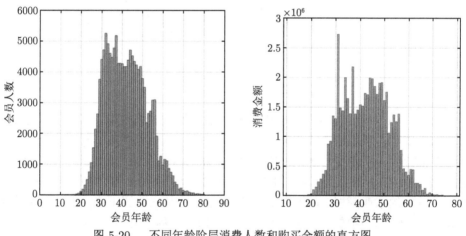

图 5-20　不同年龄阶层消费人数和购买金额的直方图

观察图 5-20 可知, 该商场会员年龄主要分布在 28~55 岁之间, 为商场会员消费的主力, 中青年是数量庞大的消费群体, 是企业相互争抢的主要群体, 从消费金额来看, 25~50 岁的消费金额最为明显, 一般而言, 青年消费者喜欢追求时尚、新颖和个性, 在选择商品时, 感情因素占主导地位, 只要满足自己感情愿望, 迅速做出购买决策; 中年消费者有着独立经济的能力, 对于所需的商品, 也会做出决策购买; 在 60 岁以后的商场会员, 属于老年消费者, 会员人数和购买金额都比较少, 究其缘由, 老年消费者生活经验丰富, 喜欢精打细算, 按照自己的实际需求购买商品, 对商品的质量、价格、用途、都会做详细了解, 很少盲目购买, 同时也是老年消费者有着勤俭节约的心理, 不愿意浪费钱购买不实际的商品, 所以老年群体的购买力不如中青年购买力强.

6.1.3 商场会员各个年龄段的平均消费水平

从不同年龄阶段会员的人数和不同年龄消费总金额, 可得出商场会员各个年龄阶段的平均消费, 如图 5-21 所示.

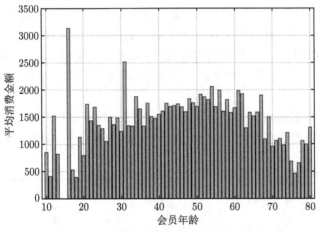

图 5-21   商场会员各个年龄段平均消费

从图 5-21 可看出, 各个年龄段的平均消费没有显著差异. 其中会员年龄在 18 到 20 岁左右平均消费水平较高, 最高可到达 3000 元左右. 此类会员大多属于 "00 后""90 后" 消费群体, 他们作为一个新时代的代表, 正处于一个网络全球化的世界中, 乐于接受新事物, 对于新鲜感的 "00 后""90 后" 消费群体来说, 遇到一眼看中的东西, 往往不会进行过多的比较, 而是立即买下来; 同时, 不论是在校大学生还是职场中的工作者, 他们也是娱乐消费的上升主力, 所以消费能力强大, 平均消费金额在 1200 元以上. 而会员年龄在 30 岁到 50 岁左右, 平均消费金额处于 1500 元左右, 这类年龄的会员大多数实现了经济自由, 有自己的经济能力, 遇到喜欢的商品, 不会过多考虑价钱, 追求的消费行为是舒适性和便利性, 突破传统借鉴保守的消费理念, 习惯超前消费, 即 "花今天的钱, 圆明天的梦", 具有无限的消费潜力.

6.1.4 时间偏好

根据会员消费明细表, 整理计算可得到, 会员在不同月份、季度消费的情况, 从时间上也可看出会员消费的时间倾向. 利用 SPSS 软件统计得出 2016 年到 2018 年商场会员每个月累积消费情况, 如图 5-22 所示.

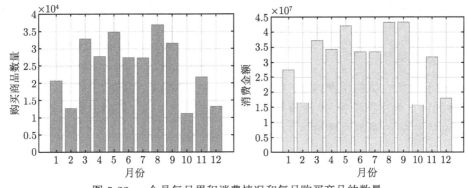

图 5-22 会员每月累积消费情况和每月购买商品的数量

由图 5-22 明显可以看出商场会员消费水平情况具有时间变化, 在冬季的消费金额相对较少, 春季和夏季消费水平较高. 在春季, 随着元旦、春节等节假日的到来, 商场一般都会开展消费促销活动, 其中在 3 月份商场会员购买商品数量达到 32894 件, 吸引了消费者前来购物消费. 同时, 商家之间也会进行商业竞争, 举行活动, 吸引客流, 所以提升了春季的消费水平. 而另一方面, 夏季正是春夏换季时间, 例如在服装方面, 到换季时间, 商场的消费者购买夏装, 且夏季中有较长的暑假, 商场的客流量比平时大, 从购买商品数量可知, 在 8 月份购买的商品数量在全年最多, 达到 36846 件, 说明夏季消费者倾向于购物消费.

对于会员在各个季度消费次数与购买商品数量如图 5-23 所示.

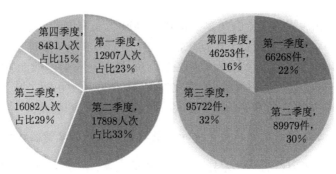

图 5-23 会员各个季度消费次数与购买商品数量

由图 5-23 可知, 在会员的消费次数中, 第二季度的消费次数最高, 达到 17898 人次, 占比 33%; 第四季度的消费次数最低, 仅有 8481 人次, 占比 15%. 对于会员购买商品的数量, 在第三季度购买的数量最多, 达到 95722 件, 占总数量的 32%, 第二季度与第三季度的购买数量差异较小, 有 89979 件, 占总数量的 30%;

而购买商品数量最少在第四季度, 仅有 46253 件, 占总数量的 16%, 与消费次数相
吻合.

6.1.5　消费偏好

对于商场会员的消费偏好, 根据会员消费的单据号, 假设以单次消费金额在
1000 元以上为高档消费, 单次消费金额在 1000 元以下为中低档消费, 具体的金额
消费以及对应的消费次数如图 5-24 所示.

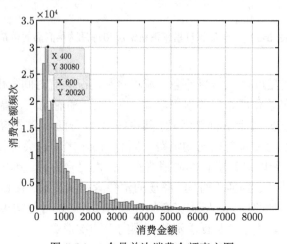

图 5-24　会员单次消费金额直方图

通过图 5-24 可以看出, 会员单次消费在 400 元左右消费的频次较高; 而单次
消费超过 4000 元的频次较低. 根据生活经验, 例如小家电、服饰、美妆用品等大
多的价格在 1000 元上下, 会员青睐于这些商品, 同时也符合一般的生活消费水平;
而对于金银、玉器这类高端消费, 价格往往偏高, 消费次数也随之减少. 所以从整
体上看, 商场会员单次消费更倾向于价格在 1200 元左右的商品.

6.1.6　比较会员与非会员群体的差异和会员群体给商场带来价值说明

对于会员与非会员的群体差异, 主要从消费记录、消费总金额、消费次数、购
买商品数量以及平均每次消费金额购买商品平均金额、一次消费金额和高消费次
数频率这些方面进行比较, 具体消费信息如表 5-25 所示.

根据流水记录表, 结合表 5-25, 以及图 5-25, 统计得出会员消费总金额有
377114929.8 元, 会员消费记录共有 282781 条, 非会员总消费金额为 802464202.5
元, 属于非会员消费记录共有 684383 条; 从单据价值上看, 会员平均每次消费金
额 6810.94 元, 非会员平均每次消费金额 6946.12 元. 从图 5-25 中可看出, 以 2016

年 3 月 1 日为分界点, 会员平均消费金额在 2016 年 3 月 1 日前比非会员平均消费金额高, 在此之后, 非会员平均消费金额逐渐下降, 而会员的平均消费金额上升, 最高可达到 1350 元左右.

表 5-25　会员消费与非会员消费明细表

	会员	非会员
消费记录	282781	684383
消费总金额	377114929.8	802464202.5
消费次数	55369	115527
购买商品数量	298222	707161
平均每次消费金额	6810.939873	6946.118245
购买商品平均金额	1264.544299	1134.768748
一次消费最大金额	1342515	259244
以 1000 元为高消费基准, 高消费次数	105250	208955
以 1000 元为高消费基准, 高消费频率	37.2%	30.5%
以 2000 元为高消费基准, 高消费次数	51779	96730
以 2000 元为高消费基准, 高消费频率	18.3%	14.1%

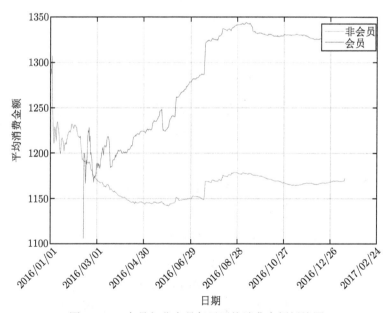

图 5-25　会员与非会员每日平均消费金额折线图

若以 1000 元作为高消费单据, 会员高消费次数 105250 次, 非会员的高消费次数则为 208955 次; 会员高消费的总次数占总消费次数的 37.2%, 而非会员的则是 30.5%. 如果以 2000 元作为高消费单据, 会员高消费次数有 51779 次, 非会员的高消费次数为 96730 次; 会员高消费总次数占总消费次数的 18.3%, 而非会员则为 14.1%.

综上所述, 会员的价值在于单次消费的最大金额, 以及有着高消费的频次和购买更多的商品, 且会员群体具有强于普通群体的高消费能力, 是商场的主力消费力量, 是购买高端商品的主力军, 也是销售额的有力支撑.

6.2   会员购买力模型的建立

针对会员的消费情况建立能反映每一位会员购买力的模型, 对每个会员的价值进行识别. 根据查阅资料可知, RFM 模型是衡量会员价值和创收能力的重要价值工具, 所以建立 RFM 模型以识别会员的购买力.

6.2.1   RFM 模型的建立

RFM 模型具有三个衡量指标, 分别是最近一次消费距研究时段最后一天的时长 R、消费总频率 F 以及消费总金额 M. 其中消费时间越近、经常购买和消费越高的用户, 说明客户价值越大.

以 2018 年 1 月 3 日会员最近一次消费为时间基准点, 对每个会员状态阶段建立模型, 根据 RFM 模型的定义, 对最近消费时间、消费频次以及消费金额分别用关系式表达, 每个会员的购买力可表示为

$$G(h_i) = 100 \times R(h_i) + 10 \times F(h_i) + M(h_i) \tag{5-7}$$

最近一次消费时间 $R(h_i)$ 得分根据会员最近消费时长, 以此判断获得积分值的大小, 最近消费时长离基准点时间越短, 得到的购买力模型积分就越高, 故 $R(h_i)$ 可表达为

$$R(h_i) = \begin{cases} 9\ 分, & 最近\ 1\ 个月内消费 \\ 8\ 分, & 最近消费时间\ 2\sim3\ 个月内 \\ 7\ 分, & 最近消费时间\ 4\sim5\ 个月内 \\ 6\ 分, & 最近消费时间\ 6\sim8\ 个月内 \\ 5\ 分, & 最近消费时间\ 9\sim12\ 个月内 \\ 4\ 分, & 最近消费时间\ 13\sim17\ 个月内 \\ 3\ 分, & 最近消费时间\ 18\sim28\ 个月内 \\ 2\ 分, & 最近消费时间\ 29\sim32\ 个月内 \\ 1\ 分, & 最近消费时间\ 32\ 月以上 \end{cases} \tag{5-8}$$

每个会员的消费习惯各有不同, 所以每个会员的消费频率也有所不同, 消费频率越高的会员客户创造的价值越高, 所以消费频率得分 $F(h_i)$ 表达式为

$$
F(h_i) = \begin{cases}
9 \text{ 分}, & \text{消费次数 } > 56 \text{ 次} \\
8 \text{ 分}, & \text{消费次数 } 33 \sim 56 \text{ 次} \\
7 \text{ 分}, & \text{消费次数 } 21 \sim 32 \text{ 次} \\
6 \text{ 分}, & \text{消费次数 } 14 \sim 20 \text{ 次} \\
5 \text{ 分}, & \text{消费次数 } 9 \sim 13 \text{ 次} \\
4 \text{ 分}, & \text{消费次数 } 6 \sim 8 \text{ 次} \\
3 \text{ 分}, & \text{消费次数 } 4 \sim 5 \text{ 次} \\
2 \text{ 分}, & \text{消费次数 } 2 \sim 3 \text{ 次} \\
1 \text{ 分}, & \text{消费次数 } 1 \text{ 次}
\end{cases}
\tag{5-9}
$$

会员的消费总金额也是衡量会员购买力的一项重要指标, 不同的消费金额购买力模型得分也有所不同, 消费金额越多所得分也越多, 所以消费金额得分 $M(h_i)$ 表达式为

$$
M(h_i) = \begin{cases}
9 \text{ 分}, & \text{总消费金额} > 3400 \\
8 \text{ 分}, & 3400 \geqslant \text{总消费金额} > 1895 \\
7 \text{ 分}, & 1895 \geqslant \text{总消费金额} > 1328 \\
6 \text{ 分}, & 1328 \geqslant \text{总消费金额} > 893 \\
5 \text{ 分}, & 893 \geqslant \text{总消费金额} > 630 \\
4 \text{ 分}, & 630 \geqslant \text{总消费金额} > 421 \\
3 \text{ 分}, & 421 \geqslant \text{总消费金额} > 300 \\
2 \text{ 分}, & 300 \geqslant \text{总消费金额} > 195 \\
1 \text{ 分}, & 195 \geqslant \text{总消费金额} > 0
\end{cases}
\tag{5-10}
$$

上述中的 $R(h_i)$, $F(h_i)$, $M(h_i)$ 分别代表会员 h_i 以 R, F, M 为分类的相应变量评分. 所乘系数 100, 10 是为了能让百位、十位的 R, F 评分直观体现购买力指数 G. 会员购买力得分在 111~999 之间, 根据得分可以更加容易区分出会员的价值, 从而更加有效地进行管理.

6.2.2　会员购买力模型求解与会员等级划分

根据上述购买力模型, 在消费记录中, 计算会员的购买力得分, 并根据其评分大小判断与之对应的会员等级. 因篇幅原因, 本文展示部分会员购买力得分, 具体如表 5-26 所示.

表 5-26　部分会员购买力得分

会员卡号	最近消费时间得分	近一年消费频率得分	消费金额得分	购买力得分
000186fa	7	8	3	783
000234ad	8	5	7	857
0002adb8	3	2	8	328
000339f1	9	6	1	961
0003a4e7	1	5	4	154
0004bad2	8	2	9	829
000539ab	8	1	1	811
00065bc9	8	5	2	852
0006ea4c	5	2	6	526
00075d60	7	9	6	796

根据表 5-26 可知部分会员购买力的得分, 其中得分最高的是会员卡号为 000339f1 会员, 购买力得分为 961 分, 此会员在最近消费时间上得分为 9 分, 说明消费次数多, 消费频繁, 但在消费金额上的得分仅有 1 分, 说明购买的商品金额较少; 购买力得分最低的是会员卡号为 0003a4e7 的会员, 其购买力得分为 154 分, 最近消费时间得分为 3 分, 但在消费金额得 8 分, 说明此会员属于中低档消费.

根据购买力得分使用 K-均值聚类方法根据离聚类中心的距离长短对会员等级进行划分, 划分结果如表 5-27 所示.

表 5-27　购买力积分对应会员等级划分

购买力积分	会员名称	会员人数
121 以下	青铜会员	19231
121 到 341 分	白银会员	17516
341 到 559 分	黄金会员	16119
559 到 779 分	钻石会员	17492
779 分到 999 分	至尊会员	17898

表 5-27 和图 5-26 依据购买力积分对会员等级划分为 5 类. 由此可看出, 对于前 3 类会员等级, 随着等级越高, 会员人数随着下降. 其中人数最少的是购买力积分在 341 到 559 分之间的黄金会员, 有 16119 人; 等级最高的至尊会员, 其购买力积分在 779 到 999 分, 会员人数有 17898 人. 侧面可说明至尊会员倾向于购买贵重物品、奢侈品等, 例如在会员消费明细表中, 价格最高的商品为欧米伽手表, 所在柜台名称为瑞士钟表柜, 售价 1342515 元, 此类商品为经济实力强大、高端人士所青睐. 在 6 类会员等级中, 青铜会员人数最多, 有 19231 人, 侧面反映此类会员消费者大多为实际生活中普通消费者, 所需商品为日常所需的大物件, 例如家电、电器类产品, 为商场价值创造的主体.

各等级会员人数

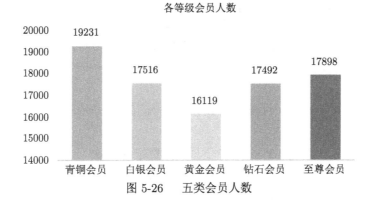

图 5-26　　五类会员人数

6.3　会员生命周期和状态划分模型建立

6.3.1　会员生命周期模型的建立

对搜索的信息进行整理, 得到以 3 个月为时间窗口. 判断会员的状态, 然后以最近一次购买时间有多远、消费频率以及消费金额这三类标准对会员的价值划分. 会员状态如图 5-27 所示.

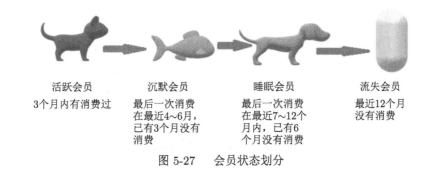

活跃会员	沉默会员	睡眠会员	流失会员
3个月内有消费过	最后一次消费在最近4~6月, 已有3个月没有消费	最后一次消费在最近7~12个月内, 已有6个月没有消费	最近12个月没有消费

图 5-27　　会员状态划分

依据上述会员状态的划分, 会员最近一次在 2018 年 1 月 3 日, 以此为时间基准点, 以 3 个月为时间窗口, 对每个会员状态阶段建立模型, 可表达为

$$\begin{cases} d < 3 \\ 3 \leqslant d < 6 \\ 6 \leqslant d < 12 \\ d \geqslant 12 \end{cases} \tag{5-11}$$

其中, d 表示为最近一次消费时间. 根据 RFM 模型的定义, 对最近消费时间、消费频率以及消费金额分别用关系式表达.

对于最近消费时间可表达为

$$\begin{cases} d = 1, & 3个月内有消费 \\ d = 0, & 3个月内没有消费 \end{cases} \qquad (5\text{-}12)$$

定义消费频次在 3 个月内超过 3 次, 认为消费频率较高, 所以对于消费频次可表达为

$$\begin{cases} N = 1, & 3个月内消费超过 3 次 \\ N = 0, & 3个月内消费小于 3 次 \end{cases} \qquad (5\text{-}13)$$

其中 N 表示为消费的频率. 同理, 定义在 3 个月内消费金额超过 1500 元, 认为消费金额较高, 即对消费金额较高的表达式为

$$\begin{cases} M = 1, & 3个月内消费 1500 元 \\ M = 0, & 3个月内消费不超过 1500 元 \end{cases} \qquad (5\text{-}14)$$

其中 M 为消费的金额. 结合 RFM 模型以上 3 个条件, 可判断商场会员群体为哪一类客户, 以便商场管理者能对会员进行精细化管理.

6.3.2　会员活跃程度的划分

根据 3 个月为时间窗口, 会员群体的消费情况, 会员活跃程度可分为活跃会员、沉默会员、睡眠会员以及流失会员. 利用 SPSS 软件对每种会员状态的人数比例进行统计, 结果如表 5-28 所示.

表 5-28　会员活跃状态及人数

会员活跃状态	活跃会员	沉默会员	睡眠会员	流失会员
人数	8753	3506	5141	14417
比例	0.275105	0.110193	0.16158	0.453123

结合表 5-28 和图 5-28, 可发现流失会员的人数最多, 为 14417 人, 占比 45%, 活跃会员处于中等状态, 有 8753 人, 占比 28%. 流失会员占绝大多数, 侧面可说消费者对于购物的满意度不高, 使得消费者在进行一次消费之后, 就没了再次消费的想法, 对于商场管理者应对症下药, 例如可以举办奖项丰厚的赛事, 扩大宣传, 刺激流失会员的回归; 同时管理者更应该把重心放在活跃会员上, 一般而言, 消费频率越高的会员, 他们的忠诚度也越高, 商家可不断地刺激会员消费, 提高服务品质, 为商家创造更多的价值.

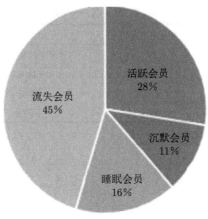

图 5-28　会员活跃状态占比

表 5-29 是各类会员状态所对应的卡号, 方便商场管理者对会员进行管理, 对于沉默会员, 有 3 个月没有消费, 但最近消费时间在 4~6 个月内, 管理者可关注此类会员, 以指定各种营销手段去激活沉默会员的消费, 可对会员有针对性地进行沟通和互动.

表 5-29　部分会员活跃状态卡号

活跃会员卡号	睡眠会员卡号	沉默会员卡号	流失会员卡号
5d761c48	e19a6348	54bb27f9	8bf3aaae
826ea280	f6cced3e	d8cef5bd	1fdc9d3b
b456b18c	b7f643af	fcd48879	3f3c41a6
6b625403	ff1cf05a	df1b70a5	83c86cb5
2ab611cf	ed2e55e4	193ec536	858922df
69de49e9	f4d5d96e	cef107ae	67303fe2
794d9da7	cfd3ddd1	e0f1b706	757b09a9
e2dc3da3	11078c0a	4bffb411	69d9fa5a
d1617127	e27eb943	061380c6	2b3c72e6
……	……	……	……
392fb723	be7426ec	b7e819bf	80fdf638
abe125fc	fa17b5b5	09bce9a6	81484c9c

根据表 5-30 可知, 对于重要价值客户, 管理者应该给予重点关注, 时刻把握重要价值客户的消费的动向; 而对于重点发展客户, 消费频次低, 但消费金额高, 说明忠诚度不高, 商家可向客户提供优质服务, 增加认同感; 重要挽留客户可能为已经流失或者正在流失客户, 可采用各项活动吸引客户回流, 对每类客户采取相应措施如图 5-29 所示.

表 5-30　客户分类

	最近消费时间	消费频次	消费金额
重要价值客户	较短	较高	较高
重要保持客户	较长	较高	较高
重要发展客户	较短	较低	高
重要挽留客户	较长	不高	高

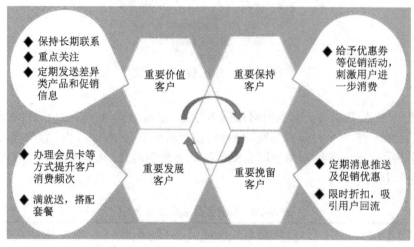

图 5-29　对每类客户采取措施

6.4　非活跃会员激活率的计算

定义非活跃会员为在 3 个月内没有消费的会员群体, 根据最新消费记录, 以此为界限, 对于每个会员群体, 在倒数第二次消费与最新消费时间所间隔时间超过 3 个月, 认为是非活跃会员. 引入 0-1 变量表示活跃会员中前 3 个月的状态, 即

$$x_i = \begin{cases} 1, & \text{非活跃会员转化为活跃会员的第 } i \text{ 个会员} \\ 0, & \text{一直属于活跃状态会员} \end{cases} \tag{5-15}$$

所以, 非活跃会员的激活率是非活跃会员人数与现有活跃会员人数的比值, 即可表达为

$$\eta = \frac{\sum\limits_{i=1}^{Y} x_i}{Y} \times 100\% \tag{5-16}$$

其中 Y 表示为现有活跃会员的人数, 经过计算得出激活率为 9.17%.

6.4.1　活跃会员与非活跃会员统计描述

以 2015 年 1 月 1 日至 2017 年 10 月 31 日这段时间内会员的消费明细作为会员总体, 经过统计, 共有 88256 人. 若以每个月为时间窗口, 则有 30 个时间窗口, 对每个月会员数进行统计记录, 计算会员的激活率并描绘出每个月会员人数折线图, 如图 5-30 所示.

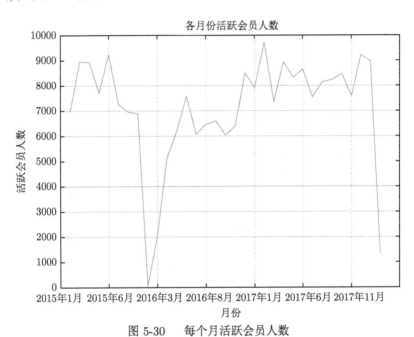

图 5-30　每个月活跃会员人数

从图 5-30 中 30 个时间窗口会员活跃人数折线图可看出, 每个月的会员活跃人数呈曲折发展趋势, 在 2016 年 3 月前一段时间窗口, 会员活跃人数最低, 说明这段时间会员在商场购物的热情有所下降; 到 2016 年 3 月后, 会员活跃人数缓慢回升, 在 2017 年 1 月活跃人数达到最高, 其次为 2017 年 11 月, 这两个时间窗口活跃人数多, 根据生活实际可知, "五一" 和 "双十一" 商场一般进行打折促销活动, 以此吸引更多的会员消费.

6.4.2　商场促销活动之间的关系模型

首先对正在促销的商品计算其折扣, 可表达为

$$\text{折扣率} = \frac{\text{商消费金额}}{\text{商品售价}} \times 100\% \tag{5-17}$$

然后分别对每个月商品折扣率小于 30% 进行统计, 记录每个月折扣率小于 30% 商品的数量以及激活率, 统计结果如表 5-31 所示.

表 5-31　折扣率小于 30%商品数量统计

年份	活跃会员人数	激活率	折扣商品数量	年份	活跃会员人数	激活率	折扣商品数量
2015 年 1 月	6958	0.0788	422	2016 年 8 月	6597	0.0747	202
2015 年 2 月	8956	0.1015	1051	2016 年 9 月	6036	0.0684	247
2015 年 3 月	8931	0.1012	913	2016 年 10 月	6384	0.0723	224
2015 年 4 月	7714	0.0874	3820	2016 年 11 月	8507	0.0964	903
2015 年 5 月	9246	0.1048	659	2016 年 12 月	7914	0.0897	1035
2015 年 6 月	7261	0.0823	339	2017 年 1 月	9710	0.1100	831
2015 年 7 月	6955	0.0788	246	2017 年 2 月	7371	0.0835	224
2015 年 8 月	6889	0.0781	240	2017 年 3 月	8935	0.1012	453
2015 年 12 月	57	0.0006	2	2017 年 4 月	8328	0.0944	249
2016 年 1 月	2043	0.0231	126	2017 年 5 月	8654	0.0981	381
2016 年 3 月	5126	0.0581	747	2017 年 6 月	7544	0.0855	326
2016 年 4 月	6186	0.0701	468	2017 年 7 月	8142	0.0923	334
2016 年 5 月	7585	0.0859	445	2017 年 8 月	8239	0.0934	389
2016 年 6 月	6072	0.0688	296	2017 年 9 月	8466	0.0959	656
2016 年 7 月	6470	0.0733	191	2017 年 10 月	7591	0.0860	386

综合表 5-31 与图 5-31, 会员激活率越大, 其对应的折扣商品数量越多, 活跃会员人数也越多, 由此可发现激活率与商场的促销活动有明显的关系, 商场举办促销活动, 可以提升商品的销售额和增加利润, 所以商家可在节假日期间或者商场生意惨淡的时候, 安排打折促销活动, 以此提高商场营业额.

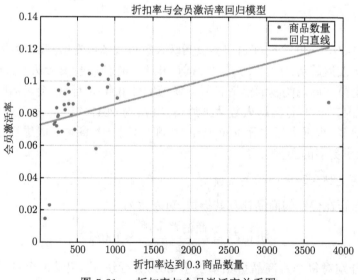

图 5-31　折扣率与会员激活率关系图

以每个月折扣率达到 30%商品数量为自变量, 会员激活率为因变量建立回归模型, 其中 a, b 为回归参数, 回归参数如表 5-32 所示.

$$\hat{y} = b + a\hat{x} + \varepsilon \qquad (5\text{-}18)$$

表 5-32　回归参数表

回归系数	回归值	置信区间
b	0.073	$[0.0617, 0.0844]$
a	1.2705×10^{-5}	$[-1.5124 \times 10^{-7}, 2.5561 \times 10^{-5}]$
	$R^2 = 0.1159$　$p < 5.8021 \times 10^{-4}$	

上表中 R^2 为相关系数, 相关系数越大, 表明折扣与激活率之间关联性越强 $R^2 = 0.1159$, 属于低度相关, 即商品折扣对会员的激活率影响微弱.

6.5　连带消费和促销计划

对于连带消费, 首先筛选出会员的消费偏好, 即会员在商场购物时, 更倾向于购买哪种商品, 以及其消费时连带商品的情况, 从而进行促销活动. 根据会员消费数据表筛选出购买数量最多的前 20 件商品, 商品信息如表 5-33 所示.

表 5-33　购买次数前 20 的商品信息

会员卡号	商品名称	商品数量
f09c9303	兰芝化妆品正价/瓶	15488
5770b98c	欧舒丹化妆品/瓶	12449
30768d8b	圣罗兰纯口红/唇釉/纯魅/蜜糖/金粹	10454
9c64cfd6	后/瓶	8898
8215d513	欧莱雅化妆品系列/支	8459
1da35ea3	Fancl 无添加/瓶	8288
7bc05899	素然正价/件	8285
6feea3f5	APM 正价	5644
cd93b1ca	爱慕内衣正价/件	5288
7453a18c	coach 正价/个	5068
d55deeb5	香奈儿炫亮/可可小姐润唇膏 3.5g	4898
f35be198	玛丝菲尔淑女装系列 A/件	4650
f3056fe6	雅诗兰黛特润修护肌透精华露 50ml	4594
de4900a0	soho 用品正价/件	4314
38b3338a	阿玛尼丝绒/漆光唇釉	4270
36e82f85	ICICLE A/件	4118
4d096b82	施华洛世奇仿水晶饰品正价/件	3964
a30385d4	韵魅正价系列/双	3825
8e45c276	宝姿女装 A/件	3638
12c40a6a	兰蔻唇膏/玫瑰唇釉	3135

从表 5-33 中可直观地看出会员消费偏爱情况, 化妆品、女装等更受会员的欢迎, 其中"兰芝化妆品正价瓶"销售数量最高, 达到 15488 件, 与前文中商场女性会员占主体这一特征相吻合.

对于商品的连带消费, 通过 Aprior 算法将这些商品建立关联规则. 根据查阅资料可知, Aprior 算法是利用逐层搜索的迭代方法找出数据库中项集的关系, 以形成规则. 关联规则挖掘的目的是找出事物之间存在的隐藏关系, 例如经典案例"啤酒与尿布"的故事. 之后计算得出商品的支持度百分比和置信度百分比以此判断商品之间的关联性, 具体如表 5-34 所示.

表 5-34   关联商品表

商品编码	商品名称	连带商品编码	商品名称	支持度百分比	置信度百分比
38b3338a	阿玛尼丝绒/漆光唇釉	30768d8b	圣罗兰纯口红/唇釉/纯魅/蜜糖/金粹	6.622	11.653
f09c9303	兰芝化妆品正价/瓶	30768d8b	圣罗兰纯口红/唇釉/纯魅/蜜糖/金粹	6.622	10.233
5770b98c	欧舒丹化妆品/瓶	30768d8b	圣罗兰纯口红/唇釉/纯魅/蜜糖/金粹	6.622	9.805
d55deeb5	香奈儿炫亮/可可小姐润唇膏 3.5g	30768d8b	圣罗兰纯口红/唇釉/纯魅/蜜糖/金粹	6.622	9.736
1da35ea3	Fancl 无添加/瓶	30768d8b	圣罗兰纯口红/唇釉/纯魅/蜜糖/金粹	6.622	7.717
9c64cfd6	后/瓶	30768d8b	圣罗兰纯口红/唇釉/纯魅/蜜糖/金粹	6.622	7.187
6feea3f5	APM 正价	30768d8b	圣罗兰纯口红/唇釉/纯魅/蜜糖/金粹	6.622	6.845
7453a18c	coach 正价/个	30768d8b	圣罗兰纯口红/唇釉/纯魅/蜜糖/金粹	6.622	6.383
4d096b82	施华洛世奇仿水晶饰品正价/件	30768d8b	圣罗兰纯口红/唇釉/纯魅/蜜糖/金粹	6.622	5.390
a30385d4	韵魅正价系列/双	30768d8b	圣罗兰纯口红/唇釉/纯魅/蜜糖/金粹	6.622	2.173
8e45c276	宝姿女装 A/件	30768d8b	圣罗兰纯口红/唇釉/纯魅/蜜糖/金粹	6.622	1.728
f35be198	玛丝菲尔淑女装系列 A/件	30768d8b	圣罗兰纯口红/唇釉/纯魅/蜜糖/金粹	6.622	1.420
36e82f85	ICICLE A/件	30768d8b	圣罗兰纯口红/唇釉/纯魅/蜜糖/金粹	6.622	1.232
30768d8b	圣罗兰纯口红/唇釉/纯魅/蜜糖/金粹	f09c9303	兰芝化妆品正价/瓶	4.987	13.588

续表

商品编码	商品名称	连带商品编码	商品名称	支持度百分比	置信度百分比
5770b98c	欧舒丹化妆品/瓶	f09c9303	兰芝化妆品正价/瓶	4.987	9.248
d55deeb5	香奈儿炫亮/可可小姐润唇膏 3.5g	f09c9303	兰芝化妆品正价/瓶	4.987	8.544
a30385d4	韵魅正价系列/双	30768d8b	圣罗兰纯口红/唇釉/纯魅/蜜糖/金粹	6.622	2.173
8e45c276	宝姿女装 A/件	30768d8b	圣罗兰纯口红/唇釉/纯魅/蜜糖/金粹	6.622	1.728

上表中支持度与置信度越大, 说明商品之间的关联性越大. 如连带商品 "圣罗兰纯口红" 的支持度为 6.622%, 置信度为 11.653%, 意味着买了 "阿玛尼丝绒/漆光" 商品的会员, 6.621% 同时买了 "圣罗兰纯口红" 和 "阿玛尼丝绒/漆光"; 以及所有买 "阿玛尼丝绒/漆光" 的会员, 11.653% 的会员也会买 "圣罗兰纯口红".

综上, 根据以上关联规则进行商品搭配销售, 商场可调整柜台摆放位置, 将关联度高的商品就近摆放, 以此可提高销售率.

7　模 型 评 价

7.1　模型的优点

(1) 本文对数据进行了预处理, 对无效和异常的数据进行了清洗, 增加了模型的鲁棒性;

(2) 本文创建了 RFM 模型来刻画每一位会员购买力, 并依据会员的购买力情况划分会员等级, 较好地对会员的价值进行了识别;

(3) 对于连带消费问题, 本文建立 Aprior 算法找出商品之间存在的隐藏关系, 得到关联度高的商品就近摆放, 给商家提供可具体实施性的方案.

7.2　模型的缺点

(1) 本文的研究对象是商场会员, 故本文仅是对有会员卡号的会员数据进行分析, 非会员的数据亦存在一定的分析价值;

(2) 本文针对精准营销的问题, 主要考虑了购买时的连带消费特征这一因素. 精准营销的关键是如何策划促销活动, 这一开放性问题, 考虑的因素可以全面一些, 例如考虑根据会员的状态来进行活动的策划, 还可以考虑会员的喜好、是否是活动型会员、激活率等因素.

附 录 程 序

程序清单 5-3　SPSS 软件在消费账单中将会员与非会员的区分

SPSS 在消费账单中将会员与非会员的区分

SPSS 在消费账单中将会员与非会员的区分

Step1: 将数据预处理好的附件 2 数据与附件 3 数据整理成 Excel 表，并删除重复值；

Step2: 将附件 2 和附件 3 数据导入 SPSS 中；

Step3: 选择 SPSS 数据集界面下变量视图窗口将附件 2 和附件 3 变量视图相同变量的类型和名称以及宽度都设置相同；

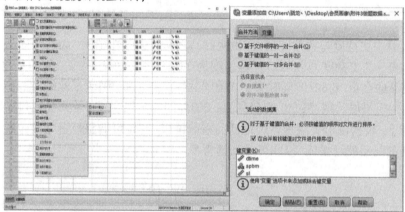

Step4: 在菜单栏下的"数据"选项卡中 → "合并文件"功能组 → 添加变量 → 找到添加变量数据表位置（附件 3）→ 选择确定按钮；

Step5: 可以看到附件 2 数据集已经含有了 kh 变量，若数据集消费账单里面 kh 空缺，则是非会员消费记录，若 kh 含有卡号，则是会员用户的消费记录。

程序清单 5-4 分析会员与非会员消费特征并绘制图形的程序

程序文件 code5_2_1.m

```matlab
clc,clear %清理工作区间与命令行窗口
    %%会员男女比例
[FJ1num,FJ1txt,FJ1raw] = xlsread('附件 1-会员信息表.xlsx','附件 1-会员信息表',
'A1:F153451');%导入附件 1 数据进行
nanrs=size(find(FJ1num(:,3)==1),1)%统计男生人数
nvrs=size(find(FJ1num(:,3)==0),1)%统计女生人数
labels = {'男生 (19%)','女生 (81%)'};%饼图标签
figure
pie([nanrs,nvrs],labels )%创建饼图
yanse=[0 0.74902 1;0.98039 0.50196 0.44706];%饼图颜色选取
colormap(yanse)%饼图附加颜色
%%会员各年龄与年龄消费金额
nianling1=FJ1num(:,6);%会员年龄的提取
nianling2=nianling1(find(isnan(nianling1)==0));%将会员年龄有用数据提取出来
nianling2=nianling2(find(nianling2>=10 & nianling2<=80));%将会员年龄在有用范围
数据提取出来
figure
hist(nianling2,unique(nianling2));
gridon
xlabel('会员年龄')
ylabel('会员人数')
[HYnum,HYtxt,HYraw] = xlsread('合并附件 1 问题 1.xlsx','合并附件 1 问题 1',
'A1:O136670');%导入数据
nls=unique(nianling2);
B=[nls']
for j=1:size(nls,1)
  A=HYnum(find(HYnum(:,14)==nls(j)),5)%得出这一年龄段的消费记录
  A=A(find(~isnan(HYnum(find(HYnum(:,14)==nls(j)),5))))%由消费记录计算总消费
金额
  B(2,j)=sum(A)
end
figure
bar(B(1,:),B(2,:),'FaceColor',[0.98039 0.50196 0.44706],'LineWidth',0.5)
grid on
xlabel('会员年龄')
ylabel('消费金额')
%%会员各年龄段平均消费金额
B=[nls']
```

```
j=1;
A=[];
for j=1:size(nls,1)
  A=HYnum(find(HYnum(:,14)==nls(j)),5)
  A=A(find(~isnan(HYnum(find(HYnum(:,14)==nls(j)),5))))
  C=size(A,1);%%%得出购买人数
  B(2,j)=sum(A)./C;
end
figure
bar(B(1,:),B(2,:),'FaceColor',[0.52941 0.80784 0.98039],'LineWidth',0.5)
grid on
xlabel('会员年龄')
ylabel('平均消费金额')
%%%会员每月消费金额与购买商品数量图
[HYnum2,HYtxt2,HYraw2]=xlsread('会员与非会员处理.xlsx','会员账单','A1:0282782');
%导入数据
YF=unique(cell2mat(HYraw2([2:end],15)))';%寻找会员消费记录中的包含月份
for ii=1:size(unique(cell2mat(HYraw2([2:end],15))),1)
  AA=find(cell2mat(HYraw2([2:end],15))==YF(1,ii));
  AA=AA+1;
  YF(2,ii)=sum(cell2mat(HYraw2(AA,5)));
  YF(3,ii)=sum(cell2mat(HYraw2(AA,4)));
end
figure
bar(YF(1,:),YF(2,:),'FaceColor',[1 0.89412 0.88235],'LineWidth',0.5)
grid on
xlabel('月份')
ylabel('消费金额')
figure
bar (YF(1,:),YF(3,:),'FaceColor',[0 0.74902 1 ],'LineWidth',0.5)
grid on
xlabel('月份')
ylabel('购买商品数量')
%%%会员消费偏好
binranges = [0:100:8000];
[bincounts,ind] = histc(cell2mat(HYraw2([2:end],5)),binranges);%统计频率直方图
figure
v=bar(binranges,bincounts,'histc');
v.FaceColor=' # B0E2FF'
grid on
```

```
xlabel('消费金额')
ylabel('消费金额频次')
%%%会员与非会员数据的导入
clc,clear
[FHYnum,FHYtxt,FHYraw]=xlsread('会员与非会员处理.xlsx','非会员账单','A1:N684383');
[HYnum,HYtxt,HYraw]=xlsread('会员与非会员处理.xlsx','会员账单','A1:O282782');
%%%会员与非会员每天消费金额对比
%时间格式的转化
for i=2:size(FHYraw,1)
  FHYraw{i,6}=datestr(FHYraw{i,6},'yyyy/mm/dd');
end
for j=2:size(HYraw,1)
  HYraw{j,6}=datestr(HYraw{j,6},'yyyy/mm/dd');
end
A=unique(FHYraw([2:end],6));
B=[];
%%%将会员与非会员相同时间平均消费金额计算出
for ii=1:size(A,1)
  for jj=2:size(FHYraw,1)
    if strcmp(A{ii,1},FHYraw{jj,6})==1;
      B=[B FHYraw{jj,5}];
      C=size(B,2);
      A(ii,2)={sum(B)};
      A(ii,3)={C};
    end
  end
end


AA=unique(FHYraw([2:end],6));
BB=[];
for iii=1:size(AA,1)
  for jjj=2:size(HYraw,1)
    if strcmp(AA{iii,1},HYraw{jjj,6})==1;
      BB=[BB HYraw{jjj,5}];
      CC=size(BB,2);
      AA(iii,2)={sum(BB)};
      AA(iii,3)={CC};
    end
  end
end
```

%%将会员消费与非会员每天平均消费金额绘制曲线图

```
TX=[cell2mat(A(:,2))./cell2mat(A(:,3))];
TX([71:end],2)=[cell2mat(AA([71:end],2))./cell2mat(AA([71:end],3))];
TX([1:70],2)=nan;
figure
plot(TX(:,1),'r')
hold on
plot(TX(:,2),'b')
grid on
xlabel('日期')
ylabel('平均消费金额')
    legend('非会员','会员')
    xticklabels(A([1:60:end],1))
```

程序清单 5-5　SPSS 建立 RFM 模型以及聚类分析步骤

SPSS 建立 RFM 模型以及聚类分析步骤

RFM 模型建立和聚类分析的步骤

SPSS 建立 RFM 模型；

Step1: 首先将处理好的附件 3 数据，导入 SPSS 中；

Step2: 在菜单栏中"分析"选项 → 选择"直销"功能组 → 选择技术出现直销窗口里面有直销方式的一些模型和方法 → 选择帮助确定我的最佳联系人（RFM 分析）→ 根据数据格式选择对应的方法 → 选择"交易数据"选项；

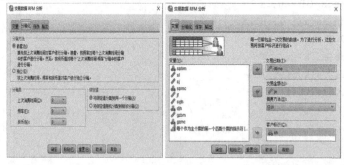

Step3：在变量选项框中将交易日期、交易金额以及客户标识放入对应的选项框中，在分箱化菜单栏下将分箱数中的上次消费时间、频率、货币都调至 9，然后单击"确定"；

Step4：选择"确定"按钮后得到一份根据会员卡号 RFM 模型得分是数据集和结果分析报表，上面根据会员的消费得分情况通过聚类划分会员等级；

Step5：在菜单栏下选择"分析"选项 → 选择"分类"选项 → 选择"K-均值聚类"使用聚类分析将会员等级进行划分；

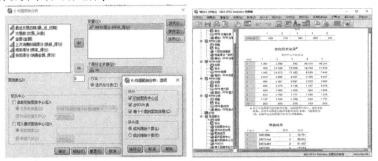

Step6：在 K-均值聚类分析选项框中将 RFM 得分放入变量栏中，将 kh 放入个案标注依据栏中，聚类数根据需要划分等级的数量，点击选择按钮将统计个各个选项打钩后选择"继续"，最终单击"确定"；

Step7: 出现了输出结果分析界面, 里面将初始聚类中心以及迭代历史记录, 聚类成员都展示出了, 可根据聚类成员将会员等级详细划分.

程序清单 5-6　MATLAB 软件将每张会员卡记录划分并折扣率回归

程序文件 code5_2_2.m

```
%%将每张会员卡消费记录划分
clc,clear
%数据导入
[num,txt,raw]=xlsread('附件 3 做题数据.xlsx','附件 3 做题数据','A1:L824448');
HYKH=unique(raw([2:end],1))
k=0;
for i=1:size(HYKH,1)
  for j=2:size(raw,1)
    if strcmp(raw(j,1),HYKH(i,1))==1
      k=k+1;
      HYKH{i,2}(k,:)=raw(j,:)
    end
  end
  k=0;
end
%%数据导入
clc,clear
[~,~,raw1] = xlsread('问题 4.xlsx','问题 4','A1:P824448');
NF=unique(cell2mat(raw1([2:end],14)));
YF=unique(cell2mat(raw1([2:end],15)));
A={};%统计计数元胞
for i=1:4
  A{i+1,1}=NF(i);%年份整理
end
for j=1:12
  A{1,j+1}=YF(j);%月份整理
end
A([2:5],[2:13])=num2cell(zeros(4,12));
B=A;
C=A;
%%将各月份的会员数量统计计算
for ii=3:824448
  N=find(raw1{ii,14}==NF);
  Y=find(raw1{ii,15}==YF);
```

```
    if (raw1{ii,15}-raw1{ii-1,15})~=0 && raw1{ii,16}-raw1{ii-1,16}~=0;
       A{N+1,Y+1}= A{N+1,Y+1}+1;%统计计算
    end
end
%%%非活跃会员激活率的计算
%计算每月非活跃人数
size(unique(raw1([2:end],1)),1)
B([2:5],[2:13])=num2cell(88256-cell2mat(A([2:5],[2:13])));
YS={'2015 年 1 月','2015 年 2 月','2015 年 3 月','2015 年 4 月','2015 年 5 月',
'2015 年 6 月'...
   '2015 年 7 月','2015 年 8 月','2015 年 12 月','2016 年 1 月','2016 年 3 月',
'2016 年 4 月',...
   '2016 年 5 月','2016 年 6 月','2016 年 7 月','2016 年 8 月','2016 年 9 月',
'2016 年 10 月',...
   '2016 年 11 月','2016 年 12 月','2017 年 1 月','2017 年 2 月','2017 年 3 月',
'2017 年 4 月','2017 年 5 月',...
   '2017 年 6 月','2017 年 7 月','2017 年 8 月',' 2017 年 9 月','2017 年 10 月',
'2017 年 11 月','2017 年 12 月','2018 年 1 月'};
Q=A([2:5],[2:13]);
Q=cell2mat(Q)';
Q=reshape(Q,48,1);
Q=Q(find(Q));
figure
plot(Q(:,1))%描绘出各月活跃会员人数
grid on
xticklabels(YS(1:5:end-1))
%激活率的计算
Q(:,2)=Q(:,1)/88256;
figure
plot(Q(:,2))%描绘出各月激活率
grid on
xticklabels(YS(1:5:end-1))
%%%每月平均折扣的计算
ii=3;
k=0;
for ii=3:824448
  N=find(raw1{ii,14}==NF);
  Y=find(raw1{ii,15}==YF);
  if raw1{ii,13}<=0.3
     C{N+1,Y+1}= C{N+1,Y+1}+1;%统计折扣计算
```

```
  end
end
W=C([2:5],[2:13]);
W=cell2mat(W)';
W=reshape(W,48,1);
W=W(find(W));
Q(:,3)=W;
%建立回归模型并描绘图形
[b,bint,r,rint,stats]= regress([Q(:,2)],[ones(size(Q(:,2))) Q(:,3)]);%线性方
程回归
figure
plot(Q(:,3),Q(:,2),'r.','MarkerSize',19)
hold on
grid on
plot(Q(:,3),b(1)+b(2).*Q(:,3))
```

案例 3　基于数据挖掘对 "薄利多销" 进行分析

摘　　要

　　"打折" 是商场最常用的促销方式之一, 研究商品的折扣力度与销量的关系对扩大商品的销量与提高商场的获益有实际意义. 本文围绕薄利多销问题, 基于数据挖掘给出商场每天的营业额、利润率以及打折力度的相关结果, 并运用回归分析建立打折力度与商品销售额以及利润率的统计回归模型.

　　在数据预处理方面, 本文运用 SPSS 软件找出销售流水记录中的不合理数据与缺失数据, 进而计算出有效数据的完整率为 91.92%, 说明数据的质量较好; 对于缺失成本价的数据, 本文建立回归方程, 从门店价最高的商品对应 40% 的利润进行计算, 并根据其他商品的价格向下取步长进行线性补齐, 从而补全非打折商品的成本价.

　　针对问题一, 要求给出商场每天的营业额与利润率. 首先, 给出营业额与利润率的定义与计算公式, 并利用 SPSS 软件计算出每天的营业额与利润率; 其次, 对营业额与利润率进行一个周期性的分析, 分别对营业额与利润率每日、每月、每季、每年的一个趋势变化和影响因素进行挖掘分析得出营业额与某些特殊的节日有关, 如 "双十一"、冬至、年底; 最后, 对营业额与利润率的关系进行分析, 得出营业额低的日期, 其利润也低, 呈正相关.

　　针对问题二, 首先定义折扣率作为衡量打折力度的指标并给出其计算模型; 其次, 利用 SPSS 软件计算出每天的打折力度; 最后, 绘制打折力度的年分布折线图,

挖掘其包含的潜在规律, 得出打折率一般的日期, 利润率低, 其营业额和利润并不低, 说明多销是可以盈利的.

针对问题三, 首先给出销售额的定义与计算公式, 并利用 SPSS 软件计算每天的销售额进而进行统计分析; 其次, 分别绘制以月份为 X 轴, 月平均折扣率与月平均利润率以及月平均销售额为 Y 轴的关系折线图, 观察分析得出随着打折力度的增加, 利润率和销售额都有一定的增加, 且呈一定的正相关; 最后, 对折扣率与利润率、销售额的关系进行多元线性回归分析, 得到了折扣率与利润率和销售额的回归方程.

针对问题四, 首先根据商品的一级类目对商品进行类别区分, 分为 29 类商品; 其次, 选取不富有需求弹性商品种类中销售数量和种类都较多的日配/冷藏类目商品数据进行多元线性回归分析, 得出折扣率与利润率呈负相关关系, 折扣率与销售额呈正相关关系; 再次, 选取富有需求弹性且商品种类较多的宠物生活类目商品数据进行多元线性回归分析, 得出折扣率与利润率呈负相关, 与销售额呈正相关; 最后可得出结论, 相较于第三问的结果, 考虑大类区分后是更符合实际情况的.

关键词: SPSS; 分割数据; 统计分析; 数据挖掘

1 问题重述

1.1 问题的背景

"薄利多销" 是通过降低单位商品的利润来增加销售数量, 从而使商家获得更多盈利的一种扩大销售的策略. 对于需求富有弹性的商品来说, 当该商品的价格下降时, 如果需求量 (从而销售量) 增加的幅度大于价格下降的幅度, 将导致总收益增加. 在实际经营管理中, "薄利多销" 原则被广泛应用.

1.2 问题的提出

附件 1 和附件 2 是某商场自 2016 年 11 月 30 日起至 2019 年 1 月 2 日的销售流水记录, 附件 3 是折扣信息表, 附件 4 是商品信息表, 附件 5 是数据说明表. 请根据这批数据, 建立数学模型解决下列问题.

(1) 计算该商场从 2016 年 11 月 30 日到 2019 年 1 月 2 日每天的营业额和利润率 (注意: 由于未知原因, 数据中非打折商品的成本价缺失. 一般情况下, 零售商的利润率在 20%～40% 内).

(2) 建立适当的指标衡量商场每天的打折力度, 并计算该商场从 2016 年 11 月 30 日到 2019 年 1 月 2 日每天的打折力度.

(3) 分析打折力度与商品销售额以及利润率的关系.

(4) 如果进一步考虑商品的大类区分, 打折力度与商品销售额以及利润率的关系有何变化?

2　问题分析

2.1　数据预处理的分析

本题所提供的数据的特点是数据量大, 包含上百万条销售流水记录且多条流水记录存在异常值、缺失值, 因此在本文问题研究前, 应对数据进行清洗.

首先, 考虑到销售流水记录中顾客在商场购买的商品数量, 可能由于工作人员的疏忽造成录入的错误, 造成了商品数量为负的情况. 由数据合理性可知, 购买数量只能为正, 为保证数据的合理性, 我们将其进行剔除; 其次, 考虑到记录的错误或消费者的退单导致部分销售流水记录并未完成交易, 因而我们将其视为无效数据, 并进行剔除处理; 最后, 发现部分商品的 ID 数据缺失, 我们可以采用一定的方法对其进行补齐.

2.2　问题一分析

问题一要求在众多商品销售信息已知的情况下, 计算商场的营业额和利润率. 首先, 定义营业额与利润率以及给出计算公式, 便于后续的计算与描述; 其次, 对于缺失成本价的补齐, 可将缺失成本价的商品数据导入 Excel 中, 根据商品门店价格进行降序排序, 随后将排序后的数据导入 MATLAB 中, 以门店价格最高的商品利润为 40%, 从而线性补齐商品的利润率, 参照商品的利润率与门店价, 最后补齐商品的成本价; 然后, 根据所给营业额与利润率计算公式并综合利用 SPSS 与 MATLAB 计算该商场每天的营业额与利润率; 最后, 对计算结果进行充分挖掘分析, 找出有价值的信息.

2.3　问题二分析

问题二要求建立适当的指标衡量商场每天的打折力度, 并计算每天的打折力度. 首先, 利用 SPSS 对数据中为打折的商品进行剔除, 留下打折商品的数据; 其次, 参照现代商场打折方式 (即商场将商品降价处理) 给出折扣率这一指标衡量商场的打折力度; 然后, 根据折扣率为按销售价每日营业额和按门店价每日营业额, 对两种营业额作差可以得到每日的降价额, 用降价额除以门店价每日营业额, 利用 Excel 软件对商品的折扣率计算; 最后, 初步分析折扣率与营业额、利润率之间的关系, 挖掘出更多有价值的信息以给商场提出建设性的建议.

2.4　问题三分析

问题三要求分析打折力度与商品销售额以及利润率的关系. 首先, 定义销售额以及给出其计算公式; 其次, 利用 SPSS 软件计算得出每天的销售额; 再次, 根据消费者正常心理, 商品折扣率的变化在一定程度上会影响销售额以及利润率, 为研究其中的变化关系, 本文可分别绘制以销售额、利润率关于折扣率的散点图, 观察其特征, 假设其函数类型进行回归分析并对回归结果进行检验, 最终得出折扣率与销售额、利润率的函数关系表达式; 最后, 根据函数关系式可以计算出较为合适的打折区间范围, 给决策者提供建议.

2.5　问题四分析

问题四要求进一步考虑商品的大类区分, 分析打折力度与商品销售额以及利润率的关系有何变化. 首先, 根据附件 4 中不同商品的数据信息, 以一级类目为划分区间对商品进行类别区分, 并统计每种商品类别包含的商品种类; 其次, 为得出一般普遍的变化关系, 本文拟从富有需求弹性和缺乏需求弹性商品类别中分别选取一类具有代表性的进行分析; 最后, 运用回归分析方法得出区分商品大类后, 商品打折力度与商品销售额以及利润率的变化关系, 与之前得出的变化关系相比较, 得出相应的结论.

3　模 型 假 设

(1) 假设不考虑商场其他营业额收入, 每天商品销售额即为营业额;

(2) 假设不考虑商品损坏, 过保质期等情况;

(3) 假设商品的利润率计算不考虑商场运营中的店租、人力资源等运营成本.

4　符 号 说 明

符号	含义	单位
Z_i	第 i 天的折扣率	%
C_i	第 i 天的营业额	元
r_i	第 i 天的利润率	%
Y_i	第 i 天的售出商品的总门店价	元
X_i	第 i 天的售出商品的总销售价	元
y_{ij}	第 i 天第 j 个商品的门店价	元
x_{ij}	第 i 天的第 j 个商品的销售价	元
B_i	第 i 天的售出商品总成本价	元
b_{ij}	第 i 天第 j 个商品的成本价	元

注: 其余使用符号将在后文使用中进一步说明.

5　模型的建立与求解

5.1　数据的预处理

通过观察题中给定的附件 1 和附件 2 的销售流水记录可以发现数据表中存在一些异常数据, 缺失数据, 所以在解决本问题前需要对数据进行清洗并计算有效数据的完整率.

5.1.1　剔除无效数据

考虑到可能由于人为收集或记录的失误造成有些数据不合理的情况, 并且这些值对后期的数据分析没有实际意义甚至会带来歧义, 因此可利用 SPSS 软件将不合理数据找出并做剔除处理. 根据日常生活经验可知, 消费者购买的商品数量不可能以负, 所以将商品数量为负的数据视为不合理数据; 考虑到记录的错误或消费者的退单导致部分销售流水记录并未完成交易, 因而我们将其视为无效数据; 对于部分商品的 UPCcode 码缺失, 也将其视为无效数据; 针对上述不合理数据, 我们对其进行剔除处理, 剔除数据个数如表 5-35 所示.

表 5-35　剔除无效数据个数表

	剔除数据	总数据
处理数量	97024	1221855
占比	7.94%	100%

5.1.2　异常数据的修正

利用 SPSS 对数据进行处理时发现部分商品的名称数据缺失, 但其对应的 ID 数据并未缺失, 故不妨搜索商品 ID, 查找出与其相匹配的商品名称, 从而补齐缺失数据. 部分补齐数据如表 5-36 所示.

表 5-36　修正异常数据个数表

	修正数据	总数据
处理数量	29	1221855
占比	0.002%	100%

5.1.3　数据合理性的检验

对不合理数据以及合理数据的个数进行统计, 进而计算出数据的完整性, 说明数据的有效性. 运用统计方法, 对附件 1 与附件 2 的合理数据与不合理数据个数进行统计, 具体如表 5-37 所示.

表 5-37 数据种类的占比

数据种类	不合理数据	合理数据	总数据
数据数量	98764	1123091	1221855
占比	8.08%	91.92%	100%

由上表可知, 附件 1 与附件 2 不合理数据占总数据个数的 8.08%, 众多研究指出不合理数据在 10% 以内较为合理, 由于不合理数据占比 8.08%<10%, 对此我们认为附件 1 与附件 2 的数据质量较好.

5.1.4 对缺失成本价数据的补齐

由题意可知, 存在未知原因, 使数据中非打折商品的成本价缺失. 考虑到商品成本价格影响后续利润率的计算, 且缺失数据易造成数据挖掘建模丢失大量的有用信息, 不利于对数据蕴含的内在规律进行把握, 因此需对成本缺失价格进行补齐.

为了方便管理数据, 对数据按年分割, 分四个年段对缺失数据进行补齐. 首先, 利用 SPSS 对修正后数据分割为四个年段, 并将该年数据中有成本价格与无成本价格数据分开; 其次, 利用 SPSS 将无成本价格数据导入 Excel 变为文本文件, 根据商品的门店价格进行降序排序; 然后, 利用 MATLAB 的写入命令, 对缺失数据进行补齐. 根据一般常理可知, 商品的定价高其赚取的利润也相对较高, 据此, 根据零售商的利润在 20%~40% 之间, 从门店价最高的商品对应 40% 的利润进行计算, 并根据其余商品的价格向下取步长进行线性补齐, 从而得出该商品对应的成本价, 利润率计算公式, 即

$$利润率 = \frac{售价 - 成本}{售价} \times 100\% \tag{5-19}$$

其中, 商品的售价与成本是已知的, 根据已知信息并结合上述公式, 对缺失的成本价数据进行补齐, 部分补齐数据如表 5-38 所示.

表 5-38 补齐成本价格表

商品名称	门店价	销售价	补齐成本价
三笑深层洁净牙刷 1 支	0.7	0.7	0.56
南瓜约 500g	0.8	0.8	0.63978842
台湾小青柠檬/个	0.5	0.5	0.4
玉米 1 根	0.5	0.5	0.3999995
贝贝南瓜 (绿) 约 200g	0.5	0.5	0.39999724

5.2　商场每天营业额与利润率的计算

题目要求根据销售流水记录给出商场每天的营业额和利润率, 首先, 给出营业额与利润率的定义以及计算公式, 以便于后续的计算与描述.

(1) 营业额.

营业额即商品在交易中的总量金额. 根据题目所给的流水记录可知, 单笔销售的营业额与订单是否完成交易、商品销售价格、消费者购买商品的数量有关, 且销售价格、购买数量与营业额成正比, 是否完成交易则决定该订单有无营业额, 综上可得

$$C_i = \sum_{j=1}^{n} x_{ij} \cdot s_{ij} \quad (i = 1, 2, \cdots, N; \, j = 1, 2, \cdots, n) \tag{5-20}$$

式子中, C_i 表示第 i 天的营业额, x_{ij} 表示第 i 天第 j 个商品的销售价, s_{ij} 表示第 i 天第 j 个商品的销售数量.

(2) 利润率.

利润率为一定时期的销售利润总额与销售收入总额的比率. 它表明单位时间内销售收入获得的利润大小, 反映销售收入和利润的关系, 即

$$r_i = \frac{X_i - B_i}{X_i} \cdot f \quad (i = 1, 2, \cdots, N) \tag{5-21}$$

$$X_i = \sum_{j=1}^{n} x_{ij}, \quad B_i = \sum_{j=1}^{n} b_{ij} \quad (i = 1, 2, \cdots, N; \, j = 1, 2, \cdots, n) \tag{5-22}$$

式子中, r_i 表示第 i 天的利润率, X_i 表示第 i 天的售出商品的总售价, B_i 表示第 i 天的售出商品的总成本价, b_{ij} 表示第 i 天第 j 个商品的成本价, x_{ij} 表示第 i 天第 j 个商品的销售价, f 表示百分比常数.

5.2.1　求解营业额

综合利用 SPSS 与 Excel 求解营业额

首先可利用 Excel 对商品流水记录进行分组, 日期为相同的分为一组, 相应的操作步骤如下 (图 5-32).

(1) 选定全部数据.

(2) 选择 “插入”→“数据透视图”.

(3) 同时选择 “选择一个表或区域” 和 “新工作表”.

(4) 单击 “确定”.

(5) 在数据透视图字段中选择 “create_dt” 和 “营业额”.

(6) 完成.

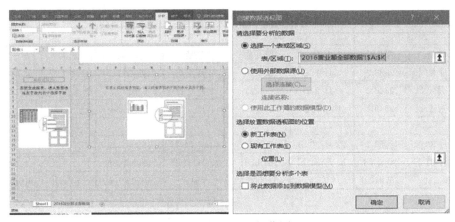

图 5-32　　Excel 操作图

根据前文所给出的营业额计算公式, 利用 SPSS 软件对预处理后并经过分组的数据进行营业额的计算, 其具体的操作步骤如下所示 (图 5-33).

(1) 打开附件 1 与附件 2 数据.

(2) 选择 "数据"→"选择个案" 菜单项, 打开 "选择个案" 对话框.

(3) 在选择框中选择 "如果条件满足", 单击 "如果".

(4) 进入 "选择个案: If" 对话框.

(5) 将变量按 "is_finished*sku_sale_prc*sku_cnt" 的顺序输入对话框.

(6) 最后单击 "确定".

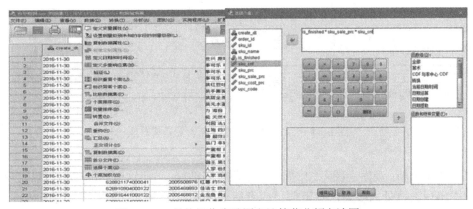

图 5-33　　具体操作步骤图和计算营业额方法图

参照以上步骤, 最后可得到该段时间范围内每天的营业额, 由于论文篇幅的限制, 正文中只给出部分日期的营业额如表 5-39 所示.

表 5-39　每天营业额表

2016 年		2017 年		2018 年		2019 年	
日期	营业额	日期	营业额	日期	营业额	日期	营业额
11 月 30 日	2833.7	1 月 1 日	4809.6	1 月 1 日	26079.55	1 月 1 日	65072.5
12 月 1 日	2346.2	1 月 2 日	6961.1	1 月 2 日	17700.47	1 月 2 日	31072.58
12 月 2 日	2349.1	1 月 3 日	4045.68	1 月 3 日	14144.54		
……	……	……	……	……	……		
12 月 30 日	8263.1	12 月 30 日	21322.9	12 月 30 日	150241.92		
12 月 31 日	9905.48	12 月 31 日	16192.81	12 月 31 日	138330.88		
年总计	257212.9	年总计	4916000.52	年总计	14523378.64	年总计	96145.08

上表给出了该商场四年的营业额数据, 其中四年之间营业额最小值为 2020.3, 最大值为 278077.98, 平均营业额为 25925.6674. 通过观察可知, 2018 的销售总营业额为最大, 相较于 2017 年的销售额增长近 3 倍, 究其原因, 可能商场的规模扩大, 影响力提升.

5.2.2　研究日营业额的分布情况

由于陈列数据表格不便于观察数据中隐含的更多信息, 于是给出了 2017 年和 2018 年每天营业额的分布图如图 5-34 所示.

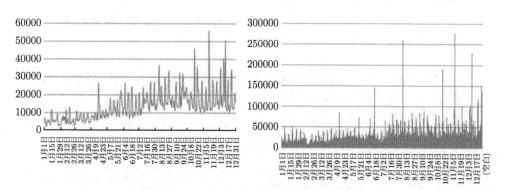

图 5-34　　2017 年与 2018 年营业销售总额

结果分析: 观察上图可知, 折线图出现较多波峰, 参照这两年的日历可以发现, 图中出现波峰处大多为法定节假日或者周末以及其他一些特殊节日. 周末商场人流量多, 商品潜在消费对象较多, 所以商场选择使用打折或者其他促销方式, 吸引消费者, 唤起消费者的购买欲望, 从而提高商品的销售量, 减少库存.

其中, 在购物狂欢节 "双十一" 的前后时间段中营业额都比较大, 其他营业额较大日期大都也处于节假日或者双休日. 因此在商场后续的经营当中, 若要保证商场的正常经营, 可以适当在节假日或者周末多举办弹性需求较大商品的促销活动, 例如食品、生活用品等, 吸引消费者的目光, 让人产生购买欲, 以此扩大销量增加盈利, 从而加快商场的物资资金周转率, 提升商场的人气, 从而实现商场的可持续发展; 可在营业额较低的工作日举行晚间打折活动, 吸引下班后的上班族与晚间散步的群体, 从而提高商品的销售量, 已达到薄利多销的效果.

5.2.3　营业额的进一步研究

考虑到季节也可能对营业额产生一定的影响, 因此可绘制 2017 年、2018 年的月直方图和季节饼图进行进一步的观察分析, 最后给出相应的结论, 具体如图 5-35 和图 5-36 所示.

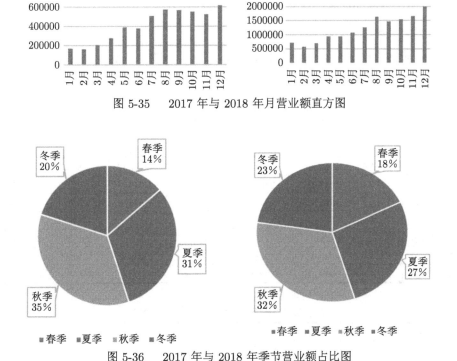

图 5-35　　2017 年与 2018 年月营业额直方图

图 5-36　　2017 年与 2018 年季节营业额占比图

结果分析: 综合上述 4 幅图可知, 秋季、夏季的营业额较多且占比大, 其中 2017 年秋季的营业额为 1642660.61 元, 占年营业总额的 35%, 夏季营业额为 1462695.89 元, 占年总营业额的 31%. 2018 年的秋、夏季营业额也占比较大, 其中秋季的营业额为 4662251.68 元, 占年营业额的 32%, 综上所述, 夏季和秋季属于商品销售的旺季, 而春冬两季属于商品销售的淡季, 由于夏秋季的天气较为闷热, 人们受到气候的影响, 所以更倾向于出行到附近的超市等地点, 超市的人流量增多, 营业额也会相应地增长; 其次, 夏、秋两季集中了较多的假期, 学生等群体有了更为充足的时间去享受购物的乐趣, 于是销售的营业额也会相应地增加, 针对上述情况, 可给出以下建设性的建议.

在夏秋两季中商场可以适当地在周末或者节假日举行一些促销活动, 例如酸奶、水果等适合夏秋食用的商品促销活动, 唤起消费者的购买欲望; 在非节假日也可适当地举办一些生活用品、农副产品的促销活动, 满足家庭主妇群体的相关需求, 如此在既可以提高销售量、获得更多利润的同时, 也可以提升客户对商场的满意程度.

处在商品销售的淡季 (春、冬), 春冬季的气候较为严寒, 在此气候的影响之下, 大部分消费者群体更倾向于宅在家中, 自然超市的客流量也会受到影响; 由此商场更应在淡季加大打折促销的力度, 对多种商品进行打折促销, 吸引更多的消费者, 从而使得商品的销售量增多, 进而使得商场获得更多的利润.

5.2.4　利润率的核算

根据前文给出的利润率计算公式, 并运用一定的统计方法, 对商场每天的利润率进行核算, 结果具体如表 5-40 和表 5-41 所示.

表 5-40　2016 年与 2017 年每天利润率表

2016 年				2017 年			
时间	售价	成本	利润率	时间	售价	成本	利润率
2016-11-30	2291.6	1974.272	0.138474	2017-01-01	3986.6	2932.453	0.264423
2016-12-01	1877.4	1433.915	0.236223	2017-01-02	5398.8	3947.782	0.268767
2016-12-02	2019.9	1586.833	0.2144	2017-01-03	3184.48	2477.395	0.222041
......	......	......	......	......	......	......	......
2016-12-29	5054.78	3945.100	0.2195	2017-12-29	11391.64	8788.728	0.228493
2016-12-30	6519.9	4902.079	0.2481	2017-12-30	17665.37	13520.84	0.234613
2016-12-31	7879.28	6068.149	0.2298	2017-12-31	13272.26	9938.128	0.251211

表 5-41　2018 年与 2019 年利润率表

2018 年				2019 年			
时间	成本	售价	利润率	时间	成本	售价	利润率
2018-01-01	20737.51	15704.07	0.242721	2019-01-01	53024	42436.49471	0.199674
2018-01-02	14185.19	11238.09	0.207759	2019-01-02	25319.11	20575.77213	0.187342
2018-01-03	12091.87	9529.645	0.211879				
......	......	......	......				
2018-12-29	49044.29	39097.44	0.202814				
2018-12-30	126215.1	100340.7	0.205002				
2018-12-31	116397.2	90755.97	0.220291				

经过计算可知, 四年中利润率最小值为 0.138405、最大值为 0.290202、平均值为 0.220347. 综合前文的营业额与利润率的计算结果可知, 2018 年的营业额与利润率虽相较于 2017 的年营业额与利润率更高, 但 2018 年利润率却低于 2017 年的利润率. 分析其原因, 2018 年商场时常采取薄利多销的促销方式, 通过降低单位商品价格, 提高了商品的销量, 由此得出, 薄利多销是有可能成立的, 多销是可以盈利的. 为进一步研究数据所隐含的信息, 利用 SPSS 绘制了利润率每天的变化趋势折线图 (图 5-37).

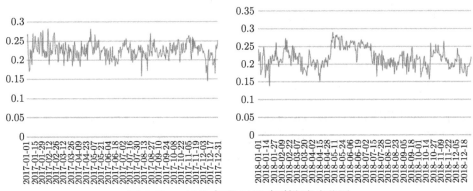

图 5-37   2017 年和 2018 年利润率走势图

结果分析: 据观察图 5-37 可知, 商场每天利润率波动范围不大, 且 2017 年和 2018 年围绕 22.5% 上下波动, 在一些特殊节日, 利润率低, 其营业额与利润并不低. 例如, 在 2017 年 "双十一" 购物狂欢节中, 该天的利润率为 0.200938587 相较于 11 月 10 日的利润率 0.218156248 有少许下降, 但是 "双十一" 的利润却比 11 月 10 日的多了 6541.385014 元, 因此, 适当地举办促销活动, 利润较薄商品进行销售在一定程度可以扩大销量, 从而提高整体的收益.

据此, 给出以下结论, 在节假日或者周末, 商场在举办促销活动时, 可在符合商品销售的客观规律的基础之上, 加大打折的力度, 吸引购买者的购买欲望, 从而多销, 实现商场获得更大的利润.

5.2.5   利润率的进一步研究

为探索更多的数据信息, 以找出 "薄利与多销" 更深层次的关系, 本文对月利润率的变化规律进行分析, 绘制月平均利润率的折线图. 具体如图 5-38 所示.

结果分析: 观察图 5-38 可知, 2017 年 1 月与 11 月的利润率较高, 但利润率高的日期, 其营业额并不高; 利润率低的 6 月, 其营业额和利润并不低, 这在一定程度上可以说明薄利多销是可以成立的, 多销是可以多盈利的.

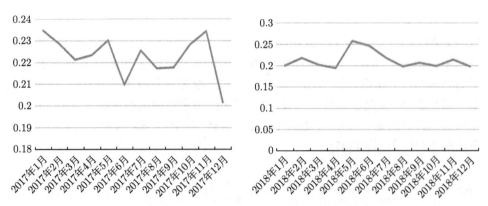

图 5-38　　2017 年和 2018 年月平均利润率

5.2.6　营业额与利润率的关系分析

商场将商品薄利出售多数情况下是可以扩大商品销量, 提升销售额, 故我们猜想营业额与利润率可能存在某种线性关系, 为证实该猜想, 本文绘制了以天数为 x 轴, 以营业额与利润率为 y 轴的变化关系图 (图 5-39).

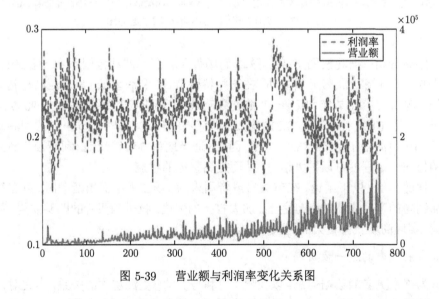

图 5-39　　营业额与利润率变化关系图

结果分析: 通过观察图 5-39 可以得出营业额与利润率大致呈反比关系, 这与实际情况相吻合, 也可说明薄利是可以多销的. 但有些利润率低的日子对应的并未是较高的营业额, 说明并非所有的商品都适合 "薄利" 出售. 进一步研究各类商品合适的一个打折力度, 将对商场提高收益有着积极的影响作用.

5.3　问题二模型的建立与求解

5.3.1　衡量打折力度指标的选取

折扣率

根据整理后的销售流水记录, 通过计算可以得出按销售价每日营业额和按门店价每日营业额, 对两种营业额作差可以得到每日的降价额, 用降价额除以门店价每日营业额可以得出每日折扣率, 折扣率越大, 打折力度越大.

$$Z_i = \frac{Y_i - X_i}{Y_i} \times 100\% \quad (i = 1, 2, \cdots, N) \tag{5-23}$$

其中, Z_i 为第 i 天的折扣率, Y_i 为第 i 天的售出商品的总门店价, X_i 为第 i 天的售出商品的总销售价.

售出商品的总门店价即为该天售出所有商品的门店价价格之和, 即

$$Y_i = \sum_{j=1}^{n} y_{ij} \quad (i = 1, 2, \cdots, N; j = 1, 2, \cdots, n) \tag{5-24}$$

其中, y_{ij} 为第 i 天第 j 个商品的门店价.

售出商品的总销售价即为该天售出所有商品的销售价之和, 即

$$X_i = \sum_{j=1}^{n} x_{ij} \quad (i = 1, 2, \cdots, N; j = 1, 2, \cdots, n) \tag{5-25}$$

其中, x_{ij} 第 i 天第 j 个商品的销售价.

5.3.2　每天打折力度的计算

利用 SPSS 并结合上述所给公式进行打折力度的计算, 通过计算得到每天的打折力度如表 5-42 和表 5-43 所示.

表 5-42　2016 年、2017 年每天打折力度

2016 年				2017 年			
日期	总门店价	总销售价	折扣率	日期	总门店价	总销售价	折扣率
2016-11-30	1642.2	1303	0.206552	2017-01-01	1241.9	942.5	0.241082
2016-12-01	765.8	571	0.254375	2017-01-02	1582	1142.9	0.27756
2016-12-02	977.6	741.8	0.241203	2017-01-03	1598.3	1107.9	0.306826
......	......	......	......	......	......	......	......
2016-12-29	2356.7	1800.2	0.236135	2017-12-29	5084.6	4107.06	0.192255
2016-12-30	2576.3	1933.2	0.249622	2017-12-30	7626.6	6095.11	0.200809
2016-12-31	4039.9	2704.8	0.330478	2017-12-31	5109.6	3976.84	0.221693

表 5-43　2018 年、2019 年每天打折力度

2018 年			
日期	总门店价	总销售额	折扣率
2018-01-01	9124.1	6883.75	0.245542
2018-01-02	7787	5905.8	0.241582
2018-01-03	6409	4796.53	0.251595
······	······	······	······
2018-12-29	28714.6	21611.71	0.247362
2018-12-30	73164.38	53328.74	0.271111
2018-12-31	61509.09	44685.94	0.273507
2019 年			
日期	总门店价	总销售额	折扣率
2019-01-01	60793.74	53080.9	0.126869
2019-01-02	29083.42	25319.11	0.129431

根据计算可知, 四年中日打折率最高为 0.4438, 最低折扣率为 0.1268. 该商场每天都会举办不同程度的打折活动, 处于假期时, 商场的折扣率会变大, 当商场的总销售额持续低迷时, 商场也偏向于提高折扣率, 吸引顾客, 提高商品的销售量, 使得总销售额的提升. 为更加清晰地观测出打折力度的变化规律, 下文给出每年的折扣力度统计分布折线图, 如图 5-40 和图 5-41 所示.

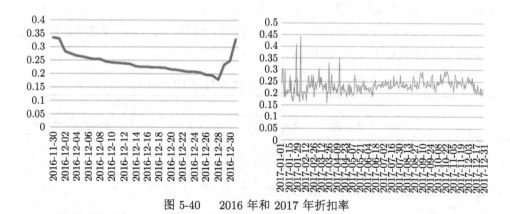

图 5-40　　2016 年和 2017 年折扣率

结果分析: 观察图 5-40 和图 5-41 可以得知, 各年的折扣率都存在波动, 2017 年的折扣率整体波动较小, 但在 2017 年春节前后, 出现了折扣率的高峰, 究其原

因, 商场为了回馈客户, 举办了大量的打折活动, 客户享受到优惠的同时, 商场的营业额得到了提升; 2018 年的折扣率整体波动性较大, 但都维持在 20%~30% 之间, 其中主要维持在 25% 左右. 综上可得以下结论: 商场举办促销活动, 促销的商品应为当前市场潜力较大的商品, 才可以在扩大商品销量的同时, 增加销售额; 如果折扣率平稳且有一定的持续性, 可以一定程度地吸引顾客, 提高顾客忠诚度.

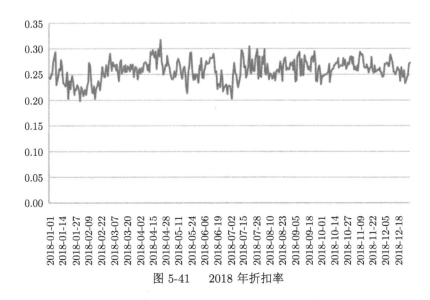

图 5-41   2018 年折扣率

5.4 问题三模型的建立与求解

问题三要求分析打折力度与商品销售额以及利润率的关系. 首先, 定义销售额并给出计算公式; 其次, 根据所给公式并利用 SPSS 计算出商场日销售额; 最后, 挖掘出商场近几年销售额中隐含的潜在规律, 并给商场提出一些建设性的建议.

5.4.1   商品销售额的定义及其计算公式

销售额即为商品的销售量与商品平均销售价格相乘, 计算公式为

$$销售额 = 销售量 \times 平均销售价格 \tag{5-26}$$

5.4.2   日销售额的计算

借助于 SPSS 软件, 计算商场每天的销售额, 具体操作步骤如下 (图 5-42).

(1) 选择 "数据"→"选择个案".

(2) 在选择对话框中选择 "如果条件满足".

(3) 单击 "如果".

(4) 在 "选择个案: If" 对话框中输入 "sku_cnt * sku_sale_prc".

(5) 单击 "继续".

(6) 单击 "确定".

(7) 完成后保存.

图 5-42   具体操作步骤图

根据上述计算过程通过 SPSS 计算, 即可得到商场每天的销售额 (表 5-44).

表 5-44   日销售额的计算公式

2016 年		2017 年		2018 年		2019 年	
日期	商品销售额	日期	商品销售额	日期	商品销售额	日期	商品销售额
2016-11-30	3306.3	2017-01-01	5210.2	2018-01-01	28938.04	2019-01-01	73706.68
2016-12-01	2564	2017-01-02	7961.8	2018-01-02	20025.67	2019-01-02	35702.38
2016-12-02	2605.7	2017-01-03	5871.88	2018-01-03	15966.44		
......	......	......	......	......	......		
2016-12-29	7041.58	2017-12-29	16066.28	2018-12-29	68383.44		
2016-12-30	9123.9	2017-12-30	23200.52	2018-12-30	172531.12		
2016-12-31	11587.38	2017-12-31	17566.8	2018-12-31	157399.35		
总计	290437.36	总计	5481796.67	总计	16546079.6		

据统计可知, 商场的销售额一年比一年有所增长, 说明商场的规模在逐步扩大, 故研究商品打折力度与销售额之间的关系, 对商场更长远的发展具有现实意义. 本文首先绘制商场每天销售额的统计分布直方图, 如图 5-43 和图 5-44 所示, 分析商品销售额的潜在规律.

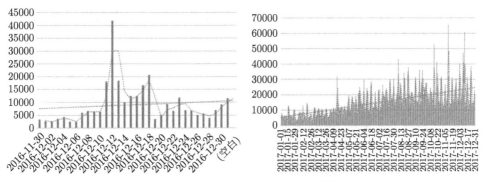

图 5-43　　2016 年和 2017 年销售额日分布

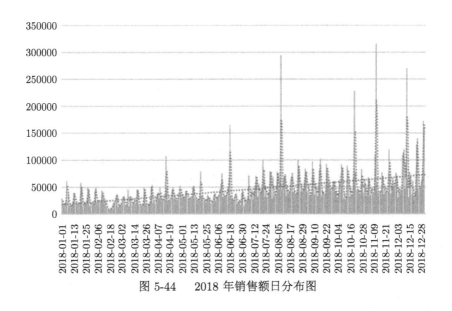

图 5-44　　2018 年销售额日分布图

结果分析: 据观察上述图片可得, 各年销售额都大致分布在一个区间内, 只有少数几天出现营业额较大的情况, 销售额较大的日期里, 说明商场人流量大, 售出的商品多. 另一方面, 销售额的大小直观地体现了商场当天的经营状况, 商场决策者也可参照往年的不同时期的经营状况, 预测以后的策略. 在特殊节日与双休, 往往销售额会出现一个较大的峰值, 因此在该类时期, 商场可给无需求弹性的商品一些折扣, 实现薄利多销.

我们猜想季节可能也会对销售额产生影响, 故绘制了销售额的季节分布图.

结果分析: 由图 5-45 可知, 销售额在秋季最高, 春季较低, 对此商场可制定各季节的营销策略. 销售额低的季节, 可以适当地增加打折促销的活动, 拉动需求,增加销售额; 销售额高的季节, 可增加一些富有需求弹性商品的折扣, 进一步增加商场的销售额.

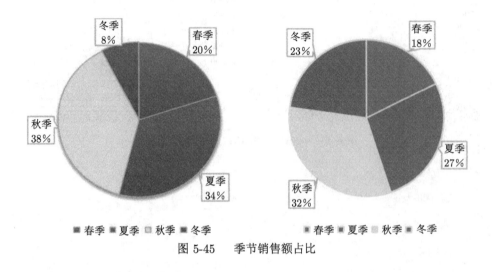

图 5-45　　季节销售额占比

5.4.3　打折力度与商品销售额以及利润率关系分析

为研究打折力度与商品销售额以及利润率之间的关系, 我们首先可以绘制折扣率与销售额以及利润率的散点图; 其次, 根据散点图的特征, 从而对关系进行一定的假设并对其关系进行一定的验证.

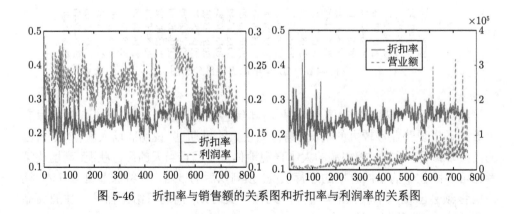

图 5-46　　折扣率与销售额的关系图和折扣率与利润率的关系图

通过上面的打折力度与商品销售额以及利润率的关系图, 观察到折扣率与销售额是存在相关关系的, 而折扣率与利润率两两相互交错, 我们无法判断其是否存在相关关系, 基于此, 不妨取一些统计值进行关系分析. 考虑到以月平均值为代表, 可更加容易直观地观察其变化规律, 因此作以月份为 x 轴, 月平均折扣率分别与销售额以及利润率为双 y 轴的关系折线图, 如图 5-47 所示.

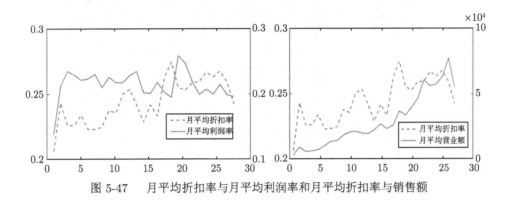

图 5-47　　月平均折扣率与月平均利润率和月平均折扣率与销售额

结果分析: 通过观察图 5-47 发现, 随着打折力度的增加, 利润率和销售额都有一定的增加, 且呈一定的线性走势. 所以后续可假设其呈线性关系, 采用线性回归, 对打折力度与商品销售额以及利润率的关系进行回归分析. 使用 MATLAB 中的 regress 函数执行多元线性回归, 运行后即可得到以下计算结果 (表 5-45).

表 5-45　　回归模型的计算结果表

系数	系数估计值	系数置信区间
β_0	0.1902	[0.1450, 0.2355]
β_1	0.1622	[−0.0422, 0.3667]
β_2	6.5075	[4.3191E−07, 8.6959E−07]
$R^2 = 0.6152, F = 19.1929, p < 0.0001, s^2 = 0.0001$		

由上表的结果对模型进行判断, 相关检验系数 R^2 的值表明线性相关性不是很强, 但其仍存在一定的线性关系, F 检验值小于其临界值, 其 P 值检验小于预定显著水平 α, s^2 为 0.0001 亦为一个较小的值, 因此, 线性回归模型的显著性虽然较低, 但是仍存在一定线性关系. 回归方程模型为

$$y = 0.19 + 0.16x_1 + 6.5075972 \times 10^{-7}x_2 \tag{5-27}$$

其中, y 为折扣率, x_1 为利润率, x_2 为销售额. 该回归方程的残差与置信区间的比值关系图, 如图 5-48 所示.

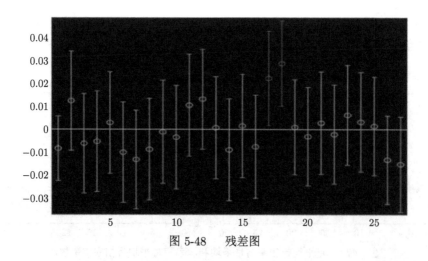

图 5-48 残差图

图 5-48 中, 红色部分的比值离零点较远, 说明残差与置信区间的距离较大, 即回归方程的显著性较差, 因此, 对该比值进行剔除; 剩余的绿色部分比值离零点较近, 甚至有些比值就在零点上, 但是残差与置信区间的距离仍较大, 回归方程的显著性较差. 但其仍存在一定的线性关系.

5.4.4 增加交互项

在初步的多元线性回归模型上增加交互项后建立新的模型, 再进行统计回归检验, 利用 MATLAB 的统计软件工具箱可以得到如表 5-46 所示的以下结果.

表 5-46 带交互项回归模型的计算结果

系数	系数估计值	系数置信区间
β_0	0.192658632244655	$[0.1273, 0.2580]$
β_1	0.150409205805035	$[-0.1597, 0.4605]$
β_2	5.18280720827237E-07	$[-2.055\text{E}-06, 3.092\text{E}-06]$
β_3	6.48714607979846E-07	$[-1.1908\text{E}-05, 1.320\text{E}-05]$
$R^2 = 0.6155,\ F = 12.272,\ p < 0.0001,\ s^2 = 0.00012626525$		

增加交互项后, 模型记作

$$y = 0.19 + 0.15x_1 + 5.1828 \times 10^{-7}x^2 + 6.487 \times 10^{-7}x_1x_2 \tag{5-28}$$

通过分析表中的结果发现, 回归系数与回归方程也都通过了检验, 其中 R^2 的值有一定的提升, 但是检验的统计量 F 的值却较少了. 虽然增加了交互项 R^2 的值有一定的提升, 但是并没有非常显著的提高, 还有就是考虑到模型的简易性因素, 我们还是选择了初步的多元线性回归模型进行后续问题的求解.

5.5　问题四模型的建立与求解

5.5.1　商品大类划分

问题四要求在划分商品的大类分区后, 研究打折力度与商品销售额以及利润率的关系有何变化. 根据一级类目划分商品, 将商品分为 29 类, 具体商品类型如表 5-47 和图 5-49 所示.

表 5-47　商品种类及其数量

大类区分	手机	营养保健	医疗器械	日常用品	肉品
商品种类数量	1	7	9	27	140
大类区分	水产	水果/蔬菜	烘焙	日配/冷藏	粮油副食
商品种类数量	142	492	130	964	1040
大类区分	休闲食品	酒水饮料	家居家装	日化用品	纺织用品
商品种类数量	992	404	7	535	13
大类区分	服装服饰	个洗清洁	家用电器	节庆用品	进口商品
商品种类数量	55	663	7	88	391
大类区分	居家日用	母婴	运动户外	玩具	文化用品
商品种类数量	183	192	15	25	6
大类区分	办公用品	宠物生活	鲜花礼品	美食	
商品种类数量	6	29	1	6	

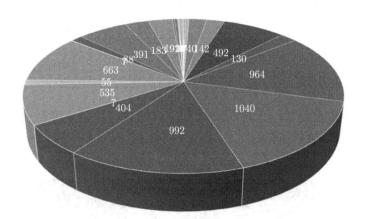

■手机　　　■营养保健　■医疗器械　■日常用品　■肉品　　　　■水产　　　■水果/蔬菜　■烘焙
■日配/冷藏　■粮油副食　■休闲食品　■酒水饮料　■家居家装　■日化用品　■纺织用品　■服装服饰
■个洗清洁　■家用电器　■节庆用品　■进口商品　■居家日用　■母婴　　　■运动户外　■玩具
■文化用品　■办公用品　■宠物生活　■鲜花礼品　■美食

图 5-49　商品种类占比图

结果分析: 结合图 5-49 和表 5-47 可知, 该商场粮油副食、日配/冷藏、休闲食品、个洗清洁、水果蔬菜类的商品总数最多, 且上述类型商品多为生活必需品,市场需求量大, 若对其进行薄利出售, 在一定程度上或许可以实现多销.

5.5.2   选取商品类型并对其打折力度与销售额、利润率之间关系进行分析

对 29 类商品依次进行分析, 不利于得出商品打折力度与销售额、利润率之间的普遍关系. 故本文拟选取不富有需求弹性且数目多的日配/冷藏商品类型, 富有弹性需求的纺织用品商品类型进行分析. 沿用与前文相一致的计算方法, 对日配/冷藏类商品的折扣率、利润率、销售额进行计算, 结果具体如表 5-48 所示.

表 5-48   日配/冷藏类商品的出售信息

数量	门店价	销售价	成本	折扣率	利润率	销售额
1	22.5	22.5	14.11601	0	0.372622	22.5
1	22.5	22.5	14.11598	0	0.372623	22.5
1	22.5	22.5	14.1158	0	0.372631	22.5
1	15.8	15.8		0.20603	0	0
1	38	32.3	32.3	0.15	0	38

为研究日配/冷藏类商品折扣率与利润率、销售额之间的关系, 本文构建以折扣率为因变量, 利润率与销售额为自变量的多元线性回归方程, 回归方程的各项参数如表 5-49 所示.

表 5-49   回归参数估计值表

系数	系数估计值	系数置信区间
β_0	0.2504	$[0.2470, 0.2538]$
β_1	-1.0354	$[-1.0505, -1.0203]$
β_2	0.0012	$[0.0011, 0.0013]$
$R^2 = 0.7347$, $F = 9070.005$, $p < 0.0001$, $s^2 = 0.0069$		

其相关决定系数 R^2 相较于未考虑商品类型的决定系数更大, 表明其线性关系更强, 其 p 值与残差都较小, 因此该回归模型的可靠性较强, 残差分析图如图 5-50 所示.

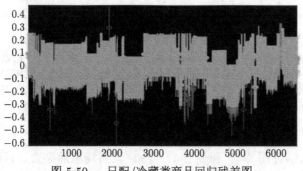

图 5-50   日配/冷藏类商品回归残差图

由上图可知, 残差与置信区间的距离较近, 因此回归效果较好, 回归关系

$$y = 0.2504 - 1.0354x_1 + 0.0012x_2 \qquad (5\text{-}29)$$

其中, y 为折扣率, x_1 为利润率, x_2 为销售额.

根据式 (5-29) 可以得知: 在考虑商品的大类区分后, 以日配/冷藏类商品分析得知折扣率与利润率呈负相关关系, 折扣率与销售额呈正相关关系, 也即, 折扣率降低时, 利润率随之增加; 当折扣率增加时, 销售额随之增加. 再对比分析问题三的结果发现, 相较于问题三的折扣率与利润率呈正相关关系, 问题四在考虑的大类区分后折扣率与利润率呈负相关结论是更符合实际情况的, 即折扣率越大与利润率越低, 折扣率越大与营业额越高, 所以在考虑商品的大类区分后, 在一定程度可以体现薄利多销的关系.

为研究富有需求弹性的商品是否也同样适应于薄利多销的促销原则, 我们选择了宠物类型类商品, 研究其折扣率与利润率、销售额的关系. 构建以折扣率为因变量, 利润率与销售额为自变量的多元线性回归方程, 回归方程的各项参数如表 5-50 所示.

表 5-50   回归参数估计值表

系数	系数估计值	系数置信区间
β_0	0.0395	$[0.0300, 0.0491]$
β_1	-0.0279	$[-0.0427, -0.0132]$
β_2	1.5748×10^{-5}	$[9.6174 \times 10^{-6}, 4.1113 \times 10^{-5}]$
$R^2 = 0.7347, F = 9070.005, p < 0.0001, s^2 = 0.0069$		

当 R^2 的值越趋近于 1, p 的值越趋近于 0, F 取值越大, s^2 值越小, 说明模型的计算误差与实际值之间的误差越小, 模型越可靠. 本回归方程中, p 值和残差都较小, 说明该回归方程可靠性较强, 残差分析图如图 5-51 所示.

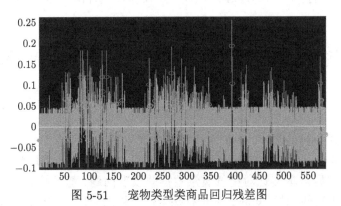

图 5-51   宠物类型类商品回归残差图

由上图可知, 残差距离置信区间较近, 因此回归的效果较好, 回归关系为

$$y_2 = 0.0395 - 0.0279 \cdot x_3 + 1.5748 \times 10^{-5} \cdot x_4 \tag{5-30}$$

其中, y_2 为折扣率, x_3 为利润率, x_4 为销售额. 由公式 (5-30) 可以得知, 宠物生活类型商品的折扣率与利润率成反比, 与销售额成正比, 一定程度上体现了薄利多销的关系. 富有需求弹性的商品并不是生活的必需品, 商品的销量受消费者的可支配收入、消费偏好、时间偏好等因素影响, 当商场进行一定程度的打折后, 该大类商品的销售额增长不明显.

6　模型的评价及改进

6.1　模型的优点

(1) 本文合理地假设价格越高的商品利润越高, 按照价格从低到高线性设定商品的利润率, 从而补齐了缺失的成本价格;

(2) 本文建立了回归模型来分析折扣率和利润率与销售额之间的关系, 并通过引入交互项来提高拟合的程度;

(3) 在大类商品分析中能够抓住重点, 针对销售量大的几个大类产品进行单独分析, 得到了折扣率与销售额以及利润率之间的关系.

6.2　模型的缺点

(1) 商场有单品直降、限时抢购、单品买赠等促销活动, 但本文仅对单品直降类商品的打折力度与利润率和销售额之间的关系进行了分析.

(2) 回归模型反映的所有商品的折扣率与利润率和销售额之间的关系, 回归系数与回归方程均通过检验, 但 R^2 的值偏低, 模型的鲁棒性有待提高. 若能进一步分析不同的折扣方式对应的折扣率与利润率和销售额之间的关系将更具实际价值.

案例 4　基于统计分析下的空气质量数据的校准

摘　要

随着现代科技的进步, 人们对于环境也更为关注, 目前各大城市都设立了环境监测站, 但是目前空气检测还有一定的局限性, 研究空气质量数据的校准成为亟须解决的问题. 本文针对空气质量数据的校准问题, 基于统计分析的知识, 利用 MATLAB 软件, 对已知的数据进行探索性分析, 发现了自建点数据与国控点数

据造成差异的因素, 并对其进行量化, 得到了有关自建点与国控点的数据的校准模型.

针对问题一, 要求对自建点数据与国控点数据进行探索性数据分析. 本文对国控点的数据与自建点的数据做数据质量分析与数据特征分析. 在数据质量分析方面, 首先对缺失数据进行分析与处理, 其次对异常数据进行箱线图分析与简单对比分析, 并对部分异常数据做插值处理.

在数据特征分析方面, 本文首先利用 MATLAB 软件对国控点数据以及自建点数据进行探索性分析, 对数据进行连续变量的统计描述; 其次, 统计出六种污染物的频率分布直方图, 对直方图的大致分布进行猜测与检验; 再次, 利用 MAT-LAB 软件对自建点的六种污染物 $PM_{2.5}$, PM_{10}, CO, NO_2, SO_2, O_3 与温度、湿度、风速、气压、降水共 11 个数据两两之间进行相关性检验, 得出与六种气态污染物 (气) 两两之间的交互干扰及天气干扰的影响; 接着, 对自建点与国控点之间的误差通过相对误差、绝对误差、变异系数进行量化, 给出各监测值下的误差; 最后, 将自建点与国控点之间的差异结果进行分析.

针对问题二, 要求对导致自建点数据与国控点数据造成差异的因素进行分析. 首先, 基于查找导致零点漂移相关资料, 以及对自建点数据的探索性分析, 发现温度对于零点漂移有较大的影响, 进一步建立温度与 $PM_{2.5}$ 浓度的关系表达式; 其次, 利用最大–最小规范化处理, 找出导致量程漂移的因素, 并对其进行校准; 然后, 利用逐步回归找出污染物 (气) 的交叉干扰因素, 以及相应的表达式; 最后, 通过国控点数据与自建点数据的偏差值和相对应天气因素平均值关系绘制散点图, 计算各天气因素对不同监测值的误差数据, 得到相应的趋势以及拟合得出函数表达式.

针对问题三, 要求利用国控点的数据, 建立数学模型对自建点数据进行校准. 首先, 采用逐步回归的方法将各污染物自建点数据校准为国控点数据, 然后分析精度以及误差情况; 其次, 使用 BP 神经网络方法先对 $PM_{2.5}$ 自建点监测数据进行校准, 对比其绝对误差值, 发现 BP 神经网络模型相比于逐步回归模型校准效果好; 最后, 将 BP 神经网络推广与其他污染物进行校准.

关键词: 探索性分析; 空气质量校准; 神经网络; 逐步回归

1　问题重述

1.1　问题的背景

随着人们生活水平的不断提高, 对于空气质量也愈加关注. 我国对于空气质量的监测虽然起步较晚, 但是目前的监测水平也已经取得较大的进步. 当下, 在重点城市中主要采用的是连续自动空气质量监测系统, 而自动连续质量监控也有相应的局限性, 所以仍旧需要对空气质量监测上做进一步的研究.

1.2　问题的基础情况

随着我国空气质量的不断完善, 我国的空气自动监测技术也在不断提高. 国家监测控制站 (国控点) 有专门针对空气污染程度的 "两尘四气" 的实时监测, 相应地在我国也有自主研发的微型空气质量监测仪, 二者之的优缺点如下:

国控点监测的优点: 监测数据较为准确.

国控点监测的缺点: 国家控制站点的数量较小、数据发布时间滞后、监测花费较大、无法给出实时空气质量的监测和预报.

自主研发的质量监测仪的优点: 花费较小、实时网格化监控、同时也可以监测温度、湿度、风速、气压、降水等气象参数.

自主研发的质量监测仪的缺点: 长时间使用后会产生一定的零点漂移和量程漂移. 结合国家监测控制站与自主研发的质量监测仪的特点, 利用国家监测控制站每小时的数据对国控点的近邻的自建点的数据进行校准.

已知数据: 附件 1 和附件 2 分别提供了一段时间内某个国控点每小时的数据和该国控点近邻的一个自建点数据 (相对应于国控点时间且间隔在 5 分钟内), 以及相应的变量单位见附件 3.

1.3　问题的提出

请建立数学模型研究下列问题:

(1) 对自建点数据与国控点数据进行探索性数据分析.

(2) 对导致自建点数据与国控点数据造成差异的因素进行分析.

(3) 利用国控点数据, 建立数学模型对自建点数据进行校准.

2　问 题 分 析

2.1　问题一的分析

探索性分析是基于无规律的数据进行挖掘探索, 首先需要了解已有的数据, 其次需要明白探索出什么样的结果, 最后, 如何从相关数据得到想要的结果.

首先, 对于已知数据的分析, 附件 1 中给出了国控点从 2018 年 11 月 14 日至 2019 年 6 月 11 日每小时的 "两尘四气" 的监测值; 附件 2 中也给出了 2018 年 11 月 14 日至 2019 年 6 月 11 日间隔在 5 分钟内的 "两尘四气" 的监测值, 以及相关的温度、湿度、风速、气压、降水等气象参数. 其中附件 2 中数据由于受外界因素的干扰, 所测量的数据存在一定的偏差, 附件 1 中国控点所测量的数据, 较为准确可靠.

其次, 对于最后所需要的结果进行分析, 对于数据进行探索性分析的目的是对自建点的数据进行校准, 而校准的依据是根据可测量准确数据 (温度、湿度、风速、气压、降水), 以及国控点的数据, 结合考虑影响自控点测量产生误差的因素, 对自建点的数据进行校准, 所以结合结果的需要对自控点与国控点的数据进行分析.

最后, 结合探索性分析所需要的数据进行相应的分析, 所能够做到的步骤, 首先可以对附件中的数据的离散程度、集中趋势、分布特征、相关性特征进行分析. 由于题中多达二十多万的数据, 所以可以选择简单易于操作的 SPSS 软件对数据进行统计分析.

2.2　问题二的分析

问题二要求对导致自建点与国控点的数据造成差异的因素进行分析.

首先, 从自主研发的微型空气检测仪所受内部与外界影响方面进行分析. 内部影响因素表现为微型空气检测仪在使用过程中存在一种无法消除的仪器固有误差; 外部影响方面主要表现为自主研发的微型空气检测仪所使用的电化学气体传感器在长时间使用过后将会产生一定的零点漂移和量程漂移, 非常规气体污染物 (气) 浓度变化对传感器存在一定的交叉干扰, 以及天气因素也会对传感器存在一定的影响.

其次, 单独对其影响差异性的因素中的零点漂移进行分析, 查阅零点漂移以及导致零点漂移的因素, 发现温度对仪器的零点漂移的影响较明显, 可以利用附件 2 中实际测得的温度与出现零点漂移的数据进行对比分析, 同理该方法也适用于量程漂移.

再次, 受天气影响的自建点的数据进行分析, 结合附件 2 中所测出的温度、湿度、风速、气压、降水的相关数据, 利用 SPSS 中的相关性分析可以得出每个外界因素对于监测出的 6 种主要污染物之间是否相关, 若是相关则需要进一步分析其所呈现的具体关系, 并得出相应的表达式.

最后, 对交互影响下的影响因素进行分析, 交互影响表现为气体浓度的影响, 例如在大气中 $PM_{2.5}$ 的浓度与 PM_{10} 之间存在交互影响, 以及各污染物 (气) 之间存在的交互项的影响. 由此, 可以对附件 2 中的数据做更深入的数据挖掘, 最终找出对污染物 (气) 之间的交互影响的因素.

2.3　问题三的分析

题中要求利用国控点的数据, 建立数学模型对自建点数据进行校准. 对最终效果进行设想, 本题最终希望能够建立自建点数据进行校准的数学模型, 达到直接代入自建点已知的数据, 都可以得到与国控点误差较小的准确数据.

首先, 在前面问题的基础上, 对造成国控点与自建点数据差异的原因 (也即影响自建点数据误差的因素) 分阶段进行量化; 其次, 由于外界因素容易对自建点仪器造成零点漂移、量程漂移, 以及存在一些固有误差, 可以采用补偿法, 表示出相应的系统误差; 再次, 综合考虑影响自建点数据的零点漂移、量程漂移、交互干扰、天气影响, 以及相应的系统误差、随机误差, 得出各情况下所产生误差的系数, 进而得到影响自建点数据的模型; 最后, 利用自建点的部分数据进行模型的检验.

3　模型假设

(1) 假设自建点所监测的温度、湿度、风速、气压、降水等气象参数正确可靠, 不存在较大的偏差;

(2) 假设国控点所测得的数据是真实值;

(3) 不考虑监测数据的存储、传输、分发等环节的随机噪声所导致的数据误差;

(4) 对电化学气体法检测气体的影响, 此处忽略电压变化所造成的影响.

4　符号说明

符号	说明	单位
j	表示时间点	
i	表示污染污物 (气), $i = 1, 2, \cdots, 6$ 分别表示 $PM_{2.5}$, PM_{10}, CO, NO_2, SO_2, O_3	
E_{ij}	表示第 i 种污染物 (气), 第 j 个时间点测量的数据相对绝对误差	
x_{ij}	表示第 i 种污染物 (气), 第 j 个时间点在自建点所测量的数据	
y_{ij}	表示第 i 种污染物 (气), 第 j 个时间点在国控点所测量的数据	

注: 其余出现的符号在文中另给说明.

5　模型的建立与求解

本题三个问题由浅入深地对空气质量数据的校准进行研究. 首先, 采用自顶而下、自底而上对已知数据进行探索性分析; 其次, 对于影响自建点与国控点的数据差异的因素进行分析; 最后, 根据所测得的影响自建点的因素值对自建点数据进行校准, 从而达到校准自建点的空气污染数据.

5.1　问题一的探索性数据分析

由于探索性分析中的不确定性因素太多, 所以可以采用自底而上与自顶而下两种方式进行探索性分析. 自底而上是指根据现有的数据, 运用统计分析的知识, 对数据进行相关处理与分析; 自顶而下是指根据题目需要利用国控点的数据对自建点数据进行校准, 便需要分析自建点数据与国控点数据的差异. 因此对于探索性数据分析, 可以采用自底而上与自顶而下的混合探索性分析.

5.1.1 数据质量分析

数据的质量分析是数据预处理的前提, 对于数据质量可以通过缺失数据与异常数据两方面进行分析.

1. 对缺失数据的分析

附件 1 是每小时的国控点的数据. 但是观察附件 1 中的数据, 发现并不是每个小时的数据都有, 例如 2019 年 2 月 19 日 11 点、12 点、13 点气体污染物的浓度都没有相关记录.

同样地, 在附件 2 中, 间隔在 5 分钟内的数据, 也存在某些时刻的数据缺失的情况, 例如在 2019 年 1 月 12 日 9 点 28 分至 2019 年 1 月 15 日 15 点 02 分内都没有监测数据, 存在数据缺失.

(1) 数据缺失的原因:

(i) 自建点的仪器不稳定, 较容易受其他因素影响, 所以可能是由于监测器出现故障, 导致数据的缺失.

(ii) 出现人为数据导入误差, 遗漏了某个时间点的数据.

(iii) 对比附件 2 中 2019 年 1 月 12 日 9 点 28 分至 2019 年 1 月 15 日 15 点 02 分前后的数据, 将会发现现有的数据中风速与降雨量都为 0, 可以猜测在 1 月 12 日自点的仪器损坏, 而缺失的数据是因为仪器正在维修.

(2) 缺失数据的处理.

由于国控点所测得的数据在一小时内受该地区的天气等因素影响较大, 自建点所缺失的是 4 天的数据, 没有合理的方法可以对缺失的数据进行补齐, 且即使补齐缺失数据, 对后续分析的意义也不大, 还可能会引入误差, 所以对于缺失的数据本文不做处理.

2. 异常数据的分析

异常值是指样本中的个别值, 其数值明显偏离其余的观测值. 在统计描述中的箱线图可以找出一组数据中的异常数据, 也可以用直观对比找出异常的数据.

1) 箱线图分析

箱线图表示可以用于描述连续变量的情况, 而且可以用以识别异常值. 为判断自建点的异常数据, 下面利用 SPSS 软件, 绘制出其箱线图见图 5-52. 其中红色部分为异常值.

通过该箱线图可以看出其中的异常数据, 但是由于异常数据量较多, 无法直接对其进行剔除处理, 所以对于异常数据我们通过对比附件 1 国控点的数据与附件 2 自建点的数据, 找出其中的异常数据.

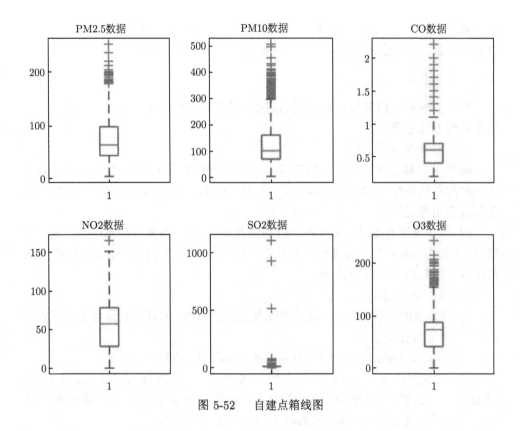

图 5-52   自建点箱线图

2) 简单对比异常分析

由于附件 1 中所给的是在每隔 1 小时的测量数据, 总共监测了 4200 个时间点的空气质量, 而附件 2 中给的是每间隔 5 分钟内的数据, 为较好地对比附件中的所有数据, 现根据附件 1 中的数据, 在附件 2 中找出 4200 个与附件 1 中最接近的时刻的数据, 对其进行相应的分析.

某个时刻国控点的数值与自建点的数值, 可能由于系统原因存在一定偏差, 但是偏差不会太大, 若是偏差较大, 则可以视为异常情况. 由于附件 1 与附件 2 中的数据都是同一时间段内的数据, 且国控点与自建点的位置距离较近, 所以可以对比附件 1 与附件 2 中同一时间段内同一监测指标的数据, 若是存在较大的差异则说明存在一定的数据异常情况需要对其进行相关处理.

利用 MATLAB 软件绘制出 PM$_{2.5}$, PM$_{10}$, CO, NO$_2$, SO$_2$, O$_3$ 在国控点与自建点的数据并进行对比, 绘制出相应的折线图见图 5-53 和图 5-54. 其中横坐标表示监测数据的个数, 一个数据代表一个时刻, 纵坐标表示污染物 (气) 的浓度, 红色部分为自建点的监测数据, 蓝色部分为国控点的监测数据.

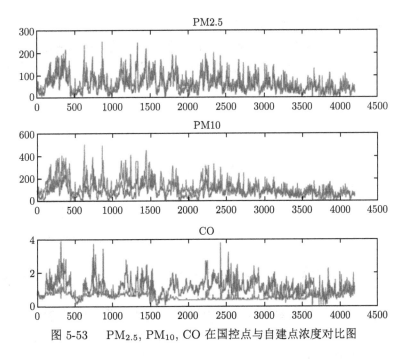

图 5-53　　PM$_{2.5}$, PM$_{10}$, CO 在国控点与自建点浓度对比图

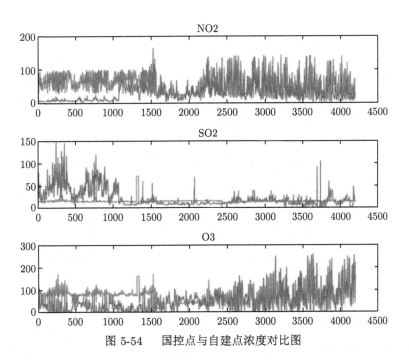

图 5-54　　国控点与自建点浓度对比图

通过观测图 5-53 可以得出如下结论:

(1) $PM_{2.5}$, PM_{10}, CO 在国控点与自建点所测得的数据整体变化趋势相同, 即在某个时刻相较于前一小时的国控点的数据增加, 而自建点的数据也会增加;

(2) 在自测点上测得的 $PM_{2.5}$, PM_{10} 的浓度, 在整体上大于在国控点上测得的数据;

(3) 在自测点上测量的 CO 的浓度与国控点所测得的浓度相比, 在整体上小于自测点的数据;

(4) 在图 $PM_{2.5}$ 中都存在某些点所测量的污染物的浓度过高或者过低.

通过观测图 5-54 有如下结论:

(1) 在自建点与国控点所测得的数据在时间上的波动情况较吻合.

(2) 在自建点中所测得的 NO_2, O_3 浓度在整体上大于国控点上测量的 NO_2, O_3 浓度;

(3) 在自建点中所测得的 SO_2 的浓度在整体上小于国控点上测量的 SO_2 的浓度;

(4) 对于空气中污染气体 SO_2 浓度的测量时, 某些数据与原来的数据相差较大.

通过对图 5-53 和图 5-54 的分析, 发现图中存在某些明显异常的点, 例如对比国控点与自建点中 PM_{10} 的浓度时, 发现时间为 2019/2/19/14:00 时在国控点所测得的 PM_{10} 为 $985\mu g/m^3$, 相应地在 2019/2/19/15:00 时国控点所测得的 PM_{10} 为 $59\mu g/m^3$, 2019/2/19/14:00 时在自建点所测得的 PM_{10} 为 $89\mu g/m^3$, 相比之下 2019/2/19/14:00 时在国控点所测得的 PM_{10} 的数据存在较大的偏差.

观察图 5-53 和图 5-54 发现所测量的异常点共计 5 个, 其中 PM_{10} 异常的数据共计 2 个, SO_2 异常的数据总共计 3 个, 而针对此异常数据都可以利用线性插值的方法对其进行校准, 具体见表 5-51.

表 5-51　异常数据表

污染物	监测点	时间	测量值/$(\mu g/m^3)$	校准方法	校准后数据
PM_{10}	国控点	2019/2/19 14:00	985	线性插值	28
	国控点	2019/2/19 14:00	985	线性插值	80
SO_2	自建点	2018/11/14 10:02	1103	线性插值	30
	自建点	2018/11/14 11:11	930	线性插值	18
	自建点	2018/11/14 15:31	516	线性插值	30

后续的所有计算都是基于此异常数据的处理上.

5.1.2　数据特征分析

在数据质量分析后, 需进行对异常数据进行处理, 对于附件中所给出的数据也要做相应的特征分析, 并对连续变量进行统计描述与分析, 此外还可以进一步做相应的分布分析、相关性分析.

1. 连续变量的统计描述与分析

连续变量的统计描述主要表现在集中趋势、离散趋势、分布特征, 以及其他趋势上, 其中集中趋势可以用平均值、中位数、截尾平均值来体现; 离散趋势可以通过方差和标准差、最大值、最小值、全距、四分位距来体现; 分布特征可以用偏度、峰度体现.

下面对其中一些统计描述词语进行相关解释:

(1) 截尾平均值: 由于均数较易受极端值的影响, 因此可以按照一定的比例去掉最两端的数据, 然后计算均数. 以下计算中都是两端去掉 5% 的数据. 平均值与截尾平均值之间的相差越小说明数据不存在极端值.

(2) 全距: 即极差, 一组数据中的最大值与最小值之差.

(3) 方差与标准差: 方差与标准差的计算涉及一个变量, 可以较好地反映一组数据的离散程度.

(4) 四分位距: 把所有数值由小到大排列并分成四等. 四分位距排除了两侧极端值的影响, 又能反映较多数据的离散程度.

(5) 偏度: 用来描述变量取值分布形态的统计量, 是与正态分布相比较而言的统计量.

(6) 峰度: 用来描述变量取值分布形态的陡缓程度的统计量.

利用 SPSS 软件中的探索性分析命令, 得出六种污染物 (气) 的有关连续型变量的统计描述见表 5-52.

表 5-52　连续变量统计描述表

	平均值	截尾平均值	中位数	方差	标准差	全距	四分位距	偏度	峰度
国控点 $PM_{2.5}$	56.73	54.16	49.00	1195.00	34.57	245.00	45.00	1.14	1.52
自建点 $PM_{2.5}$	69.35	66.85	59.00	1483.04	38.51	547.00	51.00	1.06	1.38
国控点 PM_{10}	83.82	80.82	76.00	2587.27	50.87	983.00	61.00	3.32	46.78
自建点 PM_{10}	113.47	107.21	93.00	5140.61	71.70	931.00	78.00	1.52	3.08
国控点 CO	1.12	1.09	1.05	0.24	0.49	3.85	0.62	0.94	1.95
自建点 CO	0.59	0.57	0.50	0.05	0.22	2.90	0.30	1.67	4.21
国控点 NO_2	32.64	30.46	26.00	590.66	24.30	136.00	32.75	1.23	1.34
自建点 NO_2	55.51	53.66	51.00	825.69	28.73	181.00	48.00	0.69	−0.31
国控点 SO_2	22.40	19.98	15.00	401.04	20.03	149.00	16.00	2.06	4.50
自建点 SO_2	16.34	15.71	16.00	400.24	20.01	1101.00	3.00	37.00	1503.60
国控点 O_3	54.77	50.05	45.00	2302.97	47.99	258.00	57.00	1.39	2.09
自建点 O_3	66.09	63.62	62.00	1132.95	33.66	249.00	46.00	0.99	1.19

通过观察表 5-52 可以得到如下结论:

(1) 对比六种污染物浓度的平均在国控点与自建点的差异, 发现 PM_{10} 的浓度差异较为明显, 其余 5 种污染物的平均值的差异并不大.

(2) 对比国控点与自建点的平均值与截尾平均值之间的差异, 发现国控点中的平均值与截尾平均值之差要比自建点的平均值与截尾平均值之差小, 说明国控点的数据受极端情况影响比自建点受极端情况影响小.

(3) 对比六种污染物浓度的中位数在国控点与自建点的差异, 发现 PM_{10} 与 O_3 在国控点与自建点的中位数差异最大, 而 CO 在国控点与自建点的中位数差异最小.

(4) 对比六种污染物浓度的方差与标准差在国控点与自建点的差异, 发现 PM_{10} 与 O_3 在国控点与自建点的差异较大, CO 与 SO_2 在国控点与自建点的差异较小.

(5) 对比六种污染物浓度的全距在国控点与自建点的差异, 发现 $PM_{2.5}$, NO_2, SO_2 在自建点的全距大于国控点的全距.

(6) 对于四分位距、偏度与峰度在国控点与自建点上都存在一定差异.

2. 分布特征分析

在附件 2 中找出 4200 个与附件 1 中的数据相近的值, 使得自建点与国控点的数据量相同, 在此基础上绘制出相应国控点与自建点的频数分布直方图.

运用 MATLAB 软件对附件中的 $PM_{2.5}$, PM_{10}, CO, NO_2, SO_2, O_3 六个指标的所有相应数据进行统计, 附件 1 中得到的直方图如图 5-55 所示.

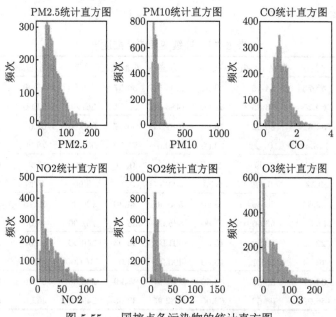

图 5-55   国控点各污染物的统计直方图

对于以上统计图进行分布猜测并检验, 但结果发现均无法通过检验. 下面对自建点中各污染物的浓度下的频数进行统计, 其自建点各污染物的统计直方图如图 5-56 所示.

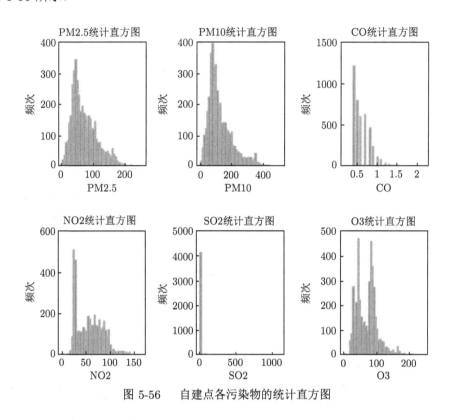

图 5-56　自建点各污染物的统计直方图

通过上图可以得出如下结论:

(1) CO, SO_2 在该地区该时间段内浓度波动较小, 而 $PM_{2.5}$, PM_{10}, NO_2, O_3 的浓度变化都较大.

(2) 对比图 5-55 与图 5-56 将会发现, 在自建点与国控点所测量的 CO, SO_2, O_3 浓度的分布图存在较大的差异, 尤其是对于 O_3 的量, 在自建点上所测得的值有明显突变现象.

(3) 对图 5-56 中的统计直方图形态进行分析, 经检验都不服从任何正态分布、泊松分布等常规分布.

3. 相关性分析

对国控点监测范围的 "两尘四气" 检测值进行相关性分析, 采用 MATLAB 软件进行求解, 分别得到各变量间的相关性系数如表 5-53 所示.

表 5-53　国控点相关系数表

	PM$_{2.5}$	PM$_{10}$	CO	NO$_2$	SO$_2$	O$_3$
PM$_{2.5}$	1.0000	0.8157	0.6624	0.2590	0.2713	−0.2690
PM$_{10}$	0.8157	1.0000	0.5822	0.3064	0.3064	−0.1765
CO	0.6624	0.5822	1.0000	0.2983	0.3119	−0.2737
NO$_2$	0.2590	0.3064	0.2983	1.0000	−0.3440	−0.2544
SO$_2$	0.2713	0.3064	0.3119	−0.3440	1.0000	−0.2840
O$_3$	−0.2690	−0.1765	−0.2737	−0.2544	−0.2840	1.0000

　　由表 5-53 可知, 同种变量间的相关系数均为 1, 其余各变量间的相关系数在 0.8 以上即均为高度相关, 认为存在极强的线性相关; 相关系数在 0.5 至 0.8 内则认为存在显著性相关, 存在明显的相关性; 相关系数于 0.3 至 0.5 之间则认为存在低度线性相关, 但相关性不明显. 且有正、负相关系数号分别表示各变量间的正、负相关性, 国控点监测范围内的 "两尘四气" 变量间的相关性散点图如图 5-57 所示.

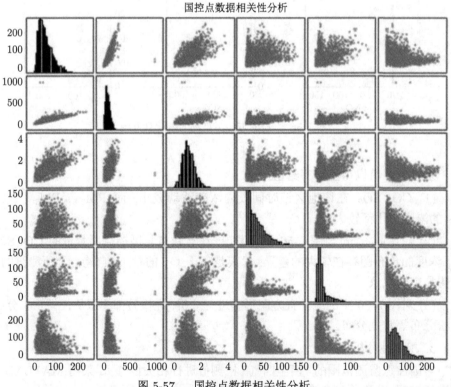

图 5-57　国控点数据相关性分析

　　结合表 5-53 和图 5-57 可知, "两尘四气" 中各变量间的相关性可通过相关系数大小和相关性散点图像呈现形式共同判别, 其相关性较高的变量间关系散点图像会呈现明显的线性关系.

　　自建点的相关数据是随着时间实时变化的连续型数据, 要判断连续变量两两之间存在的关系, 可利用 MATLAB 软件进行相关性分析, 所以对自建点的 "两尘四气" 之间的关系进行相关性检验, 自建点相关系数如表 5-54 所示.

表 5-54　自建点相关系数表

	$PM_{2.5}$	PM_{10}	CO	NO_2	SO_2	O_3	风速	压强	降雨量	温度	湿度
$PM_{2.5}$	1.00	0.96	0.18	0.32	0.07	−0.08	−0.13	0.29	0.03	−0.40	0.36
PM_{10}	0.96	1.00	0.26	0.33	0.06	0.00	−0.12	0.38	0.09	−0.46	0.37
CO	0.18	0.26	1.00	0.23	0.21	0.48	−0.08	−0.18	0.18	0.30	−0.06
NO_2	0.32	0.33	0.23	1.00	0.11	−0.09	−0.25	0.06	0.30	−0.16	0.25
SO_2	0.07	0.06	0.21	0.11	1.00	−0.05	−0.05	0.03	−0.05	−0.05	0.03
O_3	−0.08	0.00	0.48	−0.09	−0.05	1.00	0.11	−0.17	0.24	0.44	−0.45
风速	−0.13	−0.12	0.08	−0.25	−0.05	0.11	1.00	0.06	0.04	0.05	−0.21
压强	0.29	0.38	−0.18	0.06	0.03	−0.17	0.06	1.00	0.12	−0.84	0.15
降雨量	0.03	0.09	0.18	0.30	−0.05	0.24	0.04	0.12	1.00	−0.06	0.06
温度	−0.40	−0.46	0.30	−0.16	−0.05	0.44	0.05	−0.84	−0.06	1.00	−0.52
湿度	0.36	0.37	−0.06	0.25	0.03	−0.45	−0.21	0.15	0.06	−0.52	1.00

　　通过以上计算结果可知:

　　(1) 自建点中 $PM_{2.5}$ 和 PM_{10} 的相关系数为 0.96, 说明两者之间具有很强的正相关性.

　　(2) 自建点中温度与压强具有很强的负相关性, 相关系数为 −0.84, 而其余变量之间的相关性较弱.

　　为直观反映各变量之间的相关性, 利用 MATLAB 绘制出自建点监测数据与 "两尘四气" 和 5 种气象因子之间的关联图, 如图 5-58 所示.

　　从关联图可看出, 自建点的监测数据与各个变量间存在一定的相关性. 其中 $PM_{2.5}$ 与 PM_{10} 间的相关性较强, NO_2 与降雨量呈正相关关系、与风速呈负相关关系; 但 CO 与其他变量的因素相关性较小.

自建点数据相关性分析

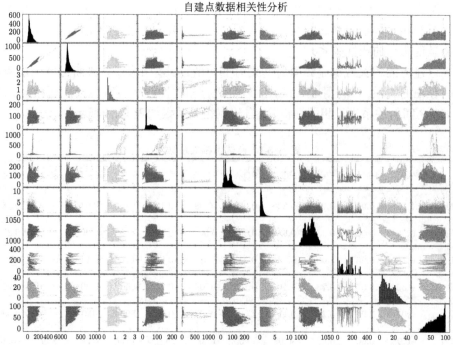

图 5-58   自建点相关性分析图

5.1.3 差异的度量分析

在同一时间下国控点的监测数据与自建点的监测数据存在一定的误差.

1. 误差与准确性的度量

对于定量分析中的误差可以通过相对误差、绝对误差进行衡量, 准确性分析可以通过变异系数进行衡量.

(1) 绝对误差

$$RE = T_Z - T_G$$

上式中, RE 表示绝对误差, T_Z 表示自建点测量数据, T_G 表示国控点测量数据.

$$E_{ij} = x_{ij} - y_{ij} \quad (i = 1, 2, \cdots, 6; j = 1, 2, \cdots, 4200) \tag{5-31}$$

其中 E_{ij} 表示第 i 种污染物 (气), 第 j 个时间点测量的数据相对绝对误差, x_{ij} 表示第 i 种污染物 (气), 第 j 个时间点在自建点所测量的数据, y_{ij} 表示第 i 种污染物 (气), 第 j 个时间点在国控点所测量的数据.

(2) 相对误差.

相对误差可以用来衡量测量数据的可信度, 相对误差越趋近于 0, 表示误差越小, 反之亦然.

$$\varepsilon = \frac{T - \Delta T}{\Delta T} \times 100\% \qquad (5\text{-}32)$$

上式中, ε 表示相对误差, T 表示测量值, ΔT 表示真实值.

$$RE_{ij} = \frac{x_{ij} - y_{ij}}{\sum\limits_{i=1}^{6} y_{ij}} \quad (i = 1, 2, \cdots, 6; j = 1, 2, \cdots, 4200) \qquad (5\text{-}33)$$

(3) 变异系数.

变异系数可以用来衡量一组数据的离散程度, 其中变异系数越大, 离散程度越大.

$$\delta = \frac{\sigma}{\overline{V}} \qquad (5\text{-}34)$$

上式中, δ 表示变异系数, σ 表示标准差, $\overline{V}$ 表示平均值.

标准差可以用来衡量一组数据的离散程度, 其中标准差的表达式为

$$S_i = \sqrt{\frac{\sum\limits_{i=1}^{4200} (x_{ij} - y_{ij})^2}{4200}} \quad (i = 1, 2, \cdots, 6; j = 1, 2, \cdots, 4200) \qquad (5\text{-}35)$$

变异系数计算为

$$\delta_{ij} = \frac{S}{X_{ij}} \times 100\% \quad (i = 1, 2, \cdots, 6; j = 1, 2, \cdots, 4200) \qquad (5\text{-}36)$$

δ_{ij} 表示第 i 种污染物 (气), 第 j 个时间点测量数据的变异系数.

2. 有关差异度量的计算

利用 MATLAB 软件, 结合附件 2 中的数据可以分别计算出绝对误差、相对误差, 现将 4200 个数据进行求平均, 用以表示每种污染物在自建点的误差, 具体结果如表 5-55 所示.

表 5-55　每个污染物的误差分析表

	PM$_{2.5}$	PM$_{10}$	CO	NO$_2$	SO$_2$	O$_3$
绝对误差	16.29	40.28	−0.5062	25.17	−5.5	13.97
相对误差	0.41	0.77	−0.33	2.07	0.32	4.23
变异系数	0.546394	0.624644	0.35135	0.481072	1.412267	0.469025

　　绘制出相应的偏离程度折线图见图 5-59, 其中横坐标表示时间点 (即 $j = 1, 2, \cdots, 4200$), 纵坐标表示相对误差.

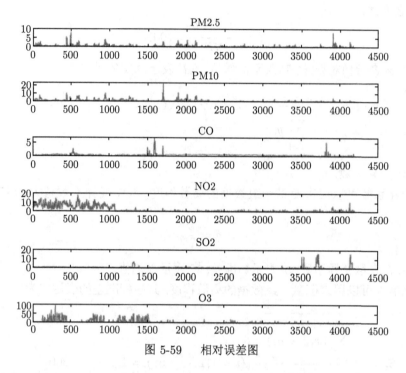

图 5-59　相对误差图

通过观察图 5-59 可以得到如下结论:

　　(1) 结合上图发现有些时间点的相对误差很小, 也有些点的相对误差较大. 其中的 NO_2 在前 1000 个时间点内, 自建点与国控点的相对误差极大.

　　(2) O_3 在前 1500 个时间点内, 部分时间点的自建点所测量的浓度与国控点的浓度存在较大的相对误差.

　　(3) $PM_{2.5}$, PM_{10}, CO, SO_2 在自建点与国控点的偏离程度的差异并不太明显.

　　统计出各污染物 (气) 在自建点与国控点的相对误差的最大值、最小值、平均值、中位数 (表 5-56).

表 5-56　相对误差特征表

	最大值	最小值	平均值	中位数
$PM_{2.5}$	8	0	0.450649	0.321429
PM_{10}	24	0	0.887989	0.518125
CO	7	0	0.480962	0.480519
NO_2	17.8	0	2.163595	0.696493
SO_2	16	0	0.691882	0.5
O_3	106	0	4.500006	0.456843

结合表 5-56 与图 5-59 可知, 6 种污染物 (气) 中在自建点与国控点的相对误差最大的是 O_3, 平均相对误差最大的也是 O_3.

5.1.4　自建点与国控点的差异结论

根据对附件 1 与附件 2 探索性分析, 可得知自建点和国控点的数据都存在一定的差异, 将自建点与国控点的数据进行对比发现其存在如下差异:

(1) 通过连续变量的统计描述发现自建点与国控点在污染物 (气) 的浓度的平均值、截尾平均值、中位数、方差、标准差、全距、四分位距、偏度、峰度上都存在一定的差异.

(2) 通过六种污染物 (气) 在国控点与自建点所测得的浓度对比图, 可以发现在某些时间点国控点与自建点的差异较小, 在某些时间点的差异较大, 而且会呈现一定的阶段性, 整体偏大或者偏小.

5.2　问题二的差异性因素分析

题中要求对导致自建点数据与国控点数据造成差异的因素进行分析, 而自建点与国控点数据最大的差异就体现在自建点的传感器在长时间使用后会产生一定的零点漂移和量程漂移, 因此需要对零点漂移和量程漂移的影响因素进行分析. 同样地, 非常规气态污染物 (气) 浓度变化对传感器存在交叉干扰, 以及天气因素对传感器的影响, 因此需要对影响监测点的交叉干扰与天气状况干扰进行相关分析.

找出导致自建点数据与国控点数据造成差异的因素可以分成以下四步:

第一步: 找出导致零点漂移因素;

第二步: 找出导致量程漂移的因素;

第三步: 找出监测值的交叉干扰因素;

第四步: 找出监测值的天气干扰因素.

5.2.1　零点漂移的影响因素

由于外界的干扰以及仪器的系统误差关系, 将导致仪器出现零点漂移的现象. 零点漂移类似于平移, 只是数值上有变化, 而在周期性、收敛性方面并没有影响.

1. 零点漂移现象的发现

在问题一的探索性分析的过程中, 绘制出了各污染物 (气) 在国控点与自建点的数据比较图, 观察该图发现在 $PM_{2.5}$, PM_{10} 处自建点与国控点数据均发现存在零点漂移现象, 例如图 5-60 中带有方框部分.

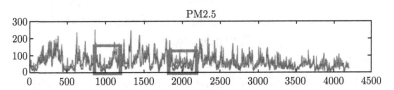

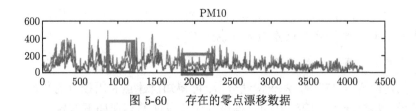

图 5-60　　存在的零点漂移数据

2. 零点漂移的分析

为追踪产生零点漂移的原因, 现将测量 $PM_{2.5}$, PM_{10} 国控点与自建点数据截取放大, 得到细致分析图如图 5-61 所示.

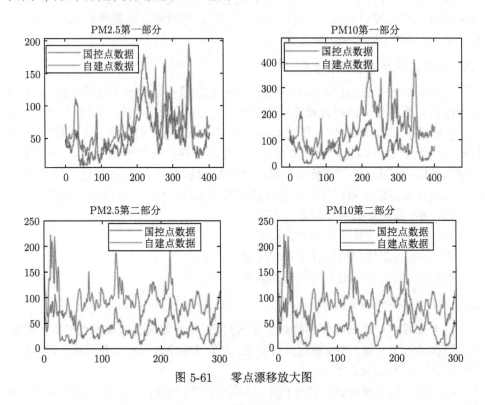

图 5-61　　零点漂移放大图

通过以上零点漂移放大图可得出如下结论:

(1) $PM_{2.5}$ 与 PM_{10} 在自建点数据随时间的波动情况与国控点数据随时间的波动情况大致相同, 在同一时间段具有相同增加和降低的趋势; 但是波动的幅度不同, 自建点波动幅度普遍大于国控点波动幅度.

(2) 在测量 $PM_{2.5}$ 与 PM_{10} 浓度时, 如图 5-60 所示, 第一部分零点漂移数据都在第 900~1300 个数据, 即时间在 2018 年 12 月 24 日 7 点至 2019 年 1 月 10

日 22 点, 第二部分零点漂移数据都在第 1850~2150 个数据, 即时间在 2019 年 2 月 6 日 10 点至 2019 年 2 月 19 日 23 点.

零点漂移修正对比如图 5-62 所示.

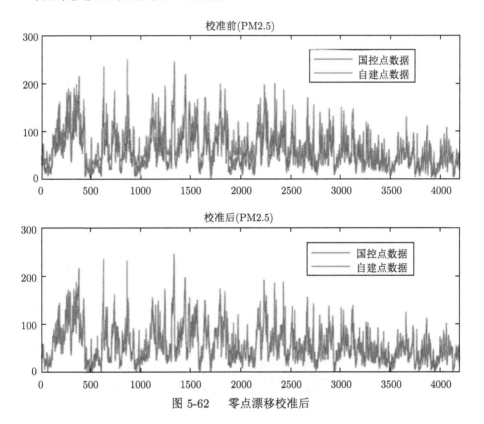

图 5-62　　零点漂移校准后

3. 温度对零点漂移的影响

对两个时间段的零点漂移的数据, 利用 Excel 对其进行查找, 发现在这两个时间段内的温度数据相对其他时间段内温度数据都较小, 具体两部分的温度数据特征如表 5-57.

表 5-57　零点漂移温度特征表

时间段	最大值/°C	最小值/°C	中位数/°C	平均数/°C
第一部分	12	−4	3	3.17
第二部分	18	0	3	3.23

通过上表可以发现在零点漂移的两部分数据的温度都要低于正常值. 基于常理考虑温度过低将会导致仪器出现零点漂移情况.

5.2.2   量程漂移的影响因素

发生量程漂移主要是由于外界其他因素的影响, 以及仪器内部不稳定造成的整个量程不太准确的情况, 观察图 5-62 在自建点与国控点测量 CO 浓度上的对比分析将会发现有部分数据存在明显的量程漂移, $PM_{2.5}$ 和 PM_{10} 无量程漂移, 具体图 5-63 中方框部分.

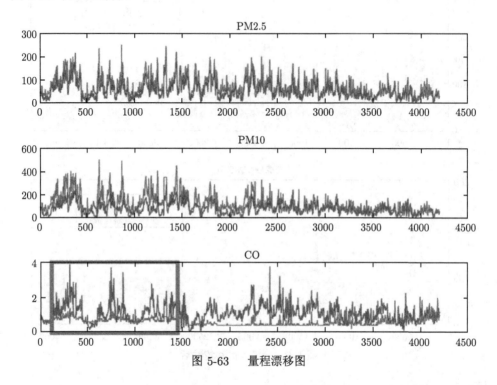

图 5-63   量程漂移图

观察图 5-63 可以发现, 横坐标后段时间内在自建点测量的 CO 数据即红色线, 较贴合国控数据即蓝色线, 而在前段时间内明显存在一定的数据漂移现象.

计算零点漂移下的偏离程度

此数据对应的是自建点上的第 200 个到第 1400 个点的数据, 对该部分的数据进行溯源.

首先, 找出量程漂移的时间段; 其次, 追溯到该时间段内的 CO 在自建点上的浓度, 对自建点上 CO 的浓度做极小–极大规范化处理; 再次, 找出该时间段内的 CO 在国控点上的浓度, 并找出该时间段内 CO 浓度的最大值, 最小值; 最后, 利用前面所求出的自建点的常数值, 进行国控点的极小–极大化处理, 可以得到一组新的 CO 浓度数据, 用得到的该组 CO 浓度表示校准后的 CO 浓度. 校准后的效果见图 5-64.

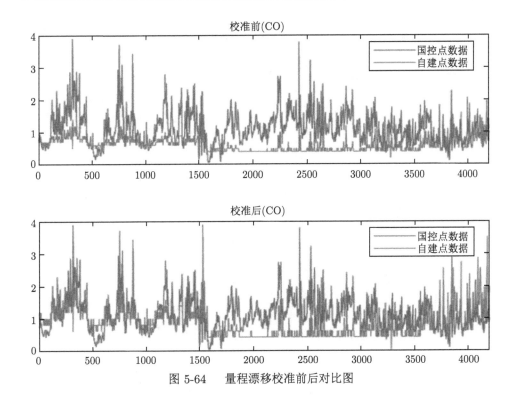

图 5-64　　量程漂移校准前后对比图

通过图 5-64, 可以发现校准前后的数据虽然没有明显达到与国控点的数据完全贴合, 但与校准前相比准确性更高.

5.2.3　气象因子对其影响

气象因子中的风速值、压强、降雨量、温度和湿度对自建点的监测数据可能会存在一定的影响, 为此针对以上五种气象因子进行简要分析, 探究其内部机理.

首先, 找出自建点的所有风速值, 并统计每个风速值的频数. 一个风速值对应一个时间点, 相应地可以得出该时间点下自建点 $PM_{2.5}$ 的浓度值, 进而求出每个风速值下所对应的 $PM_{2.5}$ 的绝对误差, 计算方法为: $PM_{2.5}$ 的绝对误差等于自建点的 $PM_{2.5}$ 的值减去国控点 $PM_{2.5}$ 的值.

其次, 分别计算出不同风速下 $PM_{2.5}$ 绝对误差值的平均数, 即偏离值, 用该平均值表示该风速下的 $PM_{2.5}$ 的绝对误差, 进而表示风速对于 $PM_{2.5}$ 的影响.

最后, 计算出不同风速下 $PM_{2.5}$ 的绝对误差值, 分析其压强、降雨量、温度、湿度对 $PM_{2.5}$ 的影响, 绘制相应散点图并预测出了风速、压强、降雨量、温度及湿度对 $PM_{2.5}$ 的分布趋势; 利用 MATLAB 软件进行拟合处理, 得到气象因子对 $PM_{2.5}$ 的拟合曲线, 拟合曲线图像如图 5-65 所示, 函数关系式如表 5-58 所示.

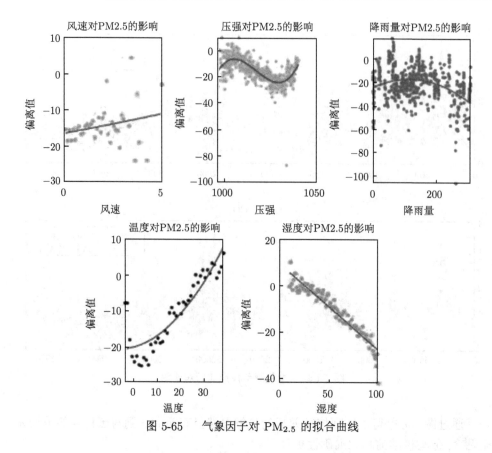

图 5-65   气象因子对 PM$_{2.5}$ 的拟合曲线

表 5-58   气象因子对 PM$_{2.5}$ 的拟合曲线表达式

自变量	函数关系式	R^2	RMSE
风速	$y = 0.01455 \cdot x^2 + 1.007 \cdot x - 16.57$	0.061	5.43
压强	$y = 0.0025 \cdot x^3 - 7.771 \cdot x^2 + 7904 \cdot x - 2.67 \times 10^6$	0.486	6.48
降雨量	$y = -0.00052 \cdot x^2 + 0.1207 \cdot x - 24.74$	0.119	14.85
温度	$y = 0.01466 \cdot x^2 + 0.1811 \cdot x - 20.1$	0.813	4.30
湿度	$y = -0.002653 \cdot x^2 - 0.07919 \cdot x + 3.062$	0.939	2.52

结合不同气象因子因素对 PM$_{2.5}$ 监测偏离值的关系散点图、拟合曲线以及拟合效果 R^2, 可以观察出风速、降雨量对偏离值的影响较小, 散点分布较为松弛, 拟合效果一般; 而压强、温度和湿度对偏差值的拟合效果较好, 且压强与偏离值呈三次函数关系, 偏离值在 -20 到 0 这一范围浮动.

温度和湿度与偏离值呈二次函数关系拟合, 偏离值位于极值点后单调趋势会发生反转. 根据表 5-58 得知温度是呈开口向上的二次函数拟合的, 温度为 0 时正好位于在二次函数极小值附近处, 即当温度为 0 时偏离程度最大. 而湿度是呈开口向下的二次函数拟合, 当湿度为 0 时偏离程度较小, 随着湿度的增加偏离程度不断增加. 这即说明气象因子会对 $PM_{2.5}$ 的自建点监测值产生一定影响.

同理, 分别绘制并拟合出不同天气状态因素对 PM_{10} 偏离值的影响图形如图 5-66 所示, 对应函数拟合关系式如表 5-59 所示.

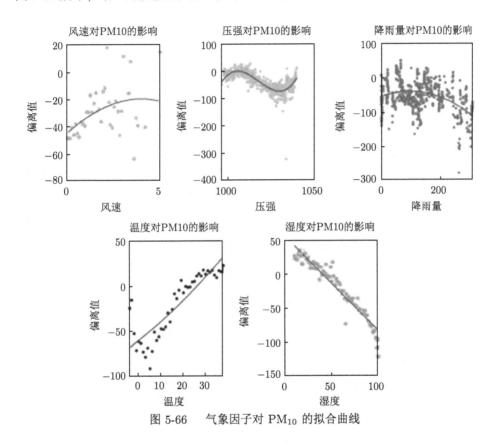

图 5-66　气象因子对 PM_{10} 的拟合曲线

表 5-59　气象因子对 PM_{10} 的拟合曲线表达式

自变量	函数关系式	R^2	RMSE
风速	$y = -1.511 \cdot x^2 + 12.43 \cdot x - 45.69$	0.167	17.15
压强	$y = 0.0105 \cdot x^3 - 32.07 \cdot x^2 + 32630 \cdot x - 1.107 \times 10^7$	0.598	21.83
降雨量	$y = -0.001542 \cdot x^2 + 0.295 \cdot x - 55.12$	0.181	43.04
温度	$y = 0.01216 \cdot x^2 + 1.961 \cdot x - 59.99$	0.7587	17.25
湿度	$y = -0.01052 \cdot x^2 - 0.2355 \cdot x + 31.11$	0.950	8.6411

其中其他污染物与天气的影响, 可以用同样的方法, 得到相应的表达式.

通过天气因素对 PM_{10} 偏离值的影响可以看出, 天气因素对 PM_{10} 与 $PM_{2.5}$ 拟合的曲线趋势大致相同, 且根据 R^2, RMSE 比较可以看出 PM_{10} 拟合效果更优, 更加能直观看出天气对污染物影响关系. 风速和降雨量对偏离值的影响拟合曲线发现风速和降雨量拟合曲线呈现开口向下二次函数抛物线趋势, 当自变量因素达到该范围值时偏离程度较小且偏离值最小. 且通过对比发现压强拟合的三次函数和温度湿度拟合二次函数趋势更加明显了, 说明气象因子会对 PM_{10} 的自建点监测值产生较大的影响.

通过上述天气因素对 $PM_{2.5}$ 和 PM_{10} 的影响, 两者的偏离值具有相似的关系. 同理拟合出 CO 与 NO_2 的散点图, 并对比偏离值和天气因素之间的关系, 如图 5-67 所示, 对应函数拟合关系式如表 5-60 和表 5-61 所示.

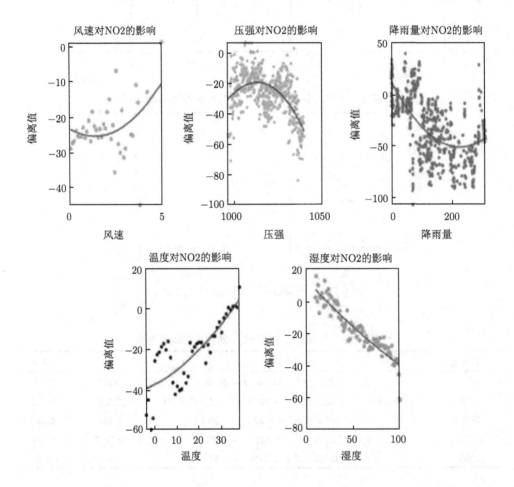

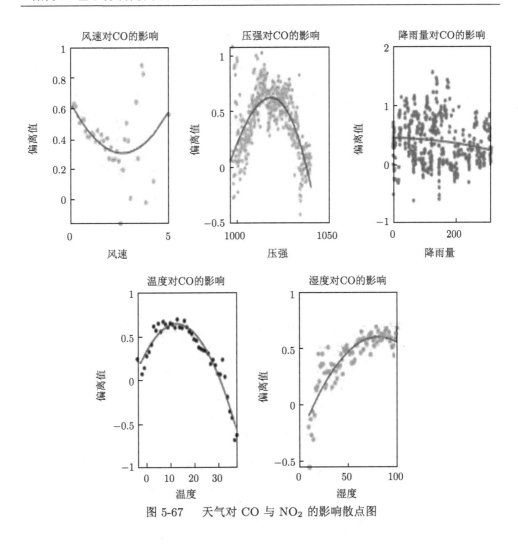

图 5-67　天气对 CO 与 NO_2 的影响散点图

表 5-60　CO 受天气的影响的表达式

自变量	函数关系式	R^2	RMSE
风速	$y = 0.04704 \cdot x^2 - 25.33 \cdot x + 0.641$	0.211	0.191
压强	$y = -0.001466 \cdot x^2 + 2.982 \cdot x - 1516$	0.507	0.195
降雨量	$y = -1.85 \times 10^{-6} \cdot x^2 - 0.0001052 \cdot x + 0.448$	0.023	0.395
温度	$y = -0.0019 \cdot x^2 + 0.04842 \cdot x + 0.3338$	0.932	0.093
湿度	$y = -0.00014 \cdot x^2 + 0.02275 \cdot x - 0.3233$	0.769	0.116

表 5-61　NO$_2$ 受天气的影响的表达式

自变量	函数关系式	R^2	RMSE
风速	$y = 1.112 \cdot x^2 - 3.173 \cdot x - 23.18$	0.155	7.341
压强	$y = -0.04396 \cdot x^2 + 89.06 \cdot x - 4.513 \times 10^4$	0.327	11.93
降雨量	$y = 0.00121 \cdot x^2 - 0.5533 \cdot x + 11.64$	0.358	24.35
温度	$y = 0.01429 \cdot x^2 + 0.5702 \cdot x - 37.62$	0.671	9.61
湿度	$y = 0.00108 \cdot x^2 - 0.6379 \cdot x + 12.96$	0.950	8.6411

　　根据图 5-67 可知, 拟合出的 CO 与 NO$_2$ 的散点图, 得到天气因素对两种污染物监测值的影响. 与 PM$_{2.5}$ 和 PM$_{10}$ 相比, 天气因素对 CO 与 NO$_2$ 的影响并无共同的趋势, 侧面看出天气因素对 CO 与 NO$_2$ 的影响较小, 其中湿度和温度对 CO, NO$_2$ 的影响较大. 湿度拟合在给定湿度范围内随着湿度的增加偏离值越来越大, 根据 NO$_2$ 化学性质得知该物质会与水互溶, 且发生反应, 所以对其偏离值影响较大.

　　同理, 拟合得到天气因素变化对 SO$_2$ 与 O$_3$ 的散点图, 并对比两者的偏离值和天气因素之间的关系, 如图 5-68 所示, 对应函数拟合关系式如表 5-62 和表 5-63所示.

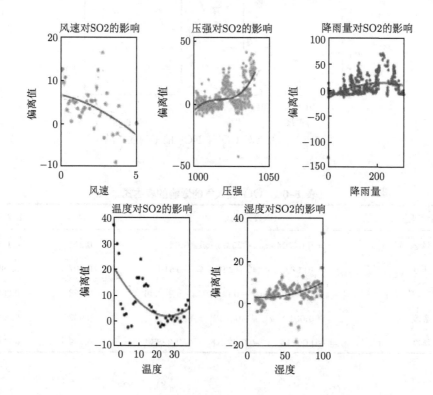

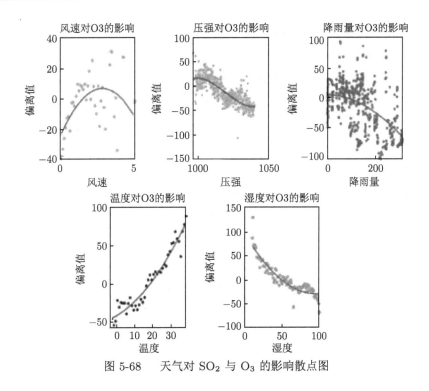

图 5-68   天气对 SO_2 与 O_3 的影响散点图

表 5-62 SO_2 受天气的影响的表达式

自变量	函数关系式	R^2	RMSE
风速	$y = -0.1882 \cdot x^2 - 0.8463 \cdot x + 6.572$	0.199	4.45
压强	$y = 0.01495 \cdot x^2 - 29.99 \cdot x - 1.504 \times 10^4$	0.293	9.22
降雨量	$y = -5.8 \times 10^{-4} \cdot x^2 + 0.2621 \cdot x - 15.92$	0.262	16.35
温度	$y = -0.02107 \cdot x^2 - 1.098 \cdot x + 16.09$	0.335	8.11
湿度	$y = 0.00112 \cdot x^2 - 0.04803 \cdot x + 3.363$	0.140	5.28

表 5-63 O_3 受天气的影响的表达式

自变量	函数关系式	R^2	RMSE
风速	$y = -3.798 \cdot x^2 + 21.93 \cdot x - 25.13$	0.287	14.36
压强	$y = 0.001949 \cdot x^3 - 5.958 \cdot x^2 + 6070 \cdot x - 2.06 \times 10^6$	0.630	16.07
降雨量	$y = -0.00068 \cdot x^2 - 0.0218 \cdot x + 5.208$	0.263	35.68
温度	$y = 0.04612 \cdot x^2 + 1.434 \cdot x - 42.02$	0.940	9.86
湿度	$y = 0.01335 \cdot x^2 - 2.562 \cdot x + 92.95$	0.950	8.6411

　　结合图 5-68 和表 5-62 和表 5-63 可知, 天气因素对 SO_2 拟合效果较差, 从散点图发现图形比较混乱且无明显规律特征, 相关系数 R^2 均在 0.4 以下, 说相关性较弱. 而天气对 O_3 的影响较大, 其中压强、温度和湿度对偏差值影响显著.

5.3　问题三的模型建立与求解

空气污染对生态环境和人类健康危害巨大, 需要一套完整的空气质量校准模型, 能够快速准确对自建点数据进行校准.

综合考虑影响自建点数据的零点漂移、量程漂移、交互干扰、天气影响, 以及相应的系统误差、随机误差, 得出各情况下所产生误差的系数, 进而得到影响自建点数据的模型.

5.3.1　逐步回归校准

逐步回归是一种迭代式的变量选择方法, 利用自建点中 "两尘四气" 和天气因素的 5 个信息, 通过逐步回归来选择变量, 建立影响空气质量的多元线性回归模型对自建点的数据进行校准, 以 $PM_{2.5}$ 为例, 其余类似, 计算结果如表 5-64 和图 5-69 所示.

表 5-64　逐步回归计算结果

回归系数	系数估计值	回归系数	系数估计值
x_1	1.10233	x_7	-3.17434
x_2	-0.137678	x_9	-0.032615
x_3	11.2213	x_{10}	0.128374
x_4	0.153966	x_{11}	-0.168874
x_6	0.004486		

$$R^2 = 0.7843, F = 1669.47, P = 0, \text{RMSE} = 15.5121$$

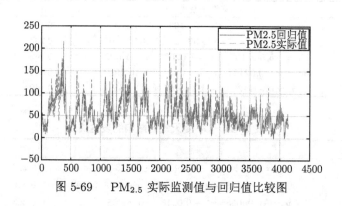

图 5-69　$PM_{2.5}$ 实际监测值与回归值比较图

结合表 5-64 和图 5-69, 回归系数是指自建点的 "两尘四气" 与气象因素的变量, 决定系数 R^2 越大, 说明 $PM_{2.5}$ 的回归效果较好, 即

$$M_{\text{PM2.5}} = 1.10233x_1 - 0.137678x_2 + 11.2213x_3 + 0.153966x_4 + 0.04486x_6$$

$$- 3.17434x_7 - 0.032615x_9 + 0.128374x_{10} - 0.168874x_{11} - 6.83293$$

$$(5-37)$$

　　同理可得, 利用 MATLAB 软件绘出剩余自建点的变量与回归值的比较图, 如图 5-70 所示.

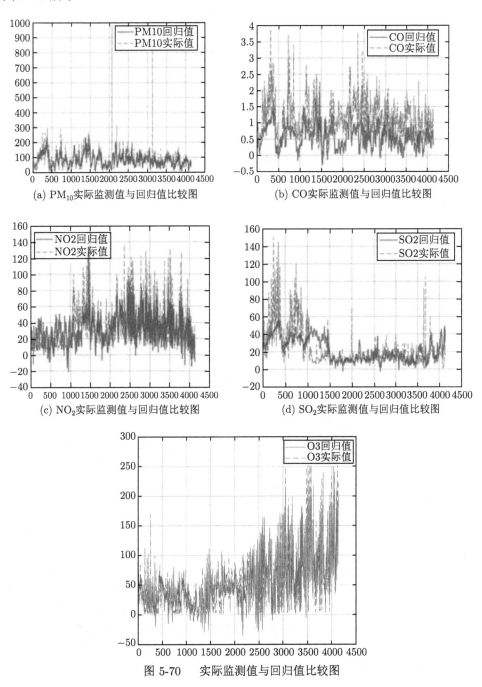

图 5-70　实际监测值与回归值比较图

　　图 5-70 是通过逐步回归得到自建点的 "两尘四气" 实际监测值和逐步回归之后的比较图, 由此进行比较发现, 各变量的实际值与回归值大部分未重合, 说明自建点数据校准的精度较低. 各变量之间的平均绝对误差如表 5-65 所示.

表 5-65　误差结果分析表

	PM$_{2.5}$	PM$_{10}$	CO	NO$_2$	SO$_2$	O$_3$
MAE	0.244	0.3046	0.5049	31.9797	21.2109	55.9707

　　上表中 MAE 为平均绝对误差, 由此可看出校准的效果并不理想, 其中 CO 与 O$_3$ 的平均绝对误差超过 50%, 表明校准的数据精确度低.

　　电化学气体传感器的监测值受天气环境、复杂气体的因素影响, 在数据上构建准确的校准模型有一定难度, 所以对此做了一些尝试, 即利用 BP 神经网络进行更进一步的校准实证.

5.3.2　神经网络自动校准实证

　　通过自建点的监测数据预测出真实数据, 依据上述风速、压强、降雨量、温度及湿度对自建点监测出的 PM$_{2.5}$, PM$_{10}$, CO, NO$_2$, SO$_2$ 及 O$_3$ 偏离值影响因素, 可知其国控点数据与自建点的 11 个监测数据都存在一定的相关性, 且相关性有强有弱. 现用 BP 神经网络来对真实数据进行模拟, 即把自建点数据作为输入向量, 分别把国控点的各个污染物数据作为输出, 提供训练模式后, 最终得出已经训练好的 BP 神经网络. 从而即可通过自建点的监测数据预测出污染物的真实指标.

　　1. BP 神经网络基本原理

　　BP 神经网络是一种具有三层或三层以上的多层神经网络, 每层都由若干个神经元组成, 如图 5-71 所示, 它的左右各层之间各个神经元实现全连接, 即左层的每一个神经元与右层的每个神经元都有连接, 而上下各神经元之间无连接. 其网络结构由输入层、中间层 (隐层) 和输出层构成, 输入层接收到的信号经过隐层和输出层激活放大后再由输出层输出, 信号传输时每一层神经元通过权值影响下一层神经元的状态.

　　其基本原理是先从基础数据中给出有代表性的网络输入信号 (即训练或学习样本), 并根据所要关心的具体问题构造出期望的目标信号 (教师样本) 输入网络, 然后在网络学习和自适应过程中, 通过输入信号在正向的激活放大传播和误差的反向传播, 不断修改和调整各层神经元的连接权值, 使输出信号与期望目标的误差信号减至最小, 当其值小于某一给定值时, 即认为完成或训练好该神经网络, 在此基础上就可通过输入自建点数据预测出污染物的真实指标.

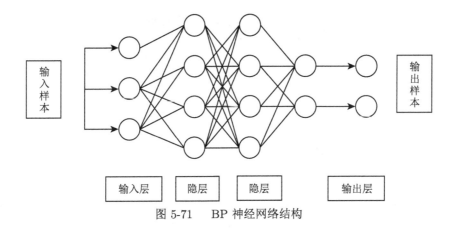

图 5-71　　BP 神经网络结构

2. 输入/输出向量设计

输入层起缓冲存储器作用, 用于接收外部输入数据, 因此其神经元数目取决于输入向量的维数. 大气中自建点的监测数据变化与空气中的 "两尘四气" 和温度、湿度、风速、气压等气象参数有密切关系, 首先提取相应于国控点时间且前后间隔 15 分钟内的自建点监测数据, 得出 30 分钟内监测数据的平均 $PM_{2.5}$、平均 PM_{10}、平均 CO、平均 NO_2、平均 SO_2、平均 O_3、平均温度、平均湿度、平均风速、平均气压和平均降雨量 11 个因子作为输入层输入信息. 由于基础数据系列中涉及多项气象指标, 其数据间的量级、量纲有一定差异, 为提高网络对输入模式响应的正确率, 本文对基础数据进行归一化处理, 因此本文选用线性函数转化法进行归一化, 即

$$x_s(i) = \frac{x(i) - x_{\min}}{x_{\max} - x_{\min}} \tag{5-38}$$

式中, $x_s(i)$ 为归一化后数据; $x(i)$ 为实际样本数据; $x_{\min}$ 和 $x_{\max}$ 分别为实际样本数据中的最小值和最大值.

输出层神经元数目取决于输出数据, 即为国控点数据. 根据本文输出层有 1 个神经元, 为国控点的各个污染物对应校准的数据作为输出. 对于校准不同气象指标输出层所需对应不同的国控点气象指标, 神经元之间传递函数也有所不同.

3. 网络训练

隐层 (中间层) 的神经元数目是较难确定的, 但这在很大程度上影响着网络的预测性能. 为得到较好的网络预测性能, 最终选定各污染物指标预测所需 BP 神经网络的最佳隐层数. 选取较好的传递函数往往能够减少预测数据的误差, 提高精度, 且能够有效避免 "过拟合" 现象. 理想的学习率会促使模型收敛, 不理想的学习率会直接导致模型目标函数损失值 "爆炸", 从而无法完成训练.

学习率等一系列参数如表 5-66 所示, 进行训练.

表 5-66　　各污染物指标预测所需 BP 神经网络的训练参数

	PM$_{2.5}$	PM$_{10}$	CO	NO$_2$	SO$_2$	O$_3$
最优隐层数	47	41	50	48	51	42
传递函数	柔性最大值传输函数	柔性最大值传输函数	径向基传输函数	饱和线性传输函数	饱和线性传输函数	饱和线性传输函数
学习率	0.0074	0.0083	0.0093	0.0063	0.0081	0.0081

　　数据进行归一化处理之后, 选取总数据量的 90% 用于训练, 剩余 10% 用于预测并计算平均相对误差用以判断校准误差情况. 选定好最优隐含层、传递函数、学习率等一系列参数之后, 进行训练.

　　选取数据进行训练后, 选取剩余数据进行测试, 描绘出测试数据与校准数据的折线图, PM$_{2.5}$ 数据对比图如图 5-72 所示, PM$_{10}$ 校准数据对比图如图 5-73 所示.

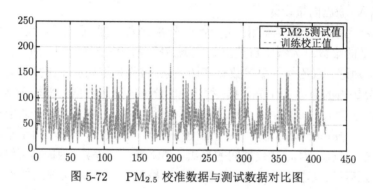

图 5-72　　PM$_{2.5}$ 校准数据与测试数据对比图

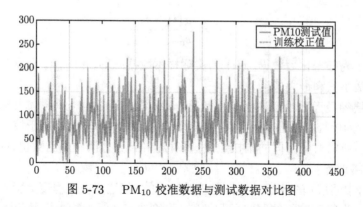

图 5-73　　PM$_{10}$ 校准数据与测试数据对比图

　　通过 BP 神经网络校准模型对 PM$_{2.5}$ 和 PM$_{10}$ 预测数据与实际数据对比折线图与误差数据对比表 (表 5-67) 可知, 自建点监测数据校准的平均绝对误差为 13.67% 和 18.42%. 误差表明校准模型能够有效合理地对数据进行校准, 折线图形的变化趋势也基本吻合.

表 5-67   PM$_{2.5}$ 与 PM$_{10}$ 校准数据误差对比

PM$_{2.5}$			PM$_{10}$		
实测数据	预测数据	绝对误差	实测数据	预测数据	绝对误差
31	28.55584	7.88%	50	46.43269	7.13%
46	45.95376	0.10%	158	134.3528	14.97%
57	46.93132	17.66%	143	118.3037	17.27%
79	87.45965	10.71%	101	102.7847	1.77%
55	55.2504	0.46%	14	9.055174	35.32%
平均绝对误差		13.67%	平均绝对误差		18.42%

分别对不同污染物进行调试改变传递函数、学习率等参数校准数据后与测试数据进行对比如图 5-74～图 5-77 所示. 并对 BP 神经网络进行训练, 改变不同的参数和输出层数据变量后得到 CO, NO$_2$, SO$_2$ 和 O$_3$ 的校准数据的平均绝对误差如表 5-68 所示.

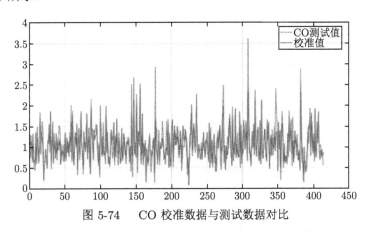

图 5-74   CO 校准数据与测试数据对比

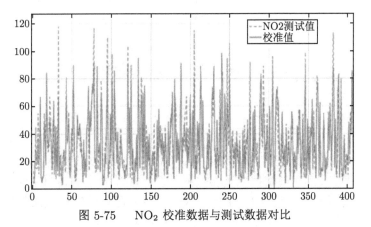

图 5-75   NO$_2$ 校准数据与测试数据对比

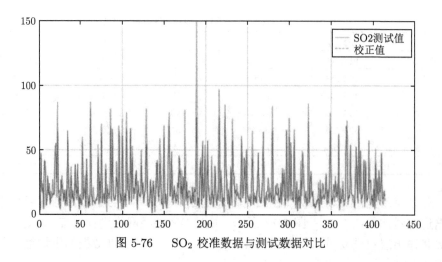

图 5-76 SO_2 校准数据与测试数据对比

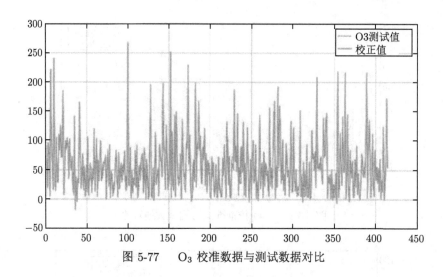

图 5-77 O_3 校准数据与测试数据对比

表 5-68   自建点校准数据平均绝对误差表

变量	CO	NO_2	SO_2	O_3
平均绝对误差	20.25%	27.78%	28.74%	29.15%

通过 BP 神经网络校准模型与逐步回归模型对比可知神经网络对自建点监测数据的校准精度更高, 与国控点真实数据偏差更小. 表明通过自主研发的微型空气质量监测仪所测数据经 BP 神经网络校准模型可有效对空气质量进行实时监测, 同时达到成本低、监测数据质量高的预测效果.

6　模型的评价

6.1　模型的优点

(1) 校准模型建立前, 对数据探索性分析, 对国控点数据与自建点数据进行了相关性分析和分布特征分析等, 并通过图形可视化进行了展示, 为后续建立的校准模型起到了铺垫作用.

(2) 校准数据过程采用循序渐进的方法, 符合数据挖掘的基本思路. 首先, 从影响校准的因素出发, 探索出气象因素对校准的影响; 其次, 建立逐步回归模型进行校准并发现该模型无法完美校准好数据; 最后, 引入 BP 神经网络模型进行校准, 并对校准误差进行分析, 给出量化评判结果.

(3) 在探究气象因子对自建点数据影响时, 找到了自建点数据与国控点数据的影响因素, 并进行了相关展示和量化模型.

6.2　模型的缺点

(1) 模型准备过程, 未能有效对数据进行平滑处理, 对校准模型的精度产生较大影响. 数据平滑处理的方法可以考虑将自建点的分钟数据在单位小时附近进行平均或加权处理.

(2) BP 神经网络校准模型的样本数据只选取了自建点单位小时附近半小时数据的平均值, 样本数据未充分利用.

附 录 程 序

程序清单 5-7　计算自建点数据与国控点测量的系列数据

程序文件 code5_4_1.m

```
%计算自建点数据与国控点测量的系列数据
%相对偏差、绝对偏差、平均偏差、相对平均偏差、变异系数、误差、绝对误差
clc,clear,close all
load 数据2.mat
%计算六种自建点数据与国控点数据的绝对误差
A_1=DATA4(:,8:13)-DATA4(:,1:6);
%计算六种自建点数据与国控点数据的相对误差
A_2=(DATA4(:,8:13)-DATA4(:,1:6))./DATA4(:,1:6);
%计算六种自建点数据与国控点数据的绝对偏差
A_3=DATA4(:,8:13)-mean(DATA4(:,1:6));
%计算六种自建点数据与国控点数据的相对偏差
```

```
A_4=abs(A_3)./mean(DATA4(:,1:6));
%计算六种自建点数据与国控点数据的算数平均偏差
A_5=sum(abs(A_3))/4200;
%计算六种自建点数据与国控点数据的相对平均偏差
A_6=A_5./mean(DATA4(:,1:6));
%计算变异系数
A_7(:,1)=std(DATA4(:,8))./mean(DATA4(:,8));
A_7(:,2)=std(DATA4(:,9))./mean(DATA4(:,9));
A_7(:,3)=std(DATA4(:,10))./mean(DATA4(:,10));
A_7(:,4)=std(DATA4(:,11))./mean(DATA4(:,11));
A_7(:,5)=std(DATA4(:,12))./mean(DATA4(:,12));
A_7(:,6)=std(DATA4(:,13))./mean(DATA4(:,13));
%绘制自建点数据中各箱线图
subplot(2,3,1)
boxplot(DATA4(:,8))
title('PM2.5数据')
subplot(2,3,2)
boxplot(DATA4(:,9))
title('PM10数据')
subplot(2,3,3)
boxplot(DATA4(:,10))
title('CO数据')
subplot(2,3,4)
boxplot(DATA4(:,11))
title('NO2数据')
subplot(2,3,5)
boxplot(DATA4(:,12))
title('SO2数据')
subplot(2,3,6)
boxplot(DATA4(:,13)); title('O3数据')
```

程序清单 5-8　数据校准

程序文件 code5_4_2.m

```
%分析附件1与找出的4200个自建点数据差异
clc,clear,close all
load 附件1.mat
load 数据1.mat
PM_25=[];PM_10=[];CO=[];
NO2=[];SO2=[];O3=[];
```

```
PM_25(:,1)=DATA1(:,1);PM_25(:,2)=DATA3(:,1);
PM_10(:,1)=DATA1(:,2);PM_10(:,2)=DATA3(:,2);
CO(:,1)=DATA1(:,3);CO(:,2)=DATA3(:,3);
NO2(:,1)=DATA1(:,4);NO2(:,2)=DATA3(:,4);
SO2(:,1)=DATA1(:,5);SO2(:,2)=DATA3(:,5);
O3(:,1)=DATA1(:,6);O3(:,2)=DATA3(:,6);
figure('name','总汇','NumberTitle','off')
subplot(6,1,1)
plot(1:1:length(PM_25),PM_25(:,1),1:1:length(PM_25),PM_25(:,2))
title('PM2.5')
subplot(6,1,2)
plot(1:1:length(PM_25),PM_10(:,1),1:1:length(PM_25),PM_10(:,2))
title('PM10')
subplot(6,1,3)
plot(1:1:length(PM_25),CO(:,1),1:1:length(PM_25),CO(:,2))
title('CO')
subplot(6,1,4)
plot(1:1:length(PM_25),NO2(:,1),1:1:length(PM_25),NO2(:,2))
title('NO2')
subplot(6,1,5)
plot(1:1:length(PM_25),SO2(:,1),1:1:length(PM_25),SO2(:,2))
title('SO2')
subplot(6,1,6)
plot(1:1:length(PM_25),O3(:,1),1:1:length(PM_25),O3(:,2))
title('O3')
%% 数据校准(线性插值替代原数据)
% 错误数据
% 国控点数据 PM10 第2141(985)、3214(985)
% 自建点数据 SO2  第1528(930)、1531(1103)、1532(516)
% 校准值
% 国控点数据 PM10 第2141(28)、3214(80)
% 自建点数据 SO2  第1528(18)、1531(30)、1532(30)
PM_10(2141,1)=28;PM_10(3214,1)=80;
SO2(1528,2)=18;SO2(1531,2)=30;SO2(1532,2)=30;
figure('name','PM2.5、PM10、CO','NumberTitle','off')
subplot(3,1,1)
plot(1:1:length(PM_25),PM_25(:,1),1:1:length(PM_25),PM_25(:,2))
title('PM2.5')
subplot(3,1,2)
plot(1:1:length(PM_25),PM_10(:,1),1:1:length(PM_25),PM_10(:,2))
```

```
title('PM10')
subplot(3,1,3)
plot(1:1:length(PM_25),CO(:,1),1:1:length(PM_25),CO(:,2))
title('CO')
figure('name','NO2、SO2、O3','NumberTitle','off')
subplot(3,1,1)
plot(1:1:length(PM_25),NO2(:,1),1:1:length(PM_25),NO2(:,2))
title('NO2')
subplot(3,1,2)
plot(1:1:length(PM_25),SO2(:,1),1:1:length(PM_25),SO2(:,2))
title('SO2')
subplot(3,1,3)
plot(1:1:length(PM_25),O3(:,1),1:1:length(PM_25),O3(:,2))
title('O3')
%% 计算相对误差
%计算接近程度为1时说明国控点与自建点数据一致
figure('name','相对误差','NumberTitle','off')
hold on
for i=1:6
    subplot(6,1,i)
    if i==1
        a=PM_25(:,1);b=PM_25(:,2);
        J{1,i}=abs(a-b)./a; %计算相对误差
        plot(J{1,i})
        title('PM2.5')
    elseif i==2
        a=PM_10(:,1);b=PM_10(:,2);
        J{1,i}=abs(a-b)./a;
        plot(J{1,i})
        title('PM10')
    elseif i==3
        a=CO(:,1);b=CO(:,2);
        J{1,i}=abs(a-b)./a;
        plot(J{1,i})
        title('CO')
    elseif i==4
        a=NO2(:,1);b=NO2(:,2);
        J{1,i}=abs(a-b)./a;
        plot(J{1,i})
        title('NO2')
```

```
    elseif i==5
        a=SO2(:,1);b=SO2(:,2);
        J{1,i}=abs(a-b)./a;
        plot(J{1,i})
        title('SO2')
    elseif i==6
        a=O3(:,1);b=O3(:,2);
        J{1,i}=abs(a-b)./a;
        plot(J{1,i})
        title('O3')
    end
    %计算特征值,顺序为最大值、最小值、平均值、中位数
    J{2,i}=[max(J{1,i}),min(J{1,i}),mean(J{1,i}),median(J{1,i})];
end

%以一个小时为步长,在附件2中寻找5022个样本点
%利用三次样条插值对附件1缺失数据进行
clc,clear,close all
load 附件1.mat
load 附件2.mat
%% 数据校准(线性插值替代原数据)
%错误数据
%国控点数据 PM10 第2141(985)、3214(985)
%自建点数据 SO2 第1528(930)、1531(1103)、1532(516)
%校准值
%国控点数据 PM10 第2141(28)、3214(80)
%自建点数据 SO2 第1528(18)、1531(30)、1532(30)
DATA1(2141,2)=28;DATA1(3214,2)=80;
DATA2(1528,5)=18;DATA2(1531,5)=30;DATA2(1532,5)=30;
%%
DATA3=zeros(5022,12);
a=zeros(5022,1);
for i=1:5022
    a=DATA1(1,7):0.041666666598758:DATA1(end,7);
    b=abs(DATA2(:,12)-a(i));
    c=min(b);
    d=find(b==c);
    DATA3(i,:)=DATA2(d(1),:);
end
%% 使用线性插值对附件1缺失数据进行补全效果图
```

```
figure('name','缺失值补全','NumberTitle','off')
subplot(2,1,1)
plot(DATA1(:,7),DATA1(:,1))
hold on
plot(DATA3(:,12),DATA3(:,1))
title('线性插值')
legend('国控点数据','自建点数据')
axis ([DATA1(1,7) DATA1(end,7) 0 600]);          %指定坐标最大维度
%% 使用三次样条插值对附件1缺失数据补全
DATA4=zeros(5021,7);
i=1;j=1;
while i<5023
    while j<4200
        if DATA1(j+1,7)-DATA1(j,7)-0.041666666598758<=0.000000000001
            DATA4(i,:)=DATA1(j,:);
            k1=1;
            k2=1;
            break
        else
            GS=round((DATA1(j+1,7)-DATA1(j,7))/0.041666666598758)-1;
                %计算需插值的数量
            X=[DATA1(j,7);DATA1(j+1,7)];
            Y1=DATA1(j:j+1,1);Y2=DATA1(j:j+1,2);Y3=DATA1(j:j+1,3);
            Y4=DATA1(j:j+1,4);Y5=DATA1(j:j+1,5);Y6=DATA1(j:j+1,6);
            XX=(DATA1(j,7)+0.041666666598758:0.041666666598758:DATA1
                (j+1,7)-0.041666666598758);

YY{1,1}=spline(X,Y1,XX);YY{1,2}=spline(X,Y2,XX);YY{1,3}=spline(X,Y3,
    XX); %进行三次样条插值

YY{1,4}=spline(X,Y4,XX);YY{1,5}=spline(X,Y5,XX);YY{1,6}=spline(X,Y6,
    XX);
            for m=1:GS+2
                if m==1
                    DATA4(i+m-1,:)=DATA1(j,:);
                elseif m==GS+2
                    DATA4(i+m-1,:)=DATA1(j+1,:);
                else
                    DATA4(i+m-1,:)=[YY{1,1}(1,m-1),YY{1,2}(1,m-1),YY
                        {1,3}(1,m-1),YY{1,4}(1,m-1),YY{1,5}(1,m-1),
```

```
                          YY{1,6}(1,m-1),XX(m-1),];
                end
            end
            k1=GS+1;
            k2=1;
            break
        end
    end
    i=i+k1;j=j+k2;
end
subplot(2,1,2)
title('三次样条插值')
plot(DATA4(:,7),DATA4(:,1))
hold on
plot(DATA3(:,12),DATA3(:,1))
legend('国控点数据','自建点数据')
axis ([DATA1(1,7) DATA1(end,7) 0 600]);        %指定坐标最大维度
```

程序清单 5-9　绘制数据对应的统计直方图

程序文件 code5_4_3.m

```
%绘制附件1，附件2中数据对应的统计直方图
clc,clear,close all
load 附件1.mat
load 数据1.mat
%% 绘制附件1各污染物统计直方图
figure('name','国控点各污染物统计直方图','NumberTitle','off')
for i=1:6
    subplot(2,3,i)
    X=DATA1(:,i);
    histogram(X,50,'EdgeColor','c')
    if i==1
        xlabel('PM2.5')
        title('PM2.5统计直方图')
    elseif i==2
        xlabel('P10')
        title('PM10统计直方图')
    elseif i==3
        xlabel('CO')
        title('CO统计直方图')
```

```
    elseif i==4
        xlabel('NO2')
        title('NO2统计直方图')
    elseif i==5
        xlabel('SO2')
        title('SO2统计直方图')
    elseif i==6
        xlabel('O3')
        title('O3统计直方图')
    end
    ylabel('频率')    %绘制坐标系
end
%% 绘制附件2各污染物统计直方图
figure('name','自建点各污染物统计直方图','NumberTitle','off')
for i=1:6
    subplot(2,3,i)
    X=DATA3(:,i);
    histogram(X,50,'EdgeColor','c')
    if i==1
        xlabel('PM2.5')
        title('PM2.5统计直方图')
    elseif i==2
        xlabel('P10')
        title('PM10统计直方图')
    elseif i==3
        xlabel('CO')
        title('CO统计直方图')
    elseif i==4
        xlabel('NO2')
        title('NO2统计直方图')
    elseif i==5
        xlabel('SO2')
        title('SO2统计直方图')
    elseif i==6
        xlabel('O3')
        title('O3统计直方图')
    end
    ylabel('频率')    %绘制坐标系
end
```

程序清单 5-10　寻找自建点数据差异

程序文件 code5_4_4.m

```
%分析附件1与找出的4200个自建点数据差异
clc,clear,close all
load 附件1.mat
load 数据1.mat
PM_25=[];PM_10=[];CO=[];
NO2=[];SO2=[];O3=[];
PM_25(:,1)=DATA1(:,1);PM_25(:,2)=DATA3(:,1);
PM_10(:,1)=DATA1(:,2);PM_10(:,2)=DATA3(:,2);
CO(:,1)=DATA1(:,3);CO(:,2)=DATA3(:,3);
NO2(:,1)=DATA1(:,4);NO2(:,2)=DATA3(:,4);
SO2(:,1)=DATA1(:,5);SO2(:,2)=DATA3(:,5);
O3(:,1)=DATA1(:,6);O3(:,2)=DATA3(:,6);
%% 计算相对误差
%计算接近程度为1时说明国控点与自建点数据一致
figure('name','相对误差','NumberTitle','off')
hold on
for i=1:6
    subplot(6,1,i)
    if i==1
        a=PM_25(:,1);b=PM_25(:,2);
        J{1,i}=abs(a-b)./a; %计算相对误差
        plot(J{1,i})
        title('PM2.5')
    elseif i==2
        a=PM_10(:,1);b=PM_10(:,2);
        J{1,i}=abs(a-b)./a;
        plot(J{1,i})
        title('PM10')
    elseif i==3
        a=CO(:,1);b=CO(:,2);
        J{1,i}=abs(a-b)./a;
        plot(J{1,i})
        title('CO')
    elseif i==4
        a=NO2(:,1);b=NO2(:,2);
        J{1,i}=abs(a-b)./a;
        plot(J{1,i})
        title('NO2')
```

```
    elseif i==5
        a=SO2(:,1);b=SO2(:,2);
        J{1,i}=abs(a-b)./a;
        plot(J{1,i})
        title('SO2')
    elseif i==6
        a=O3(:,1);b=O3(:,2);
        J{1,i}=abs(a-b)./a;
        plot(J{1,i})
        title('O3')
    end
    %计算特征值,顺序为最大值、最小值、平均值、中位数
    J{2,i}=[max(J{1,i}),min(J{1,i}),mean(J{1,i}),median(J{1,i})];
end
```

程序清单 5-11　探究气象因子影响因素

程序文件 code5_4_5.m

```
%计算五个空气指标对六个监测值的影响
clc,clear,close all
load 数据2.mat
A=DATA4(:,1)-DATA4(:,8);
B=DATA4(:,2)-DATA4(:,9);
C=DATA4(:,3)-DATA4(:,10);
D=DATA4(:,4)-DATA4(:,11);
E=DATA4(:,5)-DATA4(:,12);
F=DATA4(:,6)-DATA4(:,13);
A1=DATA4(:,14);A2=DATA4(:,15);A3=DATA4(:,16);
A4=DATA4(:,17);A5=DATA4(:,18);
B1=unique(A1);%风速
B2=unique(A2);%压强
B3=unique(A3);%降雨量
B4=unique(A4);%温度
B5=unique(A5);%湿度
%% 风速的影响
for i=1:length(B1)
    a=find(A1==B1(i));
for j=1:length(a)
    a1(j,1)=A(a(j));
    a2(j,1)=B(a(j));
```

```
        a3(j,1)=C(a(j));
        a4(j,1)=D(a(j));
        a5(j,1)=E(a(j));
        a6(j,1)=F(a(j));
end
B1(i,2:7)=[mean(a1),mean(a2),mean(a3),mean(a4),mean(a5),mean(a6)];
clear a1 a2 a3 a4 a5 a6
end
%% 压强的影响
for i=1:length(B2)
    a=find(A2==B2(i));
for j=1:length(a)
    a1(j,1)=A(a(j));
    a2(j,1)=B(a(j));
    a3(j,1)=C(a(j));
    a4(j,1)=D(a(j));
    a5(j,1)=E(a(j));
    a6(j,1)=F(a(j));
end
B2(i,2:7)=[mean(a1),mean(a2),mean(a3),mean(a4),mean(a5),mean(a6)];
clear a1 a2 a3 a4 a5 a6
end
%% 降雨量
for i=1:length(B3)
    a=find(A3==B3(i));
for j=1:length(a)
    a1(j,1)=A(a(j));
    a2(j,1)=B(a(j));
    a3(j,1)=C(a(j));
    a4(j,1)=D(a(j));
    a5(j,1)=E(a(j));
    a6(j,1)=F(a(j));
end
B3(i,2:7)=[mean(a1),mean(a2),mean(a3),mean(a4),mean(a5),mean(a6)];
clear a1 a2 a3 a4 a5 a6
end
%% 温度的影响
for i=1:length(B4)
    a=find(A4==B4(i));
for j=1:length(a)
```

```
        a1(j,1)=A(a(j));
        a2(j,1)=B(a(j));
        a3(j,1)=C(a(j));
        a4(j,1)=D(a(j));
        a5(j,1)=E(a(j));
        a6(j,1)=F(a(j));
end
B4(i,2:7)=[mean(a1),mean(a2),mean(a3),mean(a4),mean(a5),mean(a6)];
clear a1 a2 a3 a4 a5 a6
end
%% 湿度的影响
for i=1:length(B5)
    a=find(A5==B5(i));
for j=1:length(a)
    a1(j,1)=A(a(j));
    a2(j,1)=B(a(j));
    a3(j,1)=C(a(j));
    a4(j,1)=D(a(j));
    a5(j,1)=E(a(j));
    a6(j,1)=F(a(j));
end
B5(i,2:7)=[mean(a1),mean(a2),mean(a3),mean(a4),mean(a5),mean(a6)];
clear a1 a2 a3 a4 a5 a6
end
%% 对上述结果可视化
% 风速
figure(1)
C1=[B1(:,1),B1(:,2)];
subplot(2,3,1)
plot(C1(:,1),C1(:,2),'c.');
hold on
NH=polyfit(C1(:,1),C1(:,2),2); %保存系数
Y_1=polyval(NH,C1(:,1));
plot(C1(:,1),Y_1,'r-')
xlabel('风速'),ylabel('偏离值')    %绘制坐标系
title('风速对PM2.5的影响')
a=C1(:,1),b=C1(:,2);
% 压强
C1=[B2(:,1),B2(:,2)];
subplot(2,3,2)
```

```
plot(C1(:,1),C1(:,2),'.','MarkerEdgeColor' ,'[0.52941 0.80784
    0.98039]');
hold on
NH=polyfit(C1(:,1),C1(:,2),3);
Y_1=polyval(NH,C1(:,1));
plot(C1(:,1),Y_1,'r-')
xlabel('压强'),ylabel('偏离值')    %绘制坐标系
title('压强对PM2.5的影响')
a=C1(:,1),b=C1(:,2);
%降雨量
C1=[B3(:,1),B3(:,2)];
subplot(2,3,3)
plot(C1(:,1),C1(:,2),'.','MarkerEdgeColor' ,'[0.57647 0.43922
    0.85882]');
hold on
NH=polyfit(C1(:,1),C1(:,2),2);
Y_1=polyval(NH,C1(:,1));
plot(C1(:,1),Y_1,'r-')
xlabel('降雨量'),ylabel('偏离值')    %绘制坐标系
title('降雨量对PM2.5的影响')
a=C1(:,1),b=C1(:,2);
%温度
C1=[B4(:,1),B4(:,2)];
subplot(2,3,4)
plot(C1(:,1),C1(:,2),'k.');
hold on
NH=polyfit(C1(:,1),C1(:,2),2);
Y_1=polyval(NH,C1(:,1));
plot(C1(:,1),Y_1,'r-')
xlabel('温度'),ylabel('偏离值')    %绘制坐标系
title('温度对PM2.5的影响')
a=C1(:,1),b=C1(:,2);
%湿度
C1=[B5(:,1),B5(:,2)];
subplot(2,3,5)
plot(C1(:,1),C1(:,2),'g.');
hold on
NH=polyfit(C1(:,1),C1(:,2),1);
Y_1=polyval(NH,C1(:,1));
plot(C1(:,1),Y_1,'r-')
```

```
xlabel('湿度'),ylabel('偏离值')    % 绘制坐标系
title('湿度对PM2.5的影响')
a=C1(:,1),b=C1(:,2);
%% PM10
%% 对上述结果可视化
% 风速
figure(2)
C1=[B1(:,1),B1(:,3)];
subplot(2,3,1)
plot(C1(:,1),C1(:,2),'c.');
hold on
NH=polyfit(C1(:,1),C1(:,2),2); %保存系数
Y_1=polyval(NH,C1(:,1));
plot(C1(:,1),Y_1,'r-')
xlabel('风速'),ylabel('偏离值')    % 绘制坐标系
title('风速对PM10的影响')
a=C1(:,1),b=C1(:,2);
% 压强
C1=[B2(:,1),B2(:,3)];
subplot(2,3,2)
plot(C1(:,1),C1(:,2),'.','MarkerEdgeColor' ,'[0.52941 0.80784
    0.98039]');
hold on
NH=polyfit(C1(:,1),C1(:,2),3);
Y_1=polyval(NH,C1(:,1));
plot(C1(:,1),Y_1,'r-')
xlabel('压强'),ylabel('偏离值')    % 绘制坐标系
title('压强对PM10的影响')
a=C1(:,1),b=C1(:,2);
% 降雨量
C1=[B3(:,1),B3(:,3)];
subplot(2,3,3)
plot(C1(:,1),C1(:,2),'.','MarkerEdgeColor' ,'[0.57647 0.43922
    0.85882]');
hold on
NH=polyfit(C1(:,1),C1(:,2),2);
Y_1=polyval(NH,C1(:,1));
plot(C1(:,1),Y_1,'r-')
xlabel('降雨量'),ylabel('偏离值')    % 绘制坐标系
title('降雨量对PM10的影响')
```

```
a=C1(:,1),b=C1(:,2);
% 温度
C1=[B4(:,1),B4(:,3)];
subplot(2,3,4)
plot(C1(:,1),C1(:,2),'k.');
hold on
NH=polyfit(C1(:,1),C1(:,2),2);
Y_1=polyval(NH,C1(:,1));
plot(C1(:,1),Y_1,'r-')
xlabel('温度'),ylabel('偏离值')      % 绘制坐标系
title('温度对PM10的影响')
a=C1(:,1),b=C1(:,2);
% 湿度
C1=[B5(:,1),B5(:,3)];
subplot(2,3,5)
plot(C1(:,1),C1(:,2),'g.');
hold on
NH=polyfit(C1(:,1),C1(:,2),1);
Y_1=polyval(NH,C1(:,1));
plot(C1(:,1),Y_1,'r-')
xlabel('湿度'),ylabel('偏离值')      % 绘制坐标系
title('湿度对PM10的影响')
a=C1(:,1),b=C1(:,2);
%% CO
%% 对上述结果可视化
% 风速
figure(3)
C1=[B1(:,1),B1(:,4)];
subplot(2,3,1)
plot(C1(:,1),C1(:,2),'c.');
hold on
NH=polyfit(C1(:,1),C1(:,2),2); %保存系数
Y_1=polyval(NH,C1(:,1));
plot(C1(:,1),Y_1,'r-')
xlabel('风速'),ylabel('偏离值')      % 绘制坐标系
title('风速对CO的影响')
a=C1(:,1),b=C1(:,2);
% 压强
C1=[B2(:,1),B2(:,4)];
subplot(2,3,2)
```

```
plot(C1(:,1),C1(:,2),'.','MarkerEdgeColor' ,'[0.52941 0.80784
    0.98039]');
hold on
NH=polyfit(C1(:,1),C1(:,2),3);
Y_1=polyval(NH,C1(:,1));
plot(C1(:,1),Y_1,'r-')
xlabel('压强'),ylabel('偏离值')    %绘制坐标系
title('压强对CO的影响')
a=C1(:,1),b=C1(:,2);
%降雨量
C1=[B3(:,1),B3(:,4)];
subplot(2,3,3)
plot(C1(:,1),C1(:,2),'.','MarkerEdgeColor' ,'[0.57647 0.43922
    0.85882]');
hold on
NH=polyfit(C1(:,1),C1(:,2),2);
Y_1=polyval(NH,C1(:,1));
plot(C1(:,1),Y_1,'r-')
xlabel('降雨量'),ylabel('偏离值')    %绘制坐标系
title('降雨量对CO的影响')
a=C1(:,1),b=C1(:,2);
%温度
C1=[B4(:,1),B4(:,4)];
subplot(2,3,4)
plot(C1(:,1),C1(:,2),'k.');
hold on
NH=polyfit(C1(:,1),C1(:,2),2);
Y_1=polyval(NH,C1(:,1));
plot(C1(:,1),Y_1,'r-')
xlabel('温度'),ylabel('偏离值')    %绘制坐标系
title('温度对CO的影响')
a=C1(:,1),b=C1(:,2);
%湿度
C1=[B5(:,1),B5(:,4)];
subplot(2,3,5)
plot(C1(:,1),C1(:,2),'g.');
hold on
NH=polyfit(C1(:,1),C1(:,2),2);
Y_1=polyval(NH,C1(:,1));
plot(C1(:,1),Y_1,'r-')
```

```
xlabel('湿度'),ylabel('偏离值')    %绘制坐标系
title('湿度对CO的影响')
a=C1(:,1),b=C1(:,2);
%% NO2
%% 对上述结果可视化
% 风速
figure(4)
C1=[B1(:,1),B1(:,5)];
subplot(2,3,1)
plot(C1(:,1),C1(:,2),'c.');
hold on
NH=polyfit(C1(:,1),C1(:,2),2); %保存系数
Y_1=polyval(NH,C1(:,1));
plot(C1(:,1),Y_1,'r-')
xlabel('风速'),ylabel('偏离值')    %绘制坐标系
title('风速对NO2的影响')
a=C1(:,1),b=C1(:,2);
%压强
C1=[B2(:,1),B2(:,5)];
subplot(2,3,2)
plot(C1(:,1),C1(:,2),'.','MarkerEdgeColor' ,'[0.52941 0.80784
    0.98039]');
hold on
NH=polyfit(C1(:,1),C1(:,2),3);
Y_1=polyval(NH,C1(:,1));
plot(C1(:,1),Y_1,'r-')
xlabel('压强'),ylabel('偏离值')    %绘制坐标系
title('压强对NO2的影响')
a=C1(:,1),b=C1(:,2);
%降雨量
C1=[B3(:,1),B3(:,5)];
subplot(2,3,3)
plot(C1(:,1),C1(:,2),'.','MarkerEdgeColor' ,'[0.57647 0.43922
    0.85882]');
hold on
NH=polyfit(C1(:,1),C1(:,2),2);
Y_1=polyval(NH,C1(:,1));
plot(C1(:,1),Y_1,'r-')
xlabel('降雨量'),ylabel('偏离值')    %绘制坐标系
title('降雨量对NO2的影响')
```

```
a=C1(:,1),b=C1(:,2);
%温度
C1=[B4(:,1),B4(:,5)];
subplot(2,3,4)
plot(C1(:,1),C1(:,2),'k.');
hold on
NH=polyfit(C1(:,1),C1(:,2),2);
Y_1=polyval(NH,C1(:,1));
plot(C1(:,1),Y_1,'r-')
xlabel('温度'),ylabel('偏离值')     %绘制坐标系
title('温度对NO2的影响')
a=C1(:,1),b=C1(:,2);
%湿度
C1=[B5(:,1),B5(:,5)];
subplot(2,3,5)
plot(C1(:,1),C1(:,2),'g.');
hold on
NH=polyfit(C1(:,1),C1(:,2),2);
Y_1=polyval(NH,C1(:,1));
plot(C1(:,1),Y_1,'r-')
xlabel('湿度'),ylabel('偏离值')     %绘制坐标系
title('湿度对NO2的影响')
a=C1(:,1),b=C1(:,2);
%% SO2
%% 对上述结果可视化
% 风速
figure(5)
C1=[B1(:,1),B1(:,6)];
subplot(2,3,1)
plot(C1(:,1),C1(:,2),'c.');
hold on
NH=polyfit(C1(:,1),C1(:,2),2); %保存系数
Y_1=polyval(NH,C1(:,1));
plot(C1(:,1),Y_1,'r-')
xlabel('风速'),ylabel('偏离值')     %绘制坐标系
title('风速对SO2的影响')
a=C1(:,1),b=C1(:,2);
%压强
C1=[B2(:,1),B2(:,6)];
subplot(2,3,2)
```

```
plot(C1(:,1),C1(:,2),'.','MarkerEdgeColor' ,'[0.52941 0.80784
    0.98039]');
hold on
NH=polyfit(C1(:,1),C1(:,2),3);
Y_1=polyval(NH,C1(:,1));
plot(C1(:,1),Y_1,'r-')
xlabel('压强'),ylabel('偏离值')    %绘制坐标系
title('压强对SO2的影响')
a=C1(:,1),b=C1(:,2);
%降雨量
C1=[B3(:,1),B3(:,6)];
subplot(2,3,3)
plot(C1(:,1),C1(:,2),'.','MarkerEdgeColor' ,'[0.57647 0.43922
    0.85882]');
hold on
NH=polyfit(C1(:,1),C1(:,2),2);
Y_1=polyval(NH,C1(:,1));
plot(C1(:,1),Y_1,'r-')
xlabel('降雨量'),ylabel('偏离值')    %绘制坐标系
title('降雨量对SO2的影响')
a=C1(:,1),b=C1(:,2);
%温度
C1=[B4(:,1),B4(:,6)];
subplot(2,3,4)
plot(C1(:,1),C1(:,2),'k.');
hold on
NH=polyfit(C1(:,1),C1(:,2),2);
Y_1=polyval(NH,C1(:,1));
plot(C1(:,1),Y_1,'r-')
xlabel('温度'),ylabel('偏离值')    %绘制坐标系
title('温度对SO2的影响')
a=C1(:,1),b=C1(:,2);
%湿度
C1=[B5(:,1),B5(:,6)];
subplot(2,3,5)
plot(C1(:,1),C1(:,2),'g.');
hold on
NH=polyfit(C1(:,1),C1(:,2),2);
Y_1=polyval(NH,C1(:,1));
plot(C1(:,1),Y_1,'r-')
```

```matlab
xlabel('湿度'),ylabel('偏离值')    %绘制坐标系
title('湿度对SO2的影响')
a=C1(:,1),b=C1(:,2);
%% O3
%% 对上述结果可视化
% 风速
figure(6)
C1=[B1(:,1),B1(:,7)];
subplot(2,3,1)
plot(C1(:,1),C1(:,2),'c.');
hold on
NH=polyfit(C1(:,1),C1(:,2),2); %保存系数
Y_1=polyval(NH,C1(:,1));
plot(C1(:,1),Y_1,'r-')
xlabel('风速'),ylabel('偏离值')    %绘制坐标系
title('风速对O3的影响')
a=C1(:,1),b=C1(:,2);
%压强
C1=[B2(:,1),B2(:,7)];
subplot(2,3,2)
plot(C1(:,1),C1(:,2),'.','MarkerEdgeColor' ,'[0.52941 0.80784
    0.98039]');
hold on
NH=polyfit(C1(:,1),C1(:,2),3);
Y_1=polyval(NH,C1(:,1));
plot(C1(:,1),Y_1,'r-')
xlabel('压强'),ylabel('偏离值')    %绘制坐标系
title('压强对O3的影响')
a=C1(:,1),b=C1(:,2);
%降雨量
C1=[B3(:,1),B3(:,7)];
subplot(2,3,3)
plot(C1(:,1),C1(:,2),'.','MarkerEdgeColor' ,'[0.57647 0.43922
    0.85882]');
hold on
NH=polyfit(C1(:,1),C1(:,2),2);
Y_1=polyval(NH,C1(:,1));
plot(C1(:,1),Y_1,'r-')
xlabel('降雨量'),ylabel('偏离值')    %绘制坐标系
title('降雨量对O3的影响')
```

```
a=C1(:,1),b=C1(:,2);
%温度
C1=[B4(:,1),B4(:,7)];
subplot(2,3,4)
plot(C1(:,1),C1(:,2),'k.');
hold on
NH=polyfit(C1(:,1),C1(:,2),2);
Y_1=polyval(NH,C1(:,1));
plot(C1(:,1),Y_1,'r-')
xlabel('温度'),ylabel('偏离值')     %绘制坐标系
title('温度对O3的影响')
a=C1(:,1),b=C1(:,2);
%湿度
C1=[B5(:,1),B5(:,7)];
subplot(2,3,5)
plot(C1(:,1),C1(:,2),'g.');
hold on
NH=polyfit(C1(:,1),C1(:,2),2);
Y_1=polyval(NH,C1(:,1));
plot(C1(:,1),Y_1,'r-')
xlabel('湿度'),ylabel('偏离值')     %绘制坐标系
title('湿度对O3的影响')
a=C1(:,1),b=C1(:,2);
```

程序清单 5-12　神经网络校准数据

程序文件 code5_4_6.m

```
clc,clear,close all
% All_error=[];%所有误差存储
%% 数据分类
%数据格式应为列数据  一列为一个样本
load '数据2.mat'
gkd=DATA4(:,[1:6]);%国控点
T=gkd(:,5);%国控点PM2.5数据
% zjd=DATA4(:,[8:13]);%自建点
% P=zjd(:,[1:6]);%自建点PM2.5数据
load P % P输入数据
% load T % T输出数据
temp=randperm(size(P,1))'; %将数据进行打乱(随机)
%70%数据为训练数据  15%为测试数据  15%为验证数据
```

```matlab
% 训练集
number_train=ceil(length(temp)*0.9);% 取85% 数据作为训练数据
P_train=P(temp(1:number_train),:)';
T_train=T(temp(1:number_train),:)';
% 测试集
number_test=length(temp)-number_train;
P_test=P(temp(number_train+1:number_train+number_test),:)';
T_test=T(temp(number_train+1:number_train+number_test),:)';
N=size(P_test,2);
%% 归一化
% 若数据同号,一般选择[0,1]区间, 否则选择[-1,1]
NOR=1; % 为1时候选择[0,1]区间
if NOR==1
    [p_train,ps_input]=mapminmax(P_train,0,1);
    p_test=mapminmax('apply',P_test,ps_input);
    [t_train,ps_output]=mapminmax(T_train,0,1);
    t_test=mapminmax('apply',T_test,ps_output);
else
    [p_train,ps_input]=mapminmax(P_train,-1,1);
    p_test=mapminmax('apply',P_test,ps_input);
    [t_train,ps_output]=mapminmax(T_train,-1,1);
    t_test=mapminmax('apply',T_test,ps_output);
end
%% 创建网络
NodeNum1=48;    % 隐层第一层节点数
NodeNum2=24;    % 隐层第二层节点数
NodeNum3=48;    % 隐层第二层节点数
%TypeNum=2;     % 输出维数
TF1 = 'logsig';TF2 = 'purelin'; TF3 = 'purelin';    %各层传输函数,
TF4 = 'purelin';    %TF4为输出层传输函数
% 如果训练结果不理想,可以尝试更改传输函数,以下这些是各类传输函数
%TF1 = 'tansig';TF2 = 'logsig';
%TF1 = 'logsig';TF2 = 'purelin';
%TF1 = 'tansig';TF2 = 'tansig';
%TF1 = 'logsig';TF2 = 'logsig';
%TF1 = 'purelin';TF2 = 'purelin';
% compet---竞争型传递函数;
% hardlim---阈值型传递函数;
% hardlims---对称阈值型传输函数;
% logsig---S型传输函数;
```

```
%  poslin---正线性传输函数;
%  purelin---线性传输函数;
%  radbas---径向基传输函数;
%  satlin---饱和线性传输函数;
%  satlins---饱和对称线性传输函数;
%  softmax---柔性最大值传输函数;
%  tanhsig---双曲正切S型传输函数;
%  tribas---三角形径向基传输函数;net.trainFcn = 'trainlm'
net=newff(p_train,t_train,[NodeNum1],{TF1 TF2},'traincgf');%网络创
    建
%设置训练参数
net.trainParam.show=25;    %显示的间隔次数(NaN表示不显示,缺省为25)
net.trainParam.epochs=100000;   %训练次数设置(缺省为1000)
net.trainParam.time=Inf;   %最大训练时间(缺省为inf)
net.trainParam.goal=0.001;   %训练目标设置(缺省为0)
%net.trainParam.min_grad=1e-05;   %最小梯度要求(缺省为1e-5)
net.trainParam.max_fail=6;%   最大失败次数(缺省为6)
net.trainParam.lr=0.01;%(缺省为0.01)学习率设置,应设置为较小值,太大
    虽然会在开始加快收敛速度,但临近最佳点时,会产生动荡,而致使无法收
    敛
%net.trainParam.lr_inc=1.05;   %学习率lr增长比(缺省为1.05)
%net.trainParam.lr_dec=0.7;   %学习率lr下降比(缺省为0.7)
%net.trainParam.max_perf_inc=1.04;   %表现函数增加最大比(缺省为1
    .04)
%net.trainParam.mc=0.9;%动量因子的设置(缺省0.9)
%训练网络
[net,tr]=train(net,p_train,t_train);
%仿真测试
t_sim=sim(net,p_test);
%数据反归一化
T_sim=mapminmax('reverse',t_sim,ps_output);
%性能评价
error=mean(abs(T_sim-T_test)./T_test)
%% 可视化结果
plot(1:N,T_test,'b-')
hold on
plot(1:N,T_sim,'r--')
legend('测试值','仿真值') %添加线条注释
```

案例 5　基于大数据技术的校园供水系统漏损分析研究

摘　　要

发现并解决校园供水系统中存在的问题, 对提高校园服务和管理水平有实际意义. 本文围绕校园供水系统的智能管理问题, 基于供水管网的全部智能水表实时数据, 对管网漏损进行量化与定位, 并根据供水管网的漏损情况及维修成本确定了最优的维修决策方案.

针对问题一, 首先, 运用 SPSS 软件对附件中的不合理数据进行处理, 并计算了有效数据的完整率为 91.54%; 其次, 将所有水表划分成宿舍区、教学区、办公区、食堂 4 个功能区, 并选取教学大楼、第一学生宿舍具有代表性的水表进行描述性统计; 最后, 得出教学大楼和第一学生宿舍网管存在漏损.

针对问题二, 首先基于水表层级关系绘制关于水表连接关系的拓扑示意图; 然后, 结合生活常识, 本级水表用量总和应该等于上一级水表的记数, 从而构建了水表数据之间的关系模型; 最后, 给出了关系模型的绝对误差和平均相对误差的计算公式, 并计算得出 401X、403X、405X 水表的平均相对误差为 10.5%, 4.3%, 360.1%.

针对问题三, 首先将水表计量与实际用水量的差与实际用水量之间的比值作为漏损率, 其次, 计算各个供水区域的漏损率, 并根据计算结果对区域的漏损率进行排序, 排序的结果为 40134X 水表区域的管网在 2019 年 9 月 20 日的漏损率最高, 为 50%.

针对问题四, 首先基于统计方法来确定漏损率处于正常范围的阈值, 并将大于 1% 则作为漏损的判定; 其次, 本文以周期时间内, 该漏损频次达到一定的次数时, 判定该管网存在漏损现象, 并对其上级的一级水表进行预警; 接着, 给出了频数统计和预警模型; 最后, 给出漏损定位方法, 并得出一级水表与二级水表之间的管网漏损率整体上远高于二级, 说明水表层级越高漏损越严重.

针对问题五, 首先由问题四可以得知所有会出现损漏的地点; 其次, 明确维修成本分为材料与维护成本且本文拟利用口径分析对维护成本进行预估; 再次, 考虑到模型的普适性, 本文以 8 天为周期、假设漏点能一次性检测到, 构建以维修成本与管网漏损量最小为目标函数, 每天只对一个漏点进行维护的为约束的0-1 规划模型; 最后, 利用 LINGO 软件对其进行求解, 得出的排班方案详细见正文.

关键词: 校园供水系统; 大数据处理技术; 水网漏损

1　问 题 重 述

1.1　问题背景

校园供水系统是校园公用设施的重要组成部分, 学校为了保障校园供水系统的正常运行需要投入大量的人力、物力和财力. 随着科学技术的发展, 校园内已经普遍使用了智能水表, 从而可以获得大量的实时供水系统运行数据. 后勤部门希望基于这些数据, 通过数学建模和数据挖掘及时发现和解决供水系统中存在的问题, 提高校园服务和管理水平.

1.2　问题的提出

附件是某校区水表层级关系以及所有水表四个季度的读数 (以一定时间为间隔, 如 15 分钟) 与相应的用水数据. 请利用这些信息和数据, 建立数学模型, 讨论以下问题.

问题一: 统计、分析各个水表数据的变化规律, 并给出校园内不同功能区 (宿舍、教学楼、办公楼、食堂等) 的用水特征.

问题二: 结合校区水表层级关系, 建立水表数据之间的关系模型, 并利用已有数据分析模型误差.

问题三: 输水管网的漏损是一个严重问题. 资料显示, 在维护良好的公共供水网络中, 平均失水在 5% 左右; 而在比较老旧的管网中, 失水则会更多. 请利用附件提供的数据, 建立数学模型, 分析该校园供水管网的漏损情况.

问题四: 地下水管暗漏不容易被发现, 需要花费大量人力对供水管道的漏损进行检测及定位, 如果能够从水表的实时数据及时发现并确定发生漏损的位置, 将极为有益. 请帮助学校解决这个问题.

问题五: 管网维修需要一定的人工费和材料费, 但同时可以降低管网漏损程度. 请根据以上结果和你了解的水价及维修成本确定管网漏损的最优维修决策方案.

2　问 题 分 析

2.1　问题一的分析

问题需要根据已有季度用水数据以及水表层级数据分析宿舍、教学楼、办公楼、食堂的用水特征.

首先, 通过观察附件中的水表读数与相应的用水数据表可以发现存在异常数据, 所以在解决本文问题前需要对数据进行预处理. 考虑到可能由于人为收集或者录入的失误, 出现了实际用水量与记录用水量存在偏差的问题, 为保证数据的准确性, 应先将其找出并使用一定的方法对其进行修正处理.

其次, 水表数据在一定程度上反映了人的用水活动, 人的活动大体上是规律的, 因此用水活动也是规律的, 通过可视化的描述性统计, 挖掘学校用水活动的规律, 从而减少人的用水活动对水的漏损观测造成的干扰; 然后, 基于水表信息进行功能区的划分, 选取各功能区具有代表性的水表; 最后, 对水表数据进行可视化的描述性统计, 分析各个功能区的用水规律并找出异常数据点, 并分析其原因.

2.2　问题二的分析

该问题要求结合水表层级关系, 建立水表数据之间的关系模型, 并利用已有数据分析模型的误差.

首先, 明确各个水表的层级及其隶属关系; 其次, 根据明确的水表之间的隶属关系可知一级水表下包含着若干个二级水表, 二级水表下包含着若干个三级水表, 基于一般生活常理可知, 在一定的时间段内, 一级水表的用水量数据会与所下属的各二级水表的用水数据量的总和相吻合; 其次, 基于上述规律, 我们给出水表层级数据的关系模型; 最后, 对模型的误差进行分析, 若误差较大, 则可能管网的漏损较为严重.

2.3　问题三的分析

该问要求根据题目所提供的数据, 建立数学模型, 分析该校园供水网的漏损情况.

首先, 对漏损的情况进行分析, 在输水网管中一级水表为水分流的一个节点, 各个分支水流量由一级水表下各二级水表计量. 若一级水表所记录的用水量与一级水表所连接的二级水表的用水量总和不符, 那么可能就是在一级水表与二级水表之间的输水管道出现了漏损的情况. 基于此, 本文引入一个漏损率的定义, 为上级水表和子水表用水量的差与子水表的比值.

然后, 根据上述定义给出相应的计算模型, 并综合利用 Excel 与 SPSS 软件统计各个水表所对应输送网管的漏损率.

最后, 可根据计算出的漏损率判断各输送水管的漏损情况, 并判断校园供水管网中哪些区域的漏损较为严重, 具体的漏损量等, 依次进行相应的分析, 为后文的维修方案的制定做好铺垫工作.

2.4　问题四的分析

该问要求根据水表中的实时数据, 对管道的漏损进行检测与维修, 并确定发生漏损的位置. 首先, 我们基于问题三的计算模型, 对各级水表进行漏损偏差统计,对漏损率超过总体漏损率的时间点和地点判定其发生漏损现象, 根据偏差统计划分风险等级, 给出供水网管中, 可能出现漏损的位置及概率.

2.5　问题五的分析

问题五要求根据所了解的水价及维修成本确定管网漏损的最优决策方案, 首先, 充分利用互联网的便利性, 收集网管维修的人工费与材料费; 其次, 漏损率较多的水管其流失的水量也是较多的, 因此若要对管网进行维修首先应考虑对该类网管进行维修; 再次, 根据其水的漏损率并根据了解的水价与维修成本, 若损失的水量所对应的价格比维修成本低, 则不考虑将其进行维修, 基于此可引入 0-1 规划模型, 对某段水管进行维修则为 1, 不修则为 0, 由此构建相应的约束条件, 并对模型进行求解; 最后, 得出相应的最优方案.

3　模 型 假 设

(1) 假设水表读数都是准确的;
(2) 假设水管受气温的影响较少;
(3) 假设水管都能达到水表层之间的使用要求;
(4) 假设每天只能对一个漏点进行维修.

4　符 号 说 明

符号	单位	含义
x_{ij}	—	第 i 个漏点第 j 天是否进行维护
B_{ij}	元	第 i 个漏点第 j 天失水损失费
C_i	元	第 i 个漏点的维护成本

注: 其余使用符号在后文使用中进行说明.

5　模型的建立与求解

5.1　数据预处理

通过观察水表四个季度的读数与相应的用水数据可以发现存在一些不合理数据, 为提高数据建模的执行效率, 应先找出不合理数据然后再对其进行一定的处理. 首先, 可能由于水表的计量出现偏差或人为收集的失误, 出现实际用水量与理论用水量不符的情况, 为保证数据的合理性与完备性, 可先将不合理数据找出然后采用相应的方法对其进行修正.

然后, 利用 SPSS 软件对附件中的不合理数据找出, 并对进行修正的不合理数据以及合理数据进行统计, 进而计算有效数据的完整率并说明数据的质量, 统计结果如表 5-69 所示.

表 5-69　各类数据占比表

季节	第一季度	第二季度	第三季度	第四季度
总数据	729283	778195	791844	787466
不合理数据	53476	52921	62576	82753
占比	7.33%	8.09%	7.90%	10.51%

由表 5-69 可知, 各个季度的不合理数据都在 10.51% 之内, 一般认为不合理数据占比小于 10%, 则数据的质量是较好的, 可见该批数据的数据完整率较高且数据的有效性较强. 对于不合理进行一定的修正处理, 即对实际用量与记录用量不符的数据进行修正. 首先, 计算每个时间段的实际用水量, 即

$$实际用水数量 = 当前读数 - 上次读数 \tag{5-39}$$

然后, 结合上述公式并利用 SPSS 软件计算出各个水表在一定时间段内的实际用水数据, 将其与记录用量进行比较, 若两者不符, 则将记录用量修正为实际用水量, 修正后的部分数据如表 5-70 所示.

表 5-70　部分水用量修正后数据

水表名	水表号	采集时间	上次读数	当前读数	用量
司法鉴定中心	0	2019/1/2 12:15:00	2157.22	2157.23	0.01
XXX8 舍热泵	183671860	2019/1/1 20:15:00	6967.69	6967.78	0.09
XXX4 舍热泵热水	1836718625	2019/3/25 16:15:00	26792.01	26792.24	0.23
XXX 植物园	3160300300	2019/2/24 08:45:00	1437.12	1437.12	0
XXX 干训楼	3210100100	2019/1/22 15:15:00	82377.62	82377.72	0.1
XXXT 馆后平房	3290100300	2019/3/1 17:15:00	13738.91	13738.93	0.02
XXX 国际纳米研究所	3315400100	2019/3/1 16:15:00	5292.69	5292.72	0.03
XXX 第三学生宿舍	3320100300	2019/3/26 05:30:00	75999.33	75999.65	0.32
纳米楼厕所 +	3620302300	2019/3/26 11:15:00	86.7	86.72	0.02
XXX 第七学生宿舍	3320100700	2019/1/1 00:45:00	31134.05	31134.16	0.11

由表 5-70 可知, 部分用水量修正后数据. 其中, 司法鉴定中心在 2019 年 1 月 2 日 12 点 0 分至 15 分的用水量为 0.01, 其余的以此类推. 后文的计算工作都基于此数据进行.

5.2　问题一模型的建立与求解

　　水表数据反映了人的用水活动,对数据进行描述性统计再进行可视化分析,挖掘学校用水活动的规律,从而减少人的用水活动对水的漏损观测造成的干扰.我们首先基于水表信息进行功能区的划分,然后选取各功能区具有代表性的水表,最后利用大数据处理技术对月的水表用水数据进行可视化的描述性统计.

　　根据所采集的水表层级关系数据,以名称相似、功能相同的划分原则,将所有水表划分成宿舍区、教学区、办公区、食堂 4 个功能区.通常情况下,同一功能区水表所体现的用水规律都存在共性,故本文拟选取各功能区具有代表性的水表进行描述性统计,分析其用水活动规律,并对水管漏损进行初步分析.然后绘制代表性功能区的用水情况箱线图和变化趋势图,如图 5-78 和图 5-79 所示.

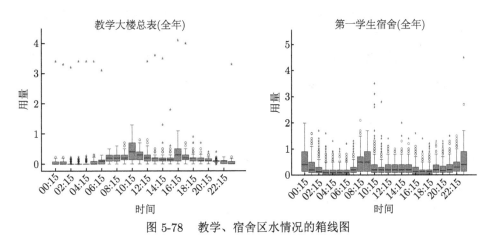

图 5-78　教学、宿舍区水情况的箱线图

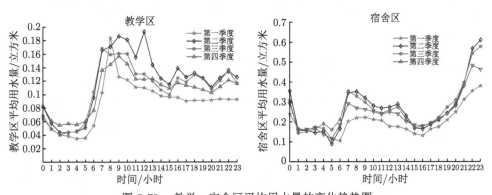

图 5-79　教学、宿舍区平均用水量的变化趋势图

　　通过对图 5-78 和图 5-79 分析,发现教学和宿舍功能区的用水特征为:

　　教学区的箱线图存在异常现象, 异常点反映用水异常, 夜晚各时间段异常用水量较为均衡, 可能是水管漏损, 需要引起重视; 该区域用水量在一天内波动较大, 高低起伏, 用水活动存在高低峰期, 高峰期为白天, 低峰期为夜晚 9 点至次日 5 点, 白天用水高于夜晚; 季节性明显, 第一季度用水较少, 第二季度用水较多, 说明师生寒暑假期间用水少, 上课期间用水多.

　　宿舍区出现异常点, 用水异常点多发生于白天, 说明存在水管漏损现象; 该功能区的用水特征与学生的学习生活作息呈一致性, 课余期间用水增加, 上课期间用水少; 不同季度的用水趋势一致, 说明宿舍用水受节假日和气候的影响明显.

　　其余两个功能区的用水特征为:

　　食堂的用水特征明显, 制作一日三餐期间用水多, 夜晚用水少, 第一季度用水少, 第四季度用水多; 用水异常点多在夜间, 夜间用水活动较少, 而出现异常现象, 说明水管可能发生漏损.

　　办公区白天用水多, 夜晚少; 而异常点分布趋于同一水平线上, 漏水可能性大.

5.3　问题二模型的建立与求解

5.3.1　基于水表层级关系绘制拓扑关系图

　　根据校区水表层级关系表统计得出该校园共有一级水表有 11 个、二级水表有 51 个、三级水表有 25 个、四级水表有 4 个, 根据水表层级关系绘制出水网的拓扑结构图, 显示各水表之间的层级关系, 如图 5-80 所示.

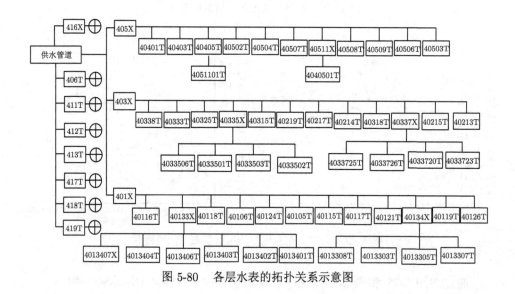

图 5-80　各层水表的拓扑关系示意图

5.3.2　水表数据之间关系模型的建立

从理论上讲, 本级水表用量总和应该等于上一级水表的记数. 所以我们定义水表数据之间的模型为

$$X_m = \sum_{j=1}^{k} R_{m+1j} \tag{5-40}$$

其中, X_m 为上一级水表用水总量, k 为一级水表下对应二级水表数量, R_{m+1j} 为本级水表用量总和.

5.3.3　模型的误差分析

若实际情况与理论上不符, 则可能是水表记数出现错误或该水表隶属的管网存在漏损. 我们绘制了一级水表 401X、403X、405X 水表在一天内的用水总量与其所下属的二级水表每天用水量总和变化关系图, 并仔细观察图 5-81 特征, 对漏损情况进行分析.

仔细观察图 5-81 可知水表的总用水量以及与其下属水表用水量总和的变化趋势.

一级水表 401X 每天总用水量与其对应的二级水表的每天总用水量较多是相一致的, 说明该水表区域的管网维护得较好. 部分天数中存在一级水表数据大于二级水表数据的情况, 说明该管网也会发生漏损. 403X、405X 水表也存在着相类似的情况. 值得注意的是, 405X 水表的记数出现了几次明显的错误, 在后续对模型的误差进行分析时, 可将其做剔除处理.

我们认为当本级水表用量总和不等于上一级水表的记数时, 模型出现误差, 绝对误差计算公式为

$$RE = \frac{\left| X_m - \sum_{j=1}^{k} R_{m+1j} \right|}{X_m} + \varepsilon \tag{5-41}$$

$$MRE = \frac{RE}{n} \tag{5-42}$$

其中, RE 为绝对误差, MRE 为平均相对误差, n 为数据记录的天数.

利用上述模型, 计算得出各水表的平均相对误差为 10.5%, 4.3%, 360.1%.

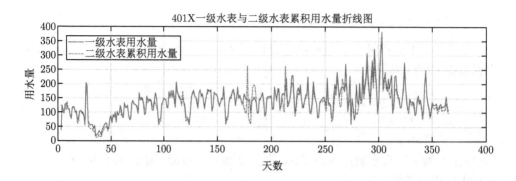

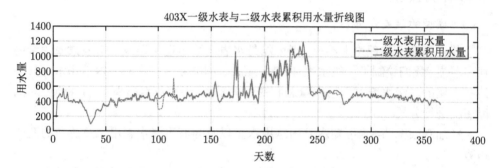

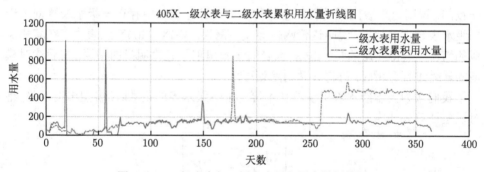

图 5-81   一级水表与二级水表累积用水量折线图

5.4   问题三模型的建立与求解

为分析供水管网的漏损情况, 本文引入一个漏损率. 根据管网的实际用水量和水表读数之间的关系定义漏损率, 漏损率为水表计量与实际用水量的差与实际用水量之间的比值, 用数学公式表示为

$$L_i = \frac{R_i - X_i}{X_i} \times 100\% \qquad (5\text{-}43)$$

式中: L_i 为在第 i 单位时间内水表的漏损率, R_i 为在第 i 单位时间内水表的计量, X_i 为在第 i 个单位时间内实际用水量. 计算可得各水表漏损情况 (表 5-71).

表 5-71 各水表的漏损率

水表名称	日期	时间段	用水量	漏损率
40134X	2019/9/20	21:00~21:59	1.08	50.00%
40134X	2019/9/20	20:00~20:59	1.07	48.61%
40134X	2019/9/18	6:00~6:59	4.21	61.30%
40134X	2019/9/18	5:00~5:59	5.71	49.87%
……	……	……	……	……
40133X	2019/9/18	9:00~9:59	4.88	62.67%
40133X	2019/9/18	8:00~8:59	2.88	20.00%
40133X	2019/9/18	7:00~7:59	4.28	64.62%

由上表可知, 该校区的供水管网比较老旧, 漏损率普遍较高. 针对漏损率较高的水表, 后勤部门要加强防范, 适当加强其水管维护活动.

5.5 问题四模型的建立与求解

5.5.1 漏损预警模型

输水管网的漏损是一个严重的问题, 不论是维护良好也会存在失水现象, 因此, 将失水率控制在一定范围内属于正常现象. 本文基于统计方法来确定漏损率处于正常范围的阈值, 设各管网的漏损率为连续的随机变量且 X 服从参数为 λ 的指数分布, 其中 $\lambda > 0$ 为常数, 记为 $X \sim E(\lambda)$, 其概率密度为

$$f(x) = \begin{cases} \lambda e^{-\lambda x}, & x > 0 \\ 0, & x \leqslant 0 \end{cases} \tag{5-44}$$

那么, 指数分布的分布函数为

$$F(x) = \begin{cases} 1 - e^{-\lambda x}, & x > 0 \\ 0, & x \leqslant 0 \end{cases} \tag{5-45}$$

对于给定的 $\alpha \in (0,1)$, 定义分布的上 α 分位数, 满足条件

$$p\{e^x > e_\alpha^x(n)\} = \int_{e_\alpha^2(n)}^{\infty} f(x)dx = \alpha \tag{5-46}$$

式中, $e_\alpha^x(n)$ 为指数分布的上 α 分位数.

　　然后对其数据进行检验, 若服从指数分布, 则设各水表用漏损率 X 是取值为正数的连续随机变量, 若 $\ln X \sim N(\mu, \sigma^2)$, X 的概率密度为

$$f(x, \mu, \sigma) = \begin{cases} \dfrac{1}{x\sigma\sqrt{2\pi}}e^{-\frac{(\ln x - \mu)^2}{2\sigma^2}}, & x > 0 \\ 0, & x \leqslant 0 \end{cases} \tag{5-47}$$

则称随机变量 X 服从对数正态分布, 记为 $\ln X \sim N(\mu, \sigma^2)$.

　　设 X 服从对数正态分布, 其密度函数为

$$P(x) = \frac{1}{x\sigma\sqrt{2\pi}}e^{-\frac{(\ln x - \mu)^2}{2\sigma^2}} \tag{5-48}$$

　　对于给定的 $\alpha \in (0, 1)$, 定义对数正态分布的上 α 分位数, 满足条件

$$P\{\chi^2 > \chi^2_\alpha(n)\} = \int_{\chi^2_\alpha(n)}^{\infty} f(x)dx = \alpha \tag{5-49}$$

式中, $\chi^2_\alpha(n)$ 为对数正态分布的上 α 分位数.

　　分别筛选水表数据和损失数据, 判断其是否大于相应分布的上 α 分位, 若大于 1%, 则作为漏损的判定, 系统将自动记录一次. 当在周期时间内, 该漏损频次达到一定的次数时, 可判定该管网存在漏损现象, 则系统自动对其上级的一级水表进行预警. 通过统计漏损频数, 分析管网漏损情况, 统计频数的公式为

$$F = \begin{cases} 1, & X > e_\alpha^x(n) \\ 0, & X \leqslant e_\alpha^x(n) \end{cases} \tag{5-50}$$

式中, F 表示在单位时间内管网是否存在漏损现象, $e_\alpha^x(n)$ 为失水率的阈值.

　　综上, 判别预警的公式为

$$是否预警 = \begin{cases} 是, & \displaystyle\sum_{i=1}^{n} F_i \geqslant 1 \\ 否, & \displaystyle\sum_{i=1}^{n} F_i < 1 \end{cases} \tag{5-51}$$

5.5.2　漏损定位方法

　　管网维修需要一定的人工和材料费, 但可以减低管网漏损程度. 因此, 本文根据水表的漏损程度, 给漏损管网划分等级. 在漏损率相同的情况下, 漏损程度更严

重、漏损频数更多的管网考虑优先维修. 其中, 水表层级之间关系密切, 下级管网的水源来源于上级管网, 故上级管网的水流量和水管口径更大. 那么, 在上下级水表漏损率相同的情况下, 上级管网的失水量远高于下级管网, 漏损定位系统将优先定位上级水表.

将各级管网的漏损等级划分权重; 在漏损频次和漏损率相同的情况下, 优先定位高一层级的水表. 综合考虑权重和漏损频率, 判断对漏损水表进行定位, 预警决策模型表示为管网权重系数与漏损频数的乘积, 即

$$D = \beta \times \sum_{i=1}^{n} F_i \tag{5-52}$$

式中, D 表示预警等级, β 表示管网的权重系数.

5.5.3　定位漏损点

问题三中, 供水管网的漏损率已得出. 其次, 为达到实时监测的效果, 需要将监测周期设置在合理范围, 过长达不到实时监测的效果、过短导致结果存在偶然性. 因此, 综合考虑校园的实际用水情况, 用水记录时间以小时为单位, 每小时系统将自动记录一次漏水率.

资料显示, 在维护良好的公共供水网络中, 平均失水在 5% 左右; 而在比较老旧的管网中, 失水则会更多. 在实际运用中, 考虑到校园用水和夏季用水的特殊性, 故将基于统计学方法确定漏损阈值. 然后, 通过分析校园水表记录的用水数据, 将水表的层级划分为四个等级. 与此同时, 结合漏损预警系统的理论方法及水表层级间的关系, 将校园水表等级之间的权重进行合理划分, 如表 5-72.

表 5-72　水表层级的权重系数表

水表等级	一级	二级	三级	四级
权重	0.5	0.25	0.15	0.1

注: 由于水表上下级间的用水量有较大差距, 水表层级之间的权重差距明显属于正常现象.

在一天中, 各区域的平均用水时间大约为 16 个小时, 按一天的漏损频次最高为 16 次计算, 权重最大为 0.5, 则三天内漏损指数最大为 24. 考虑到存在特殊情况, 部分区域用水时间大于 16 小时, 那么定义第四个等级为严重漏损等级, 故将水表漏损等级进行划分, 如表 5-73.

表 5-73　水表漏损等级表

漏损等级	1	2	3	4
漏损系数	[0,6)	[6,12)	[12,24)	[24,+∞)

对原数据进行描述性统计, 判断其漏损率的分布, 其部分结果如图 5-82 和图 5-83 所示.

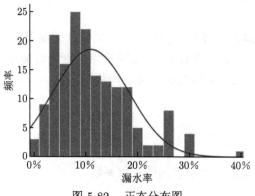

图 5-82 正态分布图

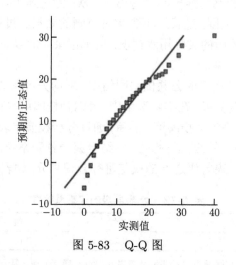

图 5-83 Q-Q 图

我们对 403X 水表描述性统计分析, 从统计图上可以发现其符服从的分布分别为正态分布. 为了验证其服从正态分布, 并对其进行了卡方检验, 检验结果如表 5-74 所示.

根据卡方检验统计结果可知, 其具有显著性, 服从对数正态分布.

在没有漏损的情况下, 水表数据与管网间的损失数据应是比较稳定的, 若发生漏损, 则应该产生离群点, $e_\alpha^x(n)$ 为对应数据分布的上 α 分位, 取显著性水平 $\alpha = 0.05$, 其 $e_\alpha^x(n)$ 作为判断是否漏损的阈值.

根据上述理论方法对数据进行分析, 得到的计算结果如表 5-75 所示.

表 5-74　卡方检验结果

卡方检验	
自由度	96.805
渐近显著性	28
蒙特卡罗显著性	0.000
显著性	0.000
99% 置信区间	下限 0.000
	上限 0.000

表 5-75　水表漏损统计结果

漏损排行	401X	403X	405X	416X	40105T	40133X	40134X	40135X	40405T	40511X	40506T
数值	40	70	1	69	0	31	9	3	1	14	0
漏损指数	20	35	0.5	34.5	0	7.13	2.07	0.69	0.23	3.22	0
漏损等级	3	4	1	4	1	2	1	1	1	1	1
周期漏损量	67.87	76.99	0.79	199.15	0.1	31.51	89.3	6.66	71.13	0.3	0

注：水表名称为 4 位数的表示一级水表，6 位数表示二级水表.

接下来, 通过分析该所高校用水数据并结合理论方法, 计算出漏损发生时间、用水量、漏损率、定位漏损区域及位置, 得出管网漏损情况, 如表 5-76 所示.

表 5-76　管网漏损情况

水表名称	日期	时间段	用水量	漏损率	漏损区域	漏损位置
40134X	2019/9/20	21:00～21:59	1.08	50.00%	区域 1(西)	对应连接下级管道
40134X	2019/9/20	20:00～20:59	1.07	48.61%	区域 1(西)	对应连接下级管道
40134X	2019/9/18	6:00～6:59	4.21	61.30%	区域 1(西)	对应连接下级管道
40134X	2019/9/18	5:00～5:59	5.71	49.87%	区域 1(西)	对应连接下级管道
......	......	......	......	......	......	......
40133X	2019/9/18	9:00～9:59	4.88	62.67%	区域 2	对应连接下级管道
40133X	2019/9/18	8:00～8:59	2.88	20.00%	区域 2	对应连接下级管道
40133X	2019/9/18	7:00～7:59	4.28	64.62%	区域 2	对应连接下级管道

注：用水量的单位为 m^3.

通过分析表 5-75 和表 5-76 可知, 一级水表与二级水表之间的管网漏损率整体上远高于二级, 说明水表层级越高漏损越严重. 然后, 统计水表漏损频次, 划分各水表漏损等级, 进而绘制漏损等级预报图, 如图 5-84 所示.

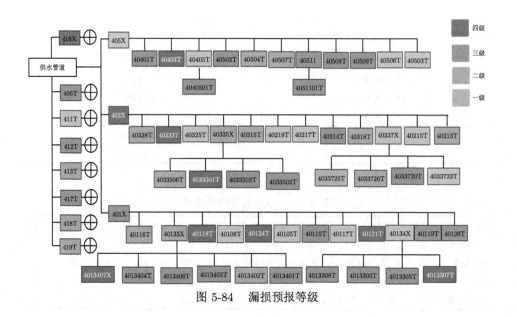

图 5-84　漏损预报等级

5.6　最优维护决策

在不考虑节水政策以及《城镇供水管网漏损控制及评定标准》(CJJ92—2016)要求的情况下, 本文单独以水量损失和维修成本为目标, 建立 0-1 规划模型, 以此来制定相应的最优维护决策方案.

5.6.1　数据查找与补齐

考虑到本题研究高校的位置, 本文以黑龙江省哈尔滨市 2019 年非居民水价的平均值作为本题水价格的预估值, 根据查询中国水网网站可知, 水价预估值为 4.3 元/吨.

维护成本包含材料成本与人工成本, 根据现行工程造价的普通做法, 本文拟利用口径分类对维护成本进行预估. 经查看部分高校网管维修招标方案, 初步给出各个漏点的水管维护成本的估计值, 如表 5-77 所示.

表 5-77　漏点相关补齐与查找数据表

漏点名称	口径	维修成本估计	日失水损失估计	周失水损失估计
64397 副表	200	2400	116.1	812.7
区域 3+	150	1800	103.2	722.4
XXX 花圃 +	150	1800	537.5	3762.5
XXX 航空航天	100	1020	22.3	7856.1
XXX 第一学生宿舍	100	1020	4364.5	30551.5
XXX 体育馆	80	720	177.6	1243.2
XXX 游泳池	80	720	411.0	2877
XXX 老六楼	50	480	1800.0	12600

5.6.2　最优维护方案的模型建立与求解

假设第 i 个漏点的维护成本为 $C_i(i = 1, 2, \cdots, 8)$, 第 i 个漏点第 j 天失水损失费用为 $B_{ij}(i = 1, 2, \cdots, 8; j = 1, 2, \cdots, 8)$. 为简化问题, 以 8 天为研究周期, 假设漏点一次性集中检测到, 并考虑到维护对学校用水的影响, 每天只能对一个漏点进行维护, 由此对每个漏点做出维护与不维护的优化决策, 同时决策出要维护漏点的维护次序. 由此, 引入 0-1 变量:

$$\min z = C_i y_i + \sum_{j=1}^{8} B_{ij} x_{ij} + B_9 (1 - y_i)$$

$$\text{s.t.} \begin{cases} \sum_{j=1}^{8} X_{ij} \leqslant 1 & (i = 1, \cdots, 8) \\ \sum_{i=1}^{8} X_{ij} \leqslant 1 & (j = 1, \cdots, 8) \\ \sum_{j=1}^{8} x_{ij} = y_i & (i = 1, \cdots, 8) \end{cases} \tag{5-53}$$

$$x_{ij} = \begin{cases} 1, & \text{第 } i \text{ 个漏点第 } j \text{ 天进行维护} \\ 0, & \text{第 } i \text{ 个漏点在第 } j \text{ 天不进行维护} \end{cases}$$

综上所述, 使用 LINGO 软件求解得出, 64397 副表和区域 3+ 不进行维护, 其余漏点的维护次序依次是: XXX 第一学生宿舍、XXX 老六楼、XXX 航空航天、XXX 花圃 +、XXX 游泳池、XXX 体育馆, 具体安排如表 5-78 所示.

表 5-78　维护方案具体安排表

	第 1 天	第 2 天	第 3 天	第 4 天	第 5 天	第 6 天
64397 副表	不维护	不维护	不维护	不维护	不维护	不维护
区域 3+	不维护	不维护	不维护	不维护	不维护	不维护
XXX 花圃 +	不维护	不维护	不维护	维护	不维护	不维护
XXX 航空航天	不维护	不维护	维护	不维护	不维护	不维护
XXX 第一学生宿舍	维护	不维护	不维护	不维护	不维护	不维护
XXX 体育馆	不维护	不维护	不维护	不维护	不维护	维护
XXX 游泳池	不维护	不维护	不维护	不维护	维护	不维护
XXX 老六楼	不维护	维护	不维护	不维护	不维护	不维护

6 模型的优缺点

6.1 模型的优点

(1) 模型建立之初结合校区水表层级关系, 绘制出各层水表的拓扑关系示意图, 能够清晰掌握水表层级之间的关系, 为后续供水管道漏损检测与定位做准备;

(2) 在考虑管网漏损情况时, 本文清晰定义了漏损率用来衡量管网的漏损情况;

(3) 建立的漏损预警模型将实时监测的用水数据进行了量化, 起到对供水管道漏损检测, 建立的漏损定位模型能够对漏损管道进行定位.

6.2 模型的缺点

(1) 在分析水表数据变化规律、描述用水规律特征时将数据进行平均值处理, 掩盖了每个个体的数据特征.

(2) 漏损率模型并不适用于所有水表, 同时模型中的指数分布缺少分布检验过程.

(3) 建立的最优维修决策方案优化模型, 没有结合漏损实际进行综合考虑, 也未能合理地将漏损损失与维修成本等因素考虑在内.

案例 6 中小微企业的信贷策略

摘　　要

本文针对中小微企业的信贷问题, 构建出企业综合实力评估模型, 对综合实力指标与信誉评级的关系进行了明确, 之后基于信贷风险等级和信誉评级, 明确了综合实力指标与信誉评级的关系, 再者基于信贷风险等级和信誉评级, 确立并提供了合理有效的信贷策略.

针对问题一, 对信贷记录企业的相关数据进行指标数据的提取和量化, 结合实际情况考虑, 提取企业实力、信誉度及还款能力作为企业特征指标, 从而给出衡量企业信贷风险的指标. 作为企业特征进行提取, 从而给出衡量企业信贷风险的指标. 本文根据年均上下游业务量、企业的毛利润及其变化率, 通过动态加权求和的方法, 构建出企业的综合实力动态加权模型. 根据企业是否违约与信誉评级, 得出企业的信贷风险指标, 然后由违约情况直接决定是否为该企业提供信贷, 而企业的信贷风险指标和信誉评级也决定贷款比例和贷款利率. 最终, 计算出年度信贷为 4170 万元, 可盈利 316.394 万元, 收益率为 7.59%.

针对问题二, 在问题一的基础上, 对指标数据进行获取和标准化, 明确了无信
贷记录企业的综合实力指标; 根据信誉评级与综合实力指标的关系, 对信誉评级
进行了量化, 基于 BP 神经网络, 用有信贷记录企业的数据进行训练和检验, 准确
度为 82.92%, 以此获取无信贷记录企业的信誉评级; 然后, 提供信贷的企业共 183
家, 根据分布情况, 由风险等级和信誉评级, 给出了各个区间企业的放款比例和贷
款年利率; 最终, 银行提供的年度信贷总额为 9385 万元, 期望收益为 652.0605 万
元, 收益率为 6.95%, 相较于有信贷记录企业的信贷收益, 期望收益降低了 0.64%.

针对问题三, 本文根据国家统计局颁布的《统计上大中小微企业划分办法
(2017)》, 将 302 家企业分为 14 个行业大类, 4 个规模大类, 以新冠肺炎疫情
为例, 对不同行业、不同规模的企业受疫情影响的严重程度进行了分析. 302 家无
信贷记录企业的相关数据记录了截止到 2020 年 2 月的数据, 本文从权威的财经
平台选取了各行业具有代表性的上市公司作为分析对象, 分析疫情暴发以来各行
业的行情变化, 统计了各行业股票回暖的时间. 然后在从数据中随机选取了 80 家
企业作为分析对象, 分析了其 2020 年 1 月的收益和 2019 年 1 月的数同期收益
变化和 2020 年 1 月以及 2019 年 12 月的收益变化, 发现大部分企业在这两个期
间收益萎缩 80%~100% 和 60%~90%. 最后, 根据各行业的受影响程度实施不同
的政策, 对此, 银行提供的年度信贷总额为 1 亿元, 期望收益为 607.29705 万元,
收益率为 6.95%, 相较于有信贷记录企业的信贷收益, 期望收益降低了 44.76345
万元.

关键词: 动态加权求和; 信贷决策优化; BP 神经网络

1   问题重述

1.1   问题背景

中小微企业的信贷问题, 是银行关注的重点问题之一. 由于其企业的规模较
小、综合实力有限, 经营容易受到外部因素的影响. 与此同时, 较差的流动性, 偿
还能力和负载能力极其有限, 信贷风险较大; 另一方面, 对于银行来说, 投资更多
的中小微企业可以分散风险, 利于寻找新兴产业. 因此, 银行通常依据信贷的相关
政策、企业的上下游业务量、毛利润和增长率以及企业信誉等, 作为放款以及年
利率的依据, 向综合实力较强, 且供求关系稳定的企业提供贷款. 给予信誉高、信
贷风险小的企业更多的利率优惠.

1.2   问题要求

某银行对确定要放贷的企业的贷款额度为 10 万 ~100 万元; 年利率为 4%~
15%; 贷款期限为 1 年. 银行提供了三个相关附件, 分别为: 附件 1(123 家有信贷

记录企业的相关数据)、附件 2(302 家无信贷记录企业的相关数据) 和附件 3(银行贷款年利率与客户流失率关系的统计数据).

基于上述信息以及所给附件, 建立数学模型来研究中小微企业的信贷策略, 并解决如下问题.

(1) 对附件中的数据进行指标的合理提取, 并进行量化, 根据量化好的指标来分析与信贷风险 10 的关系. 其后, 建立信贷策略的决策模型, 并由此给出该银行在年度信贷总额固定时对这些企业的信贷策略.

(2) 在问题 (1) 的基础上, 分析企业信誉评级与量化指标之间的关系, 以此明确无信贷记录企业的信誉评级. 其后, 根据提取的指标, 构建信贷风险的量化模型, 综合考虑各项因素, 给出年度信贷总额为 1 亿元时 302 家无信贷记录企业的信贷策略.

(3) 企业的经济效益可能会受到突发因素的影响, 而不同的企业所造成的影响及其程度也各不相同. 对此, 综合考虑信贷风险与突发因素的影响, 分析突发因素的影响机制, 给出相应的信贷调整策略.

2　问 题 分 析

2.1　问题一的分析

针对问题一, 先要分析银行决策机理, 通过分析发现, 企业的信贷风险将直接决定银行提供的信贷策略. 结合题意以及问题一所给数据可知, 企业信贷风险主要由企业的信誉 (还款意愿)、上下游企业的稳定性 (供求关系) 以及企业的规模 (还款能力) 三大因素决定.

其中, 企业的信誉与信誉评级和是否违约有关, 其直接决定是否提供信贷; 上下游企业的稳定性, 则代表企业的综合实力, 可据此作为信贷风险的判断依据之一; 企业的规模决定了贷款的上限, 没有能够提供等额贷款的资产, 也将导致信贷风险的上升.

因此, 先要对数据中包含的指标进行提取和量化. 企业的还款能力与总收益以及收益的变化率有关; 还款意愿与违约情况和信誉评价等级有关; 供求关系与企业的上下游业务量有关.

综合考虑以上的影响因素, 便可以构建企业实力的综合指标和企业信誉度指标, 找出综合实力指标和企业信誉度指标与信贷风险的关系. 此外, 便可根据明确的指标关系, 构建信贷策略的优化方案, 其整体思路如图 5-85 所示.

2.2　问题二的分析

问题二与问题一类似, 但 302 家企业的信誉评级与是否违约无从得知, 因此无法直接延续问题一的方法, 为解决该问题, 先要对信誉评级与实力指标的关系进行明确, 以此作为信誉评级的判断依据.

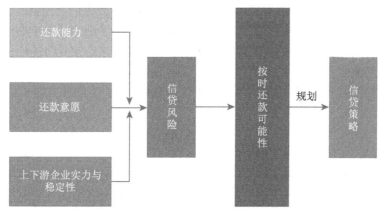

图 5-85　　问题一思路流程图

　　基于附件 1 中企业的信誉评级与综合实力指标的确定关系, 对其进行拟合, 从而得到信誉评级与综合实力指标的拟合模型. 由此, 通过处理附件 2 的数据, 获得构成综合实力指标的企业的上下游业务量和年均毛利润, 进而将综合实力指标放入信誉评级拟合模型, 以此作为信誉评级指标的依据.

　　然后, 根据综合实力指标、拟合所得信誉评级指标, 基于问题一对信贷风险指标进行计算, 划分信贷风险的等级分类. 最终, 基于上述指标和关系, 构建信贷策略优化方案, 以此作为依据, 给出年度贷款总额为 1 亿元时的信贷决策方案.

2.3　问题三的分析

　　企业的生产经营与利润效益经常会受到市场环境、国家政策甚至一些外界突发因素的影响, 这些因素对于不同行业、不同类别的企业有着不同的影响, 并通过信用贷款等途径传递到银行, 从而影响银行的资金安全和盈利能力. 因此, 银行在对企业确定是否借贷、借贷额度以及最佳利率之前, 需要充分考虑各企业的信贷风险以及可能的突发因素对于各企业的影响.

　　此外, 不同行业、规模的企业在面对突发情况时的承受能力不同. 中小微企业规模小、资金储备不充足, 并且资金链不够稳健, 面对突发情况时的应对能力相对更弱, 面临突发情况时很可能因此倒闭.

　　综合考虑如上因素, 企业行业和规模的分类极为重要. 由此可根据国家统计局颁布的《统计上大中小微企业划分办法 (2017)》, 对企业进行分类, 并通过股票数据的获取企业的受影响程度, 以此来制定企业的信贷策略.

3　模型假设

(1) 有违约记录、信誉等级为 D 级的企业, 银行不提供信贷服务;

(2) 银行针对各企业的信贷评估仅考虑企业实力、企业信誉两方面;

(3) 银行通过综合评估企业的信贷风险和信誉评级来确定具体的信贷策略, 不考虑其他因素;

(4) 附件中所给出的企业均为请求银行贷款的企业, 并非潜在客户.

4　符号说明

符号	含义
X_{ij}	第 j 个企业的第 i 项指标
X_{1j}	第 j 个企业的上游年均业务量
X'_{1j}	第 j 个企业上游业务量的年均变化率
X_{2j}	第 j 个企业下游年均业务量
X'_{2j}	第 j 个企业下游业务量的年均变化率
X_{3j}	第 j 个企业的年均毛利润
X'_{3j}	第 j 个企业年均毛利润的变化率
X^*_{ij}	第 j 个企业的第 i 项指标, 标准化后的数值
$\mathrm{Max}_{X_{ij}}$	第 j 个企业的第 i 项指标的最大值
$\mathrm{Min}_{X_{ij}}$	第 j 个企业的第 i 项指标的最小值
S_j	综合实力指标值
$\lambda_i(X'_i)$	动态加权函数值
X_{0j}	第 j 个企业的信誉评级量化指标值
Y_{0j}	第 j 个企业是否违约量化指标值
C_j	C_j 为第 j 家企业的信誉度
S_{Cj}	第 j 个企业无信贷风险指标值
R_j	第 j 个企业的信贷风险指标值

注: 第一问中 j 为 123 家有信贷记录企业; 第二问中, 由于指标的获取和量化仍沿用问题一的公式, 此时 j 为 302 家无信贷记录企业.

5　模型的建立与求解

5.1　数据预处理

5.1.1　发票数据的处理

由于附件 1 中的数据无法直接作为指标使用, 需要通过计算等方式转换. 通过观察数据发现, 进销项发票分为有效发票和作废发票, 也即正数发票与负数发票, 联系实际可知, 真正合法可用的仅为有效发票, 因此需对作废发票进行剔除处理.

对于作废发票的提取, 可根据发票状态进行判别, 有效发票为 "1", 作废发票为 "0". 利用 MATLAB 软件对发票状态为 "0" 即作废发票进行提取, 并进行剔除. 然后绘制各企业进项发票票数作废比例直方图如图 5-86 所示, 绘制各企业销项发票票数作废比例直方图如图 5-87 所示.

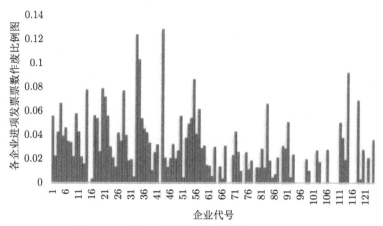

图 5-86　各企业进项发票票数作废比例直方图

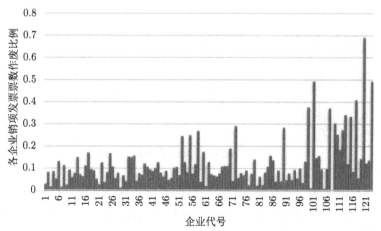

图 5-87　各企业销项发票票数作废比例直方图

5.1.2　不研究信誉评级为 D 的企业数据

实际生活中, 银行对信誉评级为 D 的企业原则上不予放贷, 因此本文对信誉评级为 D 的企业采取不考虑处理, 针对该部分的策略为不放贷处理.

5.2　有信贷记录企业的信贷策略

　　制定一个策略，先要明确的就是目的以及方式. 从银行的角度看，自然是以总收益最大化和信贷风险最小化为目标; 对此，指标的选取和使用就较为重要了. 要达到第一个目标: 总收益最大化，选择的信贷对象应该是规模较大且信誉较好的，这类企业往往有较强的综合实力，考虑到利率与流失率的关系，更多的便利将使合作更加长久; 对于第二个目标: 信贷风险最小化，联系实际可知，存在违约记录的自然没有再合作的可能，其次是信誉等级较低的，理应提供利率甚至不贷.

5.2.1　指标的提取

　　在对数据进行处理之后，便可对各项指标进行获取. 通过观察数据，发现与一个企业的实力有关的标签有企业的上下游业务量及其变化率、企业的毛利润及其变化率. 上下游业务量的多少可以说明与其他企业的稳定性，是重要衡量指标之一; 企业的毛利润是该企业还款能力的衡量指标; 增长率则说明该企业在一段时间内的变化，是未来变化趋势的衡量指标. 综合各项指标，选用合适的处理方法，即可获得该企业的综合实力指标. 对此，给出导图如图 5-88 所示.

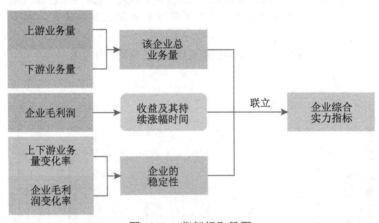

图 5-88　指标提取导图

　　观察数据时发现，不同企业数据的时间长度也各不相同，相互之间的量级差异也较大，因此，对于各项标签进行处理和转换同时，需对时间长度进行统一，从而以部分数据或者整体数据推得年均数据.

　　由此，可构建企业的实力指标年平均值如下:

$$企业的实力指标年平均值 = 12 \times 月平均值 \tag{5-54}$$

　　通过上式，即可对时间长度进行统一，从而以部分或者整体数据获得年均数据，以便后续工作的进行和开展.

1. 上游业务量及变化率

由于上游业务量存在时间长度的差异, 因此对于未满一年的交易总月份, 需进行时间长度的转化处理, 处理方式如公式 (5-54) 所示. 对此, 可给出企业上游年均业务量表达式如式 (5-55) 所示.

$$X_{1j} = 12 \times \frac{\text{企业上游交易总次数}}{\text{企业数据的月份数}} \tag{5-55}$$

企业实力的指标还有企业上游业务量年均变化率, 在考虑年均业务量的同时, 还需考虑到长期的变化, 因此, 可通过企业业务量的月均变化率来获取年均变化率, 构建企业下游业务量年均变化率如下:

$$X_{1j}' = \frac{12}{\text{月份数}} \sum_{k=1}^{\text{月份数}-1} \frac{\text{企业上游} (k+1) \text{月交易数} - \text{企业上游} k \text{月交易数}}{\text{企业上游} k \text{月交易数}} \tag{5-56}$$

其中, X_{1j} 表示第 j 个企业上游业务量, 相应的变化率用 $X_{1j}'(j = 1, 2, \cdots, 123)$.

对此, 通过使用 Excel, 根据关系式对指标进行提取和运算, 给出部分上游年均业务量及变化率数据如表 5-79 所示.

表 5-79 部分企业上游年均业务量及变化率

企业编号	交易月份数	年均业务量	年均业务量变化率
1	32	1218.375	5.256462412
2	38	9926.84210	1.914083275
3	38	1379.0526	0.375800669
4	38	164.526315	2.887699918
5	37	675.891891	7.800921368
6	37	3507.24324	1.251419071
......	......	......	......
15	20	54.6	8.057859848
16	26	−62.3076923	4.467567899
17	37	2353.94594	3.283180575
18	37	1856.75675	9.290446019
19	37	465.405405	4.204749595
20	37	312.648648	12.80772588
......	......	......	......
118	29	24.857	1.125
119	315	121.935	6.347964229
120	36	36	1.50625
121	24.857	25	2.275
122	121.935	30.316	3.534821429
123	36	12	−0.375

2. 下游业务量及变化率

相应地, 可以给出下游业务量, 对此, 根据式 (5-54) 对时间长度进行统一, 构建下游年均业务量表达式如下:

$$X_{2j} = 12 \times \frac{\text{企业下游交易总次数}}{\text{企业数据的月份数}} \tag{5-57}$$

对于下游业务量, 由于其与上游业务量是相对应的, 因此依据式 (5-56), 构建企业下游业务量年均变化率表达式如下.

$$X'_{2j} = \frac{12}{\text{月份数}} \sum_{k=1}^{\text{月份数}-1} \frac{\text{企业下游} (k+1) \text{月交易次数} - \text{企业下游} k \text{月交易次数}}{\text{企业下游} k \text{月交易次数}} \tag{5-58}$$

其中, X_{2j} 表示第 j 个企业下游业务量, $X'_{2j}(j = 1, 2, \cdots, 123)$ 表示各企业的年均变化率.

使用 Excel, 根据关系式对指标进行提取和运算, 给出部分年均业务量及变化率数据如表 5-80 所示.

表 5-80　部分企业下游年均业务量及变化率

企业编号	年均业务量	年均业务量变化率	企业编号	年均业务量	年均业务量变化率
1	3154.4	3.748547209	11	600.5714286	3.291383
2	3783.243243	2.311141561	12	197.25	37.76504
3	7480.421053	0.181051939	13	2149.894737	−0.5049
4	699.7714286	6.340010003	14	1032.333333	0.951866
5	365.4545455	7.708242466	15	935.1724138	25.13018
6	296.1081081	9.475467261	16	130	7.094216
7	2536.421053	−0.88382285	17	181.9459459	2.748879
8	2639.684211	0.442179424	18	111.8918919	5.288399
9	1818.947368	0.229373857	19	914.9189189	0.987498
10	176.9142857	14.76560496	20	252.6857143	2.484457
……	……	……	……	……	……
118	54.4	6.07531746	121	81.5	6.936846
119	24	−0.177777778	122	47.07692308	8.571895
120	18	4	123	28.28571429	6.071429

3. 企业的毛利润及变化率

企业的毛利润由多个标签构成, 结合实际, 可知道毛利润与总收益和总成本相关, 此外, 企业毛利润数据与业务量相对应, 也需通过式 (5-54) 来推得年均指

标. 对此, 构建企业年均毛利润表达式如下:

$$X_{3j} = 12 \times \frac{\text{企业总收益} - \text{企业直接总成本}}{\text{企业数据的月份数}} \tag{5-59}$$

同样, 毛利润的变化率也可根据月变化率来推得年均变化率, 构建企业的年均毛利润变化率表达式如下:

$$X'_{3j} = \frac{12}{\text{月份数}} \sum_{k=1}^{\text{月份数}-1} \frac{\text{企业}(k+1)\text{月的毛利润} - \text{企业}k\text{月的毛利润}}{\text{企业}k\text{月毛利润}} \tag{5-60}$$

其中, X_{3j} 表示第 j 个企业年均毛利润, 相应的年均变化率用 $X'_{3j}(j=1,2,\cdots,$ 123) 表示.

对此, 通过 Excel 进行运算, 给出部分结果如表 5-81 所示.

表 5-81　部分企业年均毛利润及变化率

企业编号	年均毛利润	年均变化率	企业编号	年均毛利润	年均变化率
1	−629573609.7	27.62480369	11	5891648.063	−1620.83
2	137393497.6	−8.82344522	12	44944240.77	255.3334
3	163626636.8	−3.566972905	13	38029355.78	12.42155
4	511608184.9	830.1618878	14	622231.21	−28.5515
5	1572098.514	36.00098209	15	124551528.1	−9.51262
6	20807545	−45.09466551	16	96523040.61	−12.0647
7	143125357.2	15.21580365	17	7952530.839	3.087409
8	62044983.13	521.2630121	18	19394669.19	28.9499
9	93175743.1	−2.369961863	19	−896702.556	11.96084
10	115092701.4	−100.0296698	20	4627030.43	−50.789
......	......	......	......	......	......
118	54.4	180458.6486	121	81.5	−486012
119	24	−71251.68774	122	47.07692308	5210.343
120	18	172557.65	123	28.28571429	797773.6

4. 指标的标准化处理

在得到各项指标的数据之后, 还需对各项指标的值进行处理, 以避免出现大数吃小数的现象, 造成数据的不稳定性. 对此, 数据的标准化处理是必要的, 企业的上游业务量 X_{1j}、下游业务量 X_{2j} 以及毛利润 X_{3j} 的标准化处理, 构建标准化表达式如下:

$$X_{ij}^* = \frac{\text{Max}_{X_{ij}} - X_{ij}}{\text{Max}_{X_{ij}} - \text{Min}_{X_{ij}}} \tag{5-61}$$

其中 $i = 1, 2, 3$ 分别表示企业上下游业务量和毛利润; $j = 1, 2, 3, \cdots, 123$ 表示 123 家有信贷记录的企业.

根据由关系表达式得出的指标数据, 通过 Excel 进行运算给出结果如表 5-82 所示.

表 5-82　指标数据的标准化

企业编号	上游业务量	下游业务量	年均毛利润
1	0.5331	2.43823	−8.06073
2	7.45796	3.01357	1.58155
3	0.66087	6.39617	1.91135
4	−0.30491	0.19245	6.28616
5	0.10173	−0.11342	−0.12599
6	2.35318	−0.17686	0.11583
7	2.73907	1.87283	1.65361
......	......	......	......
117	−0.42619	−0.41923	−0.12627
118	−0.41597	−0.39801	−0.14349
119	−0.33877	−0.42582	−0.14666
120	−0.40711	−0.43131	−0.14359
121	−0.41585	−0.37321	−0.15187
122	−0.41163	−0.40471	−0.14569
123	−0.42619	−0.4219	−0.13573

5. 综合实力指标的构建

综合实力指标的由三项实力指标构成, 即企业的年均上游业务量、下游业务量以及年均毛利润. 出于严谨, 采用人为定权的处理方法是不合适的, 通过分析各项指标的关系, 出于平衡三项指标及其变化率对综合实力指标的影响, 发现动态加权求和的方式较为合适. 由此, 构建综合实力指标的动态加权求和表达式如下:

$$S = \lambda_1(X_1')X_1 + \lambda_2(X_2')X_2 + \lambda_3(X_3')X_3 \tag{5-62}$$

结合实际分析各项指标与综合实力指标的对应关系, 动态加权函数选取偏大的 S 型分布. 构建表达式如下:

$$\lambda_i(X_i') = \begin{cases} 2 - e^{-3|X_i'|}, & X_i \geqslant 0, \\ e^{-3|X_i'|}, & X_i < 0 \end{cases} \quad (i = 1, 2, 3) \tag{5-63}$$

对此, 使用 MATLAB 对各企业综合实力指标的动态加权函数求解, 得到部分结果如表 5-83 所示.

表 5-83　企业各指标动态加权函数值

企业代号	$\lambda_1(X'_1)$	$\lambda_2(X'_2)$	$\lambda_3(X'_3)$
1	1.999999858	1.999986936	1.02E−36
2	1.996792456	1.999025343	2
3	1.676126414	1.419087896	1.999977
4	0.000172848	1.999999995	2
5	2	9.05855E−11	1.24E−47
6	1.976582161	4.51409E−13	2
7	1.060497564	1.929452466	2
······	······	······	······
117	0.324652467	0.000193545	1.49E−08
118	0.034218118	1.21498E−08	3.08E−16
119	5.36219E−09	0.58664622	0.037844
120	0.010902643	6.14421E−06	0.007647
121	0.001086276	9.16428E−10	0.000195
122	2.4805E−05	6.78923E−12	2.86E−17
123	0.324652467	1.22924E−08	1

联立式 (5-62)、(5-63), 可构建各企业的综合实力指标值表达式如下

$$S_j = \lambda_{1j}(X'_{1j})X_{1j} + \lambda_{2j}(X'_{2j})X_{2j} + \lambda_{3j}(X'_{3j})X_{3j} \tag{5-64}$$

其中, $i(i = 1, 2, 3)$ 分别表示企业的三项指标 (上游业务量、下游业务量及毛利润); X_{ij} 分别表示第 $j(j = 1, 2, \cdots, 123)$ 家企业的 i 项指标; X'_{ij} 表示第 $j(j = 1, 2, \cdots, 123)$ 家企业 i 项指标的变化率.

由此, 根据动态加权函数对综合实力指标进行构建, 使用 MATLAB 进行代码实现, 给出部分结果如表 5-84 所示.

5.2.2　企业的信誉度指标

为完善企业的信贷策略, 附件 1 中与信誉度相关的标签信誉评级和是否违约, 也可作为信贷策略的评判指标, 直接决定银行的信贷策略是否放贷、放款比例等. 对于标签的提取和量化, 采用赋值的方式进行. 结合题意以及生活实际, 信誉评级越高获得的量化值理应更高, 对于级别最低的 D 级, 采取一票否决处理; 是否违约的量化相同, 对于产生违约记录的企业, 采取一票否决处理, 只对无违约记录的企业提供信贷服务.

由此, 对于信誉评级与是否违约的量化赋值如下.

表 5-84   部分企业综合实力指标值

企业代号	综合实力	企业代号	综合实力
1	5.942628	23	2.243917
2	24.0793	24	0.59089
3	14.00709	25	$-2.5\mathrm{E}-05$
4	12.95717	26	-0.0011
5	0.20346	27	0.443221
6	4.882914	28	0.28488
7	9.825534	29	0.349771
......	......	......	......
68	0.153957	118	-0.01423
69	0.221056	119	-0.25536
70	0.045068	120	-0.00554
71	$-4.9\mathrm{E}-15$	121	-0.00048
72	$-3.1\mathrm{E}-05$	122	$-1\mathrm{E}-05$
73	$-7.4\mathrm{E}-05$	123	-0.27409

(1) 信誉评级量化.

对于第 $j(j=1,2,\cdots,123)$ 企业的信誉评级指标, 分别赋值信誉评级为 A 级、B 级、C 级、D 级如下:

$$X_{0j} = \begin{cases} 5, & \text{信誉评级为 A 级} \\ 3, & \text{信誉评级为 B 级} \\ 1, & \text{信誉评级为 C 级} \\ 0, & \text{信誉评级为 D 级} \end{cases} \tag{5-65}$$

(2) 是否违约量化.

对于第 $j(j=1,2,\cdots,123)$ 企业是否违约指标, 分别赋值如下:

$$Y_{0j} = \begin{cases} 1, & \text{企业无违约} \\ 0, & \text{企业有违约} \end{cases} \tag{5-66}$$

(3) 企业信誉度指标.

信誉评级与是否违约都代表一个企业的信誉程度, 为均衡两者对一个企业信誉度的评判, 同样采取联立的处理方式.

由此, 根据量化后的信誉评级与是否违约指标, 构建代表企业信誉度的指标. 其表达式如下:

$$C_j = X_{0j}Y_{0j} \tag{5-67}$$

其中, C_j 为第 $j(j = 1, 2, \cdots, 123)$ 家企业的信誉度. 以此作为是否提供信贷服务、放款比例以及贷款利率等策略的一个评判指标.

对此, 使用 Excel 进行运算, 给出部分结果如表 5-85 所示.

表 5-85　部分企业信誉指标值

企业代号	信誉指标	企业代号	信誉指标
1	5	8	5
2	5	9	5
3	1	10	3
4	1	11	1
5	3	12	3
6	5	13	5
7	5	14	1
......	......	......	......
112	0	118	0
113	0	119	0
114	0	120	0
115	0	121	0
116	0	122	0
117	0	123	0

以此作为指标进行量化, 便可以开展后续工作, 以此作为评判的指标.

5.2.3　信贷风险指标

获得企业的综合实力指标以及信誉指标的目的, 都是为了评判一个企业的信贷风险. 企业的信贷风险由企业的综合实力和信誉度指标决定, 银行对信誉评级为 D 和有违约记录的企业 "一票否决", 企业的实力 + 信誉指标的值越高, 则风险越低, 由此构建表达式如下:

$$S_{Cj} = C_j S_j \quad (j = 1, 2, \cdots, 123) \tag{5-68}$$

此外, 一个企业的综合实力以及信誉度越高, 代表该企业较高的还款意愿、还款能力和企业的实力, 以及合作的稳定性. 因此, 结合实际不难发现, 信贷风险与综合实力和信誉度不应该是线性关系, 呈现的应该是 S 型曲线的关系. 其分布情况如图 5-89 所示.

对此, 利用生物学中常用的 Sigmoid 函数, 构建无信贷风险发生的表达式

如下:

$$S'_{Cj} = \begin{cases} \dfrac{1}{1 + e^{-5x_y}}, & S_{Cj} \neq 0 \\ 0, & S_{Cj} = 0 \end{cases} \tag{5-69}$$

于是, 可根据式 (5-69) 得到每个企业的信贷风险指标值, 构建其表达式如下:

$$R_j = 1 - S'_{Cj} \in [0, 1] \quad (j = 1, 2, \cdots, 123) \tag{5-70}$$

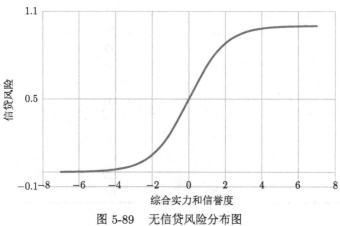

图 5-89　无信贷风险分布图

综合实力和信誉度越高, 风险越低, 贷款违约的可能性越小, 贷款利率就应越低. 对此, 通过信贷风险值的划分明确信贷风险的等级分类, 划分范围如表 5-86 所示.

表 5-86　各企业的信贷风险的等级分类

信贷风险值	风险等级	信贷风险值	风险等级
$[0, 0.2)$	1 级	$(0.3, 0.5)$	3 级
$[0.2, 0.3]$	2 级	$[0.5, 1]$	4 级

根据上述信贷风险指标的计算公式及相关数据, 通过进行代码实现, 给出部分企业信贷风险指标值如表 5-87 所示.

经统计, 给出 123 家有信贷记录企业的分布情况如表 5-88 所示.

由于信誉评级为 D 级和风险等级为 4 级的企业, 在实际中不予考虑, 因此, 符合要求的企业为 96 家. 数据的直观展现如图 5-90 所示.

表 5-87 信贷风险指标值

企业代号	信贷风险值	企业代号	信贷风险值
1	1.25E−13	7	0
2	0	8	0
3	8.26E−07	9	1.44E−10
4	2.36E−06	10	1.01E−05
5	0.351973	11	0.268288
6	2.49E−11	12	0.063236
......	......	......	......
112	1	118	1
113	1	119	1
114	1	120	1
115	1	121	1
116	1	122	1
117	1	123	1

表 5-88 123 家企业的风险等级分布

信贷风险值	风险等级	企业数	各信誉评级分布
[0, 0.2)	1 级	28	A 级 16、B 级 7、C 级 5
[0.2, 0.3]	2 级	21	A 级 5、B 级 10、C 级 16
(0.3, 0.5)	3 级	47	A 级 5、B 级 19、C 级 23
[0.5, 1]	4 级	27	B 级 1、C 级 2、D 级 24

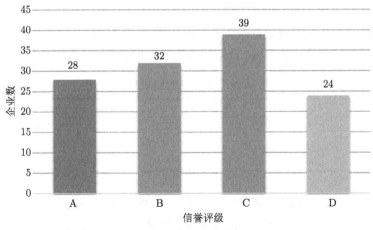

图 5-90 信誉评级分布图

　　通过信誉评级分布图可以看出, 四种类型的企业分布存在差异, 其中 C 级信誉企业最多, 这说明企业之间的信誉区分度大, 因此由信誉度影响的最后贷款决策应该也存在着较大的差异.

5.2.4　信贷方案的确立

　　由于提供信贷服务的风险等级共有三级, 风险越高, 企业的还款能力也就越低. 因此, 对于有信贷记录企业的信贷方案, 可对三个风险等级的放款比例进行确定, 给出各风险等级的企业划分放款额度的比例区间.

　　此外, 每个风险等级又划分为 A、B 和 C 三个信誉评级, 在风险等级的原有区间, 还需根据信誉评级再次进行划分, 从而给出各风险等级和信誉等级的企业放款比例. 划分结果如表 5-89 所示.

表 5-89　放款比例

信贷风险等级	各等级放款比例区间	企业信誉等级	放款比例
1 级	100%~60%	A	100%
		B	80%
		C	60%
2 级	60%~30%	A	60%
		B	45%
		C	30%
3 级	10%~30%	A	30%
		B	20%
		C	10%

　　银行提供信贷的年利率为 4% ~ 15%, 当放款给信贷风险高的企业时, 银行所承受的风险也很大, 因此贷款年利率将随着企业信贷风险的变大而提高; 由此可对三个信贷风险等级的企业, 分别划分贷款年利率区间 (表 5-90).

表 5-90　各风险等级利率区间

风险等级	贷款年利率
1 级	4% ~ 7.45%
2 级	7.45% ~ 11.45%
3 级	11.45% ~ 15%

　　由于不同风险等级的企业对应有不同的信誉等级, 因此相同信贷风险等级的企业, 还需对不同信誉等级进行贷款年利率的再次划分. 对此, 采取平分划分的方式, 将各信贷风险等级的企业按照信誉等级划分成 9 个贷款年利率区间. 划分结果如表 5-91 所示.

表 5-91　　各信贷等级贷款年利率划分

信贷风险等级	企业信誉等级	贷款年利率
1 级	A	4%
	B	5.22%
	C	7.67%
2 级	A	8.89%
	B	10.09%
	C	11.34%
3 级	A	12.53%
	B	13.75%
	C	15%

根据上述划分方式, 将表 5-91 得出的信贷策略方案代入每家企业的数据中, 得到每家企业的贷款年利率和贷款总额比例, 如表 5-92 所示.

表 5-92　　部分企业放款比例及其贷款年利率数据

企业代号	贷款年利率	贷款总额	企业代号	贷款年利率	贷款总额
1	4%	100 万	8	4%	100 万
2	4%	100 万	9	4%	100 万
3	7.67%	60 万	10	5.22%	80 万
4	7.67%	60 万	11	11.34%	30 万
5	10.09%	45 万	12	5.22%	80 万
6	4%	100 万	13	4%	100 万
......	......	......	......	......	......
112	0	100 万	118	4.25%	0
113	0	30 万	119	9.05%	0
114	0	......	120	......	0
115	0	0	121	0	0
116	0	0	122	0	0
117	0	0	123	0	0

经统计, 以上述信贷方案进行放贷, 年度信贷总额为 4170 万元, 可盈利 316.394 万元, 收益率为 7.59%.

5.3　无信贷记录企业的信贷策略

分析数据可以发现, 无信贷记录企业的相关数据中没有企业信誉评级和是否违约两个指标, 无法构建信誉度指标, 以同样的方式给出信贷策略的解决方案. 对此, 本文通过探寻有信誉度指标的 123 家有信贷记录企业的相关数据, 明确信誉度和综合实力的关系, 以此作为企业信誉的评判依据. 继而, 在问题一的基础上,对信贷策略的决策方案进行明确.

5.3.1　无信贷记录企业的综合实力指标

信誉度与综合实力的关系已经明确, 因此可在问题一的基础上进行后续工作, 对实力指标以及信贷风险进行获取, 建立出无信贷记录的信贷策略模型. 无信贷记录企业的相关数据中仅缺少信誉评级与是否违约数据, 仍可使用问题一所使用的时间长度的统一方法, 以及指标的获取公式, 因此不再重复阐述; 此外, 问题一的 j 于问题二中视为 302 家无信贷记录企业.

1. 指标的获取及标准化

采用问题一已经构建好的指标获取表达式, 对无信贷记录企业的相关数据中的企业年均上下游业务量、年均利润和变化率进行求解和标准化, 得到 302 家企业综合实力的指标依据, 具体结果见支撑材料中的表格.

2. 综合实力指标的构建

由问题一可知, 综合实力指标由三项实力指标构成. 考虑到有信贷记录企业实力指标的获取方式和所需指标, 与无信贷记录企业相同, 因此仍采用由式 (5-62), (5-63) 联立得出的式 (5-64), 对各企业的综合实力指标值进行获取.

对此, 通过 MATLAB 进行代码实现, 给出各企业指标动态加权函数值如表 5-93 所示.

表 5-93　各指标动态加权函数值

企业代号	$\lambda_1(X_1')$	$\lambda_2(X_2')$	$\lambda_3(X_3')$
124	1.917220373	1.999978267	3.40361E−15
125	1.999984897	1.999977174	6.87136E−05
126	0.082779627	1.964850852	2
127	1.999999956	2	1.999999898
128	1.990683655	2	2
129	1.994039374	1.90543664	1.999989027
130	1.999999984	2	2
131	1.706431473	1.642899739	1.998786511
132	1.999690797	1.999998735	2
133	1.999998244	2.45449E−32	2
……	……	……	……
423	4.9631E−105	1.86984E−10	4.62487E−13
424	2.6377E−277	0.001424626	1
425	2.02983E−44	6.87874E−11	1

根据公式 (5-64), 对各企业综合实力指标值进行获取, 其结果如表 5-94 所示.

表 5-94　部分企业综合实力指标值

企业代号	综合实力	企业代号	综合实力
124	18.49600221	134	4.960031531
125	15.29432739	135	4.777398299
126	13.14826758	136	0.75406
127	23.86311891	137	2.1473885
128	9.365491097	138	2.473636633
129	15.14125911	139	13.35035435
130	3.499779984	140	5.787369656
131	7.981649251	141	6.266136421
132	8.640361639	142	1.056978469
133	2.16717964	143	3.055891797
......	......	......	......
420	−1.38746E−05	423	−8.43008E−11
421	−0.000923144	424	−0.386230579
422	−1.57956E−06	425	−0.38215

其中, 综合实力指标值最高为 23.86311891, 最低为 −0.386230579, 极差为 24.249349, 这也说明各企业之间的综合实力, 存在的差异是极其显著的; 对于不同的企业, 提供的信贷方案和策略, 应该是存在差距的.

5.3.2　BP 神经网络预测方法

由于无信贷记录企业的相关数据中没有信誉评级与是否违约, 对此需要找到指标与信誉度的关系; 通过有信贷记录企业的信贷策略, 可以发现信誉度与综合实力指标的关系, 从而对信誉指标进行明确.

考虑到信誉指标中的信用等级是一个排序变量, 因此可采用岭回归、Logistic 回归与 BP 神经网络等方法; 在使用岭回归和 Logistic 回归时, 存在 R^2 较小和准确率较低的现象, 因此构建 BP 神经网络模型求解.

1. BP 神经网络的构建

BP 神经网络的根本目的是优化权重, 使得学习好的模型能够将输入值正确地映射到实际输出值; 它的运行机制是根据现有数据不断迭代, 依据模型误差不断修复自身权重, 直到模型输出值与实际值接近, 最终估计出准确的函数关系. 其中, 向前传播过程如图 5-91 所示.

图中的输入层, 就是选择的已获得的数据或指标, 此处为企业上下游年均业务量和企业年均业务量, 以及各自的年均变化率. 输出层是通过迭代修正给出的模型输出值, 也即企业的信誉评级. 节点之间的连线即为连接权重, 最终要不断修正的参数.

依据 BP 神经网络的基本实现方法, 构建算法学习步骤如下.

(1) 初始化网络及学习参数, 设置网络初始权矩阵、学习因子等;

(2) 提供训练模式, 训练网络, 直到满足学习要求;

(3) 向前传播过程: 输入给定训练模式, 计算网络的输出模式, 比较输出模式与期望模式, 若产生误差, 执行步骤 4, 否则返回步骤 (2);

(4) 向后传播过程: 计算同一层模型输出值与实际值的误差, 修正权值和阈值, 返回步骤 (2).

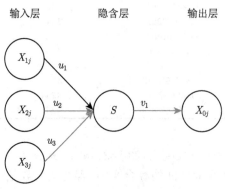

图 5-91　　向前传播过程图

根据上述步骤, 通过 MATLAB 进行编程, 将有信贷记录企业的相关数据中选取指标的完整数据作为训练和检验数据.

信誉评级从 1 至 4 分别为 A, B, C, D 四个等级, 由于输出的结果并非有序正整数, 对此采取四舍五入的方式, 超过 4 或低于 1 得分别归入 4 和 1. 由此, 给出部分结果如表 5-95 所示.

表 5-95　　部分企业信誉评级预测结果对照

企业代号	原信誉评级	输出结果	预测信誉评级
1	1	1.110393642	1
2	1	0.977975552	1
3	3	2.943931407	3
4	3	3.027905553	3
5	2	2.007364156	2
6	1	1.044063384	1
......	......	......	......
117	4	3.833766818	4
118	4	3.681456135	3
119	4	3.325196924	4
120	4	3.672977217	4
121	4	3.814426201	3
122	4	2.895951011	3
123	4	2.988887742	4

为更直观地对预测效果进行展现, 做出原数据与输出结果的折线图进行对比, 如图 5-92 所示.

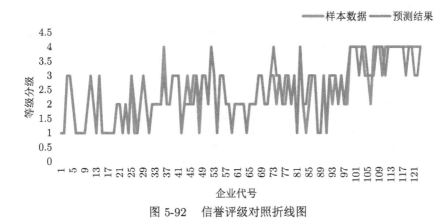

图 5-92 信誉评级对照折线图

对图 5-92 进行观察和分析, 样本数据与预测结果的覆盖率较高, 整体效果是较好的; 对于少部分企业的信誉等级, 从 3 升到了 4, 也就是从 C 级降为了 D 级, 从银行的角度来分析, 这一部分企业的影响较小, 在接受的范围内.

2. BP 神经网络性能检验

以整体数据为检验依据, 将预测信誉评级与原信誉评级做对比, 其回归精度如表 5-96 所示.

表 5-96 BP 神经网络回归精度表

信誉评级	预测正确	预测错误	正确百分比
1 级	24	3	88.89%
2 级	33	5	86.84%
3 级	28	6	82.35%
4 级	17	7	70.83%
总体百分比	82.92%	17.08%	82.92%

由上表可知, BP 神经网络准确度为 82.92%, 回归性能较好, 因此, 该方法是可用的.

3. 量化信誉评级

由附件 1 数据训练完成的 BP 神经网络, 对企业特征指标与信誉评级的关系进行了明确; 由此, 要对无信贷记录企业的信誉评级进行预测, 将附件 2 中的特征指标放入输入层, 通过训练好的神经网络对结果进行输出, 给出部分结果如表 5-97 所示.

信誉评级 A, B, C, D 四个等级被量化为 1 和 4, 因此还需对银行不提供放贷的 D 级企业进行剔除, 从而进行后续工作. 根据 BP 神经网络的预测结果, 剔除不予放贷的 119 家 D 级企业, 剩余 183 家企业予以放贷企业.

表 5-97　部分企业信誉评级预测结果

企业代号	输出结果	信誉评级
124	19.12384771	4
125	−5.73991422	1
126	−10.0573573	1
127	3.824554489	4
128	11.73765402	4
129	−11.2769408	1
......	......	......
419	−0.34883	1
420	2.117095	2
421	17.31393	4
422	17.46784	4
423	3.231244	3
424	4.619312	4
425	5.082377	4

5.3.3　信贷风险指标获取

通过 BP 神经网络的预测, 对无信贷记录企业的信誉评级进行了获取, 由此便可对信贷风险指标进行明确. 根据无信贷记录企业的相关数据给出的各项指标数据, 联立式 (5-68)~(5-70), 对各企业的信贷风险指标值进行代码实现, 给出部分予以放贷企业的信贷风险指标值, 如表 5-98 所示.

表 5-98　部分企业信贷风险指标值

企业代号	信贷风险值	企业代号	信贷风险值
124	1	134	3.44871E−07
125	0	135	4.2268E−11
126	0	136	1
127	1	137	1
128	1	138	4.25172E−06
129	0	139	0
130	2.51376E 08	140	2.70894E−13
131	1	141	2.4647E−14
132	0	142	0.040274244
133	0.102736728	143	0.000104348
......	......	......	......
420	0.500010406	423	0.5
421	1	424	1
422	1	425	1

对此, 根据企业的信贷风险等级分类划分, 通过统计, 给出 302 家企业的风险等级分布, 如表 5-99 所示.

表 5-99　302 家企业风险等级分布

信贷风险值	风险等级	企业数	各风险等级分布
[0, 0.2)	1 级	74	A 级 42、B 级 15、C 级 17
[0.2, 0.5]	2 级	36	A 级 11、B 级 11、C 级 14
(0.5, 1)	3 级	73	A 级 21、B 级 24、C 级 28
1	4 级	119	D 级 119

由于信誉评级为 4 级的企业, 在实际中不予考虑, 因此符合要求的企业共 183 家.

5.3.4　信贷方案的确立

银行的信贷策略取决于企业的综合实力、信誉度以及信贷风险, 通过 BP 神经网络的预测, 对无信贷记录企业的信誉评级进行了明确; 所以, 银行的信贷方案仍取决于各项关键的特征指标, 以信贷风险为放款比例的划分基准, 用信誉评级进一步细分. 对此, 给出各区间企业的放款比例如表 5-100 所示.

表 5-100　放款比例

信贷风险等级	各等级放款比例区间	企业信誉评级	放款比例
1 级	100%~60%	A	100%
		B	80%
		C	60%
2 级	60%~30%	A	60%
		B	45%
		C	30%
3 级	10%~30%	A	30%
		B	20%
		C	10%

此外, 银行提供信贷的年利率固定在 4% ~ 15%, 根据信贷风险与银行承受风险的正比关系, 对于风险等级高的企业, 贷款年利率也会提高. 由此, 对三个风险等级的企业, 依据信誉评级划分贷款年利率区间, 如表 5-101 所示.

依据上述划分方式, 对 302 家无信贷记录企业进行划分, 得到每家企业的贷款年利率和贷款总额比例, 其中, 贷款总额比例为最高贷款的 100 万元, 由此给出年度信贷总额为 1 亿元时的信贷策略, 如表 5-102 所示.

表 5-101   各信贷等级贷款年利率划分

信贷风险等级	企业信誉等级	贷款年利率
1 级	A	4%
	B	5.22%
	C	7.67%
2 级	A	8.89%
	B	10.09%
	C	11.34%
3 级	A	12.53%
	B	13.75%
	C	15%

表 5-102   部分企业放款比例及其贷款年利率数据

企业代号	贷款年利率	贷款总额	企业代号	贷款年利率	贷款总额
125	4%	100 万	134	5.22%	80 万
126	4%	100 万	135	4%	100 万
129	4%	100 万	138	4%	100 万
130	4%	100 万	139	4%	100 万
132	4%	100 万	140	4%	100 万
133	7.67%	60 万	141	4%	100 万
......	......	......	......	......	......
393	12.53%	30 万	414	8.89%	60 万
395	15%	10 万	417	8.89%	60 万
400	12.53%	30 万	418	8.89%	60 万
405	12.53%	30 万	419	12.53%	30 万
409	12.53%	30 万	420	13.75%	20 万
412	12.53%	30 万	423	15%	10 万

最终, 银行提供的年度信贷总额为 9385 亿元, 期望收益为 652.0605 万元, 收益率为 6.95%, 相较于有信贷记录企业的信贷收益, 期望收益降低了 0.64%.

5.4 突发因素对于企业影响分析

危机事件就是紧急事件, 危机事件一旦暴发就如惊涛骇浪一般袭来, 往往是危害力量积攒到一定程度后急促突然暴发, 并迅速蔓延开来, 在短时间内就可能达到失控程度. 使危机主体在极短时间内就面临着巨大的危害, 而如果危机主体反应迟缓或判断与决策失误, 其后果更是不堪设想. 同时舆论通常会站在弱势群体的角度对危机主体实施监督与控制, 使企业的所有行为均在舆论和公众的视野之内. 企业一旦解决不好危机事件后果绝对是不堪设想的.

突发事件是人们对于出乎意料的事件的, 轻则损失市场和利益, 重则危及企业存亡. 突发事件通常具有不确定性、突发性、高度不确定性等特征. 对于中小微型企业来说, 通常对突发事件的应对能力较弱, 会因为人才资源储备不足、资金链断裂等问题, 导致企业损失市场或者危及企业存亡, 因此, 相比较于大型企业, 中小微企业在面对较大的突发性事件时如果没有及时得到贷款或者外界援助, 仅凭自己难以渡过难关.

由于新冠肺炎疫情的暴发会使大部分企业将从盈利状态变成盈亏状态, 但也会有些企业将会因此受益, 例如医疗行业. 所以对企业的影响进行分析时要对不同的行业进行分析, 此外, 由于不同规模的企业应对突发事件的能力也不同, 一般来说, 规模越大的企业应对突发事件时承受能力会更强, 因此要对不同行业和不同规模的企业分别分析其影响.

5.4.1　不同行业的企业分析

由于附件中的数据的截止记录时间为 2020 年 2 月份, 而疫情 2020 年 1 月逐渐传播暴发, 导致附件中的数据量不能够很好地反映各企业面对突发因素的情况, 因此本文将从各行业进行调查和筛选. 本文选择各个行业有代表的 3 支上市公司进行股票分析, 选择的股票及对应信息如表 5-103 所示.

通过 Python 爬虫, 在新浪财经、东方财富等知名财经网站中, 对上述股票的每月价格变动信息进行搜集. 由此, 计算从 2020 年 1 月开始至 2020 年 12 月上述股票的最大跌幅、首次恢复上涨时间, 以及恢复到疫情之前股价所需时间等指标. 股票最大涨幅可以反映该行业该公司对于公共卫生事件的风险承受能力, 首次恢复上涨时间可以反映市场对于该行业的信心以及该行业自身的恢复情况, 而股价恢复时间这一指标可以反映该行业该公司自身的恢复状况, 经计算给出其结果如表 5-104 所示.

从上述结果可以发现, 各行业公司股价在疫情暴发后均有着较大程度的下跌, 这与人们当时对于疫情未知导致的巨大恐慌有关, 而部分企业恢复上涨的时间极快, 说明该行业受到疫情的影响很小, 甚至疫情对于该行业的发展具有利好效应 (如软件和信息技术、工业、建筑业、信息传输业等), 而部分行业的企业则受到疫情的冲击较大, 花费了较长的时间才得到了缓解.

基于上述分析, 将所有企业按照所在行业受疫情影响程度划分为严重影响、部分影响、无影响/极小影响、利好四个等级, 具体的划分结果如表 5-105 所示.

表 5-103　各行业部分上市公司信息

所在行业	上市公司名称	股票代码
工业	中国石油	Sh.601857
	中国黄金	Sh.600547
	中国神华	Sh.601088
建筑业	中国建筑	Sh.601668
	中国中铁	Sh.601390
	中国交建	Sh.601800
交通运输业	顺丰控股	Sz.002352
	大秦铁路	Sh.601006
	上港集团	Sh.600018
零售业	海澜之家	Sh.600398
	森马服饰	Sz.002563
	永辉超市	Sh.601933
农林牧渔业	隆平高科	Sz.000998
	牧原股份	Sz.002714
	海南橡胶	Sh.601118
批发业	华东医药	Sz.000963
	九州岛通	Sh.600998
	苏宁易购	Sz.002024
软件和信息技术服务业	完美世界	Sz.002624
	用友网络	Sh.6000588
	恒生电子	Sh.600570
物业管理	南国置业	Sz.002305
	绿地控股	Sh.600606
	南都物业	Sh.603506
信息传输业	启明信息	Sz.002232
	软控股份	Sz.002073
	恒宝股份	Sz.002104
住宿业	锦江酒店	Sh.600754
	首旅酒店	Sh.600258
	华天酒店	Sz.000428
租赁和商务服务业	渤海租赁	Sz.000415
	皇庭国际	Sz.000056
	中青旅	Sh.601888
餐饮业	全聚德	Sz.002186
	西安饮食	Sz.000721
	ST 云网	Sz.002306
房地产产业	万科企业	Sz.000002
	保利地产	Sh.600048
	华夏幸福	Sh.600340

表 5-104　所选企业股票变化信息

所在行业	日期	最大跌值	恢复上涨月数
餐饮业	ST 云网	−14.80%	3
	全聚德	−10.32%	5
	西安饮食	−14.23%	3
房地产产业	保利地产	−11.58%	2
	华夏幸福	−12.93%	6
	万科企业	−16.99%	2
工业	山东黄金	−12.04%	2
	中国神华	−12.33%	3
	中国石油	−10.11%	7
建筑业	中国建筑	−8.47%	7
	中国交建	−8.33%	2
	中国中铁	−10.41%	1
交通运输业	大秦铁路	−8.05%	4
	上港集团	−12.69%	6
	顺丰控股	−4.58%	0
零售业	海澜之家	−11.51%	4
	森马服饰	−16.72%	4
	永辉超市	−11.82%	0
农林牧渔业	海南橡胶	−13.37%	3
	隆平高科	−10.38%	0
	牧原股份	−15.72%	2
批发业	华东医药	−14.48%	4
	九州岛通	−5.34%	0
	苏宁易购	−15.74%	4
软件和信息技术服务业	恒生电子	−11.53%	0
	完美世界	−15.71%	0
	用友网络	−12.16%	0
物业管理	绿地控股	−16.73%	4
	南都物业	−13.03%	2
	南国置业	−12.90%	3
信息传输业	恒宝股份	−17.32%	4
	启明信息	−14.42%	0
	软控股份	−8.76%	2
住宿业	华天酒店	−14.74%	2
	锦江酒店	−18.13%	2
	首旅酒店	−17.33%	4
租赁和商务服务业	渤海股份	−16.67%	3
	皇庭国际	−10.90%	4
	中青旅	−11.00%	4

表 5-105   各行业受疫情影响程度评级

影响程度评级	行业
严重影响	交通运输业、零售业、租赁与商务服务业
部分影响	餐饮业、批发业、农林牧渔业、住宿业
无影响/极小影响	工业、建筑业、房地产产业、物业管理
利好	软件和信息技术服务业、信息传输业

为了更加直观准确地反映出附件中各行业面对疫情时, 其行业的影响, 进一步在无信贷记录企业的相关数据的 302 家企业中随机抽取 80 家企业进行分析, 包含除餐饮业之外的所有企业类别. 计算 2020 年 1 月与 2018 年、2019 年 1 月利润的同比增长率, 由于数据量过大, 仅展示部分数据, 如表 5-106 所示.

表 5-106   2020 年 1 月与 2018 年、2019 年 1 月利润的同比增长率

企业代号	行业	企业规模	2020 年与 2018 年 1 月的利润同比增长率	2020 年与 2019 年 1 月的利润同比增长率
140	批发业	中型	−95.15%	−94.25%
141	软件和信息技术服务业	中型	−29.03%	−451.52%
143	租赁和商务服务业	中型	−93.72%	−129.99%
144	租赁和商务服务业	中型	31.85%	110.50%
148	建筑业	小型	1.37%	−101.87%
149	工业	中型	−71.74%	−82.36%
......	......	......	......	......
160	软件和信息技术服务业	小型	−6.12%	−93.29%
162	交通运输业	中型	−80.80%	−162.49%
163	其他未列明行业	中型	−212.56%	−2.91%
167	建筑业	微型	−68.57%	−84.73%
169	租赁和商务服务业	小型	−65.01%	−89.02%
172	批发业	中型	−19.97%	−364.38%
175	软件和信息技术服务业	中型	−92.68%	−95.25%
176	租赁和商务服务业	微型	−59.22%	−62.33%

从统计结果可以直观看出, 2020 年大部分企业的销售额与 2019 年同期时相比均出现 80% ∼ 100% 萎缩, 有些企业月增长率甚至萎缩了 451.52%. 大部分企业在 2020 年 1 月的月增长率也出现了 60% ∼ 90% 的收益萎缩, 这说明疫情暴发时, 大部分企业都面临着巨大的损失, 甚至是危及企业的存亡.

5.4.2 引入突发因素的信贷策略

在疫情的冲击下, 大部分企业都在短时间内遭受了巨大的资金下滑, 大量企业面临破产或者公司倒闭的风险, 需要银行的援助, 但在疫情期间企业的还款能力将会降低, 也有部分企业能在疫情期间把握机遇.

根据疫情期间, 各企业所遭受的影响程度不同而改变相应的政策, 保证各企

业在疫情期间有足够的经济维持经营, 对于受影响程度非常严重的行业, 银行可以采取提高贷款额度、降低税率的政策, 帮助在生死存亡边缘的企业.

受部分影响的企业, 在短期内遭受打击之后, 在后期仍然能够回到之前的水平, 因此, 此类的企业可以对其降低贷款利率的政策; 而无影响或影响极小的企业则不需要政策的改变, 按照原来的策略进行贷款; 在疫情期间能够经营良好的行业, 其行业能够借助疫情的机会让企业获得更多的机会, 此类行业相对贷款风险更小, 可以提高此类企业的贷款额度. 最后, 给出各个影响程度等级行业贷款政策, 如表 5-107 所示.

表 5-107　银行的具体调整策略

影响程度评级	贷款额度调整政策	贷款利率调整政策
严重影响	贷款额度上限提升 30%	贷款利率优惠 50%
部分影响	无变化	贷款利率优惠 20%
无影响/极小影响	无变化	无变化
利好	贷款额度上限提升 30%	无变化

在问题二信贷策略的基础上, 引入银行的具体调整策略, 得到每家企业的贷款额度和年利率如表 5-108 所示.

表 5-108　引入调整策略的企业贷款额度和年利率

企业代号	影响程度	贷款额度	贷款利率
124	严重影响	104	2.61%
125	严重影响	78	3.84%
126	严重影响	78	3.84%
127	严重影响	130	2.00%
......	......	......	......
183	部分影响	100	3.20%
184	部分影响	100	3.20%
233	部分影响	100	3.20%
235	部分影响	60	6.14%
......	......	......	......
193	无影响/极小影响	100	4.00%
194	无影响/极小影响	60	8.89%
273	无影响/极小影响	100	4.00%
275	无影响/极小影响	100	4.00%
......	......	......	......
185	利好	78	7.67%
187	利好	39	11.34%
188	利好	39	11.34%
191	利好	130	4.00%

最终, 银行提供的年度信贷总额为 1 亿元, 期望收益为 607.29705 万元, 收益率为 6.95%, 相较于有信贷记录企业的信贷收益, 期望收益降低了 44.76345 万元; 但是这种调整策略却能够帮助众多处在水深火热之中的中小企业渡过难关, 体现银行巨大的责任意识和社会担当, 产生了巨大的社会效益, 进一步提升了银行的信誉和用户留存率, 从这方面来看, 这种策略的调整是值得的.

6   模型的评价

6.1   模型的优点

(1) 建立量化模型时综合考虑了企业的经营实力, 对量化数据进行了标准化处理, 避免数据的不稳定性, 最终给出该银行在年度信贷总额固定时对这些企业的信贷策略;

(2) 本文创建 BP 神经网络模型确定企业信誉评级与其实力指标的关系, 用于确定 302 家无信贷记录企业的信誉评级, 神经网络模型通过学习已有数据信息, 进而对 302 家无信贷记录企业信誉评级, 有效简化问题;

(3) 本文以新冠肺炎疫情为例刻画突发因素对企业正负方面的影响, 具有实时性和现实意义.

6.2   不足之处

(1) 建立量化模型没有有效针对不同类别贷款额度和利率等情况, 且未能有效结合贷款利率与客户流失率的关系;

(2) 创建的 BP 神经网络模型对 302 家无信贷记录企业进行评级具有较好的效果, 但单纯依据评级结果给出的信贷策略并不全面.

参 考 文 献

[1] 张平文, 戴文渊, 黄晶, 王新民, 李昊辰. 大数据建模方法 [M]. 北京: 高等教育出版社, 2019.

[2] 许国根, 贾瑛. 实战大数据——MATLAB 数据挖掘详解与实践 [M]. 北京: 清华大学出版社, 2017.

[3] 周英, 卓金武, 卞月青. 大数据挖掘: 系统方法与实例分析 [M]. 北京: 机械工业出版社, 2016.

[4] 张良均. 数据分析与挖掘实战 [M]. 北京: 机械工业出版社, 2015.

[5] 张良均. 数据挖掘: 实用案例分析 [M]. 北京: 机械工业出版社, 2013.

[6] 洪松林. 数据挖掘技术与工程实践 [M]. 北京: 机械工业出版社, 2014.

[7] 余胜威. MATLAB 数学建模经典案例实战 [M]. 北京: 清华大学出版社, 2014.

[8] 天工在线. 中文版 MATLAB 从入门到精通: 实战案例版 [M]. 北京: 中国水利水电出版社, 2018.

[9] 胡运权. 运筹学基础与应用 [M]. 北京: 高等教育出版社, 2008.

[10] 姜启源. 数学模型 [M]. 北京: 高等教育出版社, 2003.

[11] 姜启源. 数学模型 [M]. 5 版. 北京: 高等教育出版社, 2018.

[12] 谢金星, 薛毅. 优化建模与 LINGO/LINGO 软件 [M]. 北京: 清华大学出版社, 2005.

[13] 卓金武, 王鸿钧. MATLAB 数学建模与实践 [M]. 北京: 北京航空航天大学出版社, 2018.

[14] 张文彤. SPSS 统计分析与基础教程 [M]. 2 版. 北京: 高等教育出版社, 2004.

[15] 郝志峰. 数据科学与数学建模 [M]. 武汉: 华中科技大学出版社, 2019.

[16] 司守奎. 数学建模算法与应用 [M]. 北京: 国防工业出版社, 2017.

[17] 国家统计局. 分省季度数据地区生产总值最近 18 季度数据 [EB/OL]. https://data.stats.gov.cn/easyquery.htm?cn=E0102.

[18] 国家统计局. 分省季度数据地区农林牧渔业总产值最近 18 季度数据 [EB/OL]. https://data.stats.gov.cn/easyquery.htm?cn=C01.

[19] 百度百科. 如何进行会员生命周期管理和分析. [2020-8-29]. http://www.huing.net/hygl/rhjxhy.html.